"十四五"时期国家重点出版物
出版专项规划项目

# 乡村规划师
# 实操指南

周胜利◎主编

中国农业科学技术出版社

**图书在版编目（CIP）数据**

乡村规划师实操指南 / 周胜利主编. --北京：中国农业科学技术出版社，2024. 5
ISBN 978-7-5116-6686-4

Ⅰ.①乡…　Ⅱ.①周…　Ⅲ.①乡村规划－中国－指南　Ⅳ.①TU982.29-62

中国国家版本馆CIP数据核字（2024）第 024225 号

| | |
|---|---|
| 责任编辑 | 朱　绯 |
| 责任校对 | 马广洋 |
| 责任印制 | 姜义伟　王思文 |

| | |
|---|---|
| 出 版 者 | 中国农业科学技术出版社 |
| | 北京市中关村南大街 12 号　　邮编：100081 |
| 电　　话 | （010）82109707（编辑室）　　（010）82106624（发行部） |
| | （010）82109709（读者服务部） |
| 网　　址 | https: // castp.caas.cn |
| 经 销 者 | 各地新华书店 |
| 印 刷 者 | 北京科信印刷有限公司 |
| 开　　本 | 185 mm × 260 mm　1/16 |
| 印　　张 | 21.25 |
| 字　　数 | 470 千字 |
| 版　　次 | 2024 年 5 月第 1 版　　2024 年 5 月第 1 次印刷 |
| 定　　价 | 128.00 元 |

# 《乡村规划师实操指南》

## ⚬ 编写委员会 ⚬

主　编：周胜利（湖北省乡村规划研究会常务副会长兼秘书长）

副主编：李谷成（湖北省乡村规划研究会副会长，华中农业大学经济管理学院
院长、教授、博士生导师）

柯新利（华中农业大学公共管理学院院长、教授、博士生导师）

徐德全（华中农业大学动物科技学院教授、博士生导师）

杨　权（中国葛洲坝集团勘测设计有限公司党委书记、董事长）

李志勇（中工武大设计集团有限公司技术总监）

编　委：（按姓氏拼音排序）

| | | | | | | | |
|---|---|---|---|---|---|---|---|
| 白春明 | 陈　健 | 陈　杰 | 代　琴 | 董文俊 | 冯华华 | 关　胜 | 韩高冰 |
| 韩小静 | 贺　超 | 胡利芬 | 黄京书 | 李后绪 | 李志飞 | 梁玉琴 | 刘　椿 |
| 刘　剀 | 刘　敏 | 刘会进 | 卢婉莹 | 潘　扬 | 彭巧瑜 | 宋菊芳 | 孙怡岚 |
| 田　禾 | 汪　淏 | 王　琴 | 王鹏程 | 王小竹 | 王兆基 | 王志慧 | 肖　尧 |
| 肖湘平 | 谢雯倩 | 谢雪萍 | 熊　静 | 许艳青 | 杨德宏 | 曾　佳 | 张　胜 |
| 张晓芳 | 郑　岩 | 钟小惠 | 周梦源 | 周鸣涛 | 周桃红 | | |

参编单位：湖北省农业规划设计研究院

中国葛洲坝集团勘测设计有限公司

中工武大设计集团有限公司

湖南城市学院设计研究院有限公司武汉分公司

湖北德势源规划设计有限公司

湖北德鸿生态农业科技有限公司

荆门乡村振兴学院

北京中农富通农业规划设计院有限公司

湖北大学乡村旅游研究中心

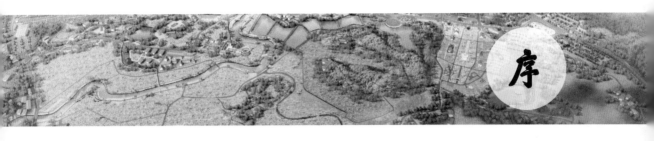

自乡村振兴战略全面实施以来，国家对乡村规划提出了新的要求，乡村规划工作面临着巨大的机遇和挑战。全国多地陆续推出了一村一名规划师或驻镇规划师制度，协助乡镇编制村庄规划，这就赋予了乡村规划师这个职业更多的社会责任和更高的从业要求，同时也充分体现出国家对乡村规划人才的高度重视。《乡村规划师实操指南》一书想国家之所想，急国家之所急，研国家之所需，展现了强烈的责任和担当。

全面建设社会主义现代化国家，最艰巨最繁重的任务在农村，乡村要振兴，规划需先行。当前我国乡村规划整体水平亟待提高，规划照搬照抄和脱离实际的问题仍非常严重，因此，加快乡村规划人才培养十分重要、非常迫切。近年来，全国各地都在开展乡村规划师培训工作，但乡村规划的培训教材和参考书籍大多是对乡村振兴的理论研究或是参照城市规划的相关实践，乡村规划师培养迫切需要有针对性和实操性强的符合乡村特点和实际的特色教材。

《乡村规划师实操指南》立足于粮食安全、乡村振兴、生态文明等国家重大战略，符合教育部办公厅印发的《新农科人才培养引导性专业指南》的指导思想，是一本具有中国特色的乡村规划师培训教材。可以作为乡村规划师职业技术教育和乡村规划专业课程教学的专业教材，也可以作为县、镇、村级干部培训和高素质农民、大学生村官、返乡创业人员等培训教学的专业教材。

《乡村规划师实操指南》整体结构注重知识的系统性、逻辑性和完整性，能够使学习者掌握更加全面的乡村规划知识体系和更加系统的逻辑框架；内容上注重规划方法和规划成果的针对性、实践性、专业性和可操作性，聚焦乡村规划与建设全过程，系统介绍了乡村规划的具体方法和典型案例，能够使学习者更加直接、快速地了解乡村规划的内容与要求，有效提升科学规划的能力与水平。

　　《乡村规划师实操指南》的编者从乡间田野之中汲取了丰富的生命力和创造力，在错综复杂的乡土社会内在结构之中获取了宝贵的实践经验和专业知识，大家共同在艰辛曲折的阡陌交通中探索走出了一条具有中国特色的美丽乡村、强农富农规划之路。相信这本书的出版能为行业的规范化和高质量发展添砖加瓦，为我国培养一批理论水平高、知识储备足、谋事能力强的高技能乡村规划师奠基献策。在大家的共同努力下，我国的乡村规划定会积跬步以至千里，积小流以成江海。

农业农村部规划设计研究院原院长、首席科学家

国际欧亚科学院院士

2023年11月21日

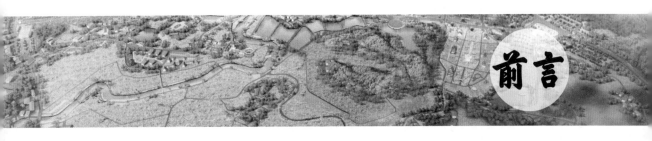

前言

习近平总书记在北京市规划展览馆考察时曾强调："考察一个城市首先看规划，规划科学是最大的效益，规划失误是最大的浪费，规划折腾是最大的忌讳。"乡村发展亦应如是，"乡村振兴，规划先行"逐渐成为共识，乡村规划在全国各地广泛开展。

由于我国乡村复杂多样、规划难度大，乡村规划理论依据和实践支撑不足，再加上"懂农业的人不懂规划，懂规划的人不懂农业"，复合型乡村规划人才严重缺乏，许多规划难以落地，未能获得预期的效益。

近年来，中央及各地政府高度重视乡村规划人才培训，陆续出台相关政策。2024年，《农业农村部关于加强新时代农业农村高技能人才工作更好支撑加快建设农业强国的意见》等文件提出，要实施乡村规划设计人才培育工程，每年示范培训一批乡村规划建设本土人才。2022年，乡村规划师作为新职业正式进入《中华人民共和国职业分类大典》；2022年中央一号文件《中共中央　国务院关于做好2022年全面推进乡村振兴重点工作的意见》明确提出，要支持办好涉农高等学校和职业教育，培养乡村规划、设计、建设、管理专业人才和乡土人才；2023年4月，教育部等五部门印发的《普通高等教育学科专业设置调整优化改革方案》增设乡村规划设计专业，并将其列入重点领域紧缺专业。2024年全国乡村人才工作会议强调，要围绕建设宜居宜业和美乡村，引育高适配的乡村规划建设人才队伍，通过校（院）地合作、人才招募等引导专业人才下乡服务，遴选培育一批本土乡村建设人才。全国多地推出一村一名规划师或驻镇规划师制度，很多规划设计单位高薪难觅合适的乡村规划师。乡村规划师成为一个炙手可热的金领职业。

为响应国家政策号召，加快补齐我国乡村规划领域的理论和实践缺口，培养复合型乡村规划人才，解决我国乡村规划领域的突出问题，湖北省乡村规划研究会组织农业领域专家以及规划实战人才成立编写组，编制了这本《乡村规划师实操指南》，从政策背景、规划理论、规划实务到实践案例进行系统、全面地展示分析，以期为从事乡村规划的理论和实践工作者提供参考。本书既可以作为乡村规划设计和建设人才培训教材，又可以作为大中专院校相关专业学生培养教材。

本书共计13章。第一章为乡村规划概述，介绍乡村规划的含义、发展历程、规划经典理论和典型案例，分析乡村规划的发展趋势，总结乡村规划的基本原则和规划方法；第二章至第八章立足新形势下乡村规划的现实需要，分类解析区域性农业农村发展规划、乡村产业规划、现代农业园区规划、村庄规划、乡村建设规划、畜牧场规划和乡村旅游规划的规划方法；第九章至第十三章系统梳理多类项目的申报流程和谋划方法，包括生态类申报项目、全域土地综合整治方案、高标准农田规划设计、地方政府专项债券项目和涉农项目申报等，对编制各类乡村规划及申报谋划涉农项目具有较强指导性。

本教材的各章编写分工为："第一章　乡村规划概述"由湖北省农业规划设计研究院空间规划研究所副所长彭巧瑜、湖北省农业规划设计研究院院长助理王小竹编写，荆门市委党校副校长、荆门乡村振兴学院院长王兆基指导修改；"第二章　区域性农业农村发展规划"由湖北省农业规划设计研究院产业规划研究所高级规划师王琴博士、湖北省乡村规划研究会秘书处工作人员代琴、谢雯倩编写，湖北省乡村规划研究会副会长、华中农业大学经济管理学院院长、博士生导师李谷成教授审核修改；"第三章　乡村产业规划"由湖北省农业规划设计研究院产业规划研究所副所长冯华华、中级规划师杨德宏、湖北省农业规划设计研究院市场策划部潘扬编写，湖北省乡村振兴投资集团有限公司党委委员、副总经理陈健审核修改；"第四章　现代农业园区规划"由湖北省农业规划设计研究院项目咨询研究所副所长田禾、北京中农富通农业规划设计院郑岩高级工程师及梁玉琴博士编写，北京中农富通农业规划设计院院长白春明高级工程师指导修改；"第五章　村庄规划"由湖北省农业规划设计研究院空间规划研究所中级规划师钟小惠、王志慧、周梦源、武汉科技大学艺术与设计学院周鸣涛编写，武汉大学城市设计学院宋菊芳副教授指导修改；"第六章　乡村建设规划设计"由湖北省农业规划设计研究院空间规划研究所中级规划师曾佳、规划师刘椿、孙怡岚编写，华中科技大学建筑学系博士生导师、一级建筑师刘凯教授指导修改;"第七章 畜牧场规划设计"由华中农业大学教师刘敏、肖湘平编写,华中农业大学动物科技学院博士生导师徐德全教授和湖北省畜牧技术推广总站黄京书研究员审核修改;"第八章 乡村旅游规划"由湖北省农业规划设计研究院产业规划研究所中级规划师董文俊、湖北省农业规划设计研究院市场策划部张胜、湖北大学乡村旅游研究中心熊静博士编写,湖北大学乡村旅游研究中心主任、博士生导师李志飞教授指导修改;"第九章 生态项目的规划与申报"由湖北省农业规划设计研究院项目咨询研究所规划师张晓芳、产业规划研究所规划师陈杰、湖北德鸿生态农业科技有限公司董事长周桃红编写,华中农业大学园艺林学学院副院长、博士生导师王鹏程教授指导修改;"第十章 全域土地综合整治方案编制"由湖北省乡村规划研究会副秘书长韩小静、湖南城市学院设计研究院有限公司武汉分公司院长刘会进及副院长韩高冰编写,武汉大学遥感信息工程学院博士生导师许艳青教授审核修改;"第十一章 高标准农田规划设计"由湖北省农业规划设计研究院空间规划研究所副所长贺超、湖北德势源规划设计有限公司董事长关胜编写,华中农业大学公共管理学院院长、博士生导师柯新利教授审核修改;"第十二章 地方政府专项债券项目谋划"由中国葛洲坝集团勘测设计有限公司城乡规划研究院执行院长汪淏及主任规划师、项目规划总监卢婉莹编写,中国葛洲坝集团勘测设计有限公司党委书记、董事长杨权指导修改;"第十三章 涉农项目谋划与申报"由湖北省农业规划设计研究院项目咨询研究所副所长谢雪萍、中工武大设计集团有限公司园林生态规划院院长助理李后绪、城乡规划院副总规划师胡利芬及市场支持部副主任肖尧编写,中工武大设计集团有限公司技术总监李志勇审核修改。本书最终由湖北省乡村规划研究会常务副会长兼秘书长周胜利统筹编写,由湖北省乡村规划研究会会长、华中农业大学经济管理学院博士生导师冯中朝教授审核定稿。

本书编制历时近一年,在编写组的努力和众多专家学者、知名高校及专业机构的支持下,经多次校订最终定稿,衷心感谢各位专家学者对教材编写工作给予的启迪和帮助,感谢中国社会科学院农村发展研究所、中国农业科学院农业经济与发展研究所、中国农业大学、华中农业大学、武汉大学和湖北大学等科研单位与高校专家对本教材提供建设性指导。

衷心感谢湖北省农业规划设计研究院、中国葛洲坝集团勘测设计公司、中工武大设计集团有限公司、湖南城市学院设计研究院有限公司武汉分公司、湖北德势源规划设计有限公司、湖北德鸿生态农业科技有限公司、荆门乡村振兴学院、北京中农富通农业规划设计院有限公司、湖北大学乡村旅游研究中心等专业机构对教材编写工作的大力支持。

本书的完成也离不开农业农村部规划设计研究院原院长、首席科学家、国际欧亚科学院院士朱明研究员的热情关怀，他对本教材编写工作给予了全面系统的指导，在此深表感谢！

本书作为全国首部原创乡村规划设计实操指导书籍，涉及内容较多，虽经编写组全体成员反复讨论修改，囿于编写组的能力和水平，难免存在不足。书中欠妥之处，敬请广大读者不吝赐教。

《乡村规划师实操指南》编写组

2024年4月12日

# 第一章 乡村规划概述

## 第一节 乡村规划概念特征

### 一、乡村规划的概念

2008年，由国家统计局与民政部、住房和城乡建设部、公安部、财政部、国土资源部①、农业部②共同制定的《关于统计上划分城乡的规定》指出，城乡划分原则上以国务院批准的行政建制单位和行政区划作为划分对象，即对国家批准的市辖区、县级市、县和街道、镇、乡的行政区域进行划分，以政府驻地实际建设的连接状况为依据，以居委会、村委会为基本划分单元，将中国区域划分为城镇和乡村。城镇包括城区和镇区，乡村包括乡中心区和村庄。

乡村规划是指在一定时期内对乡村的社会、经济、文化传承与发展等所做的综合部署，是指导乡村发展和建设的重要参考依据，可为其提供多种发展方案，并对发展具有重要的引领作用。乡村规划是乡村发展到一定阶段的产物，即出现一些迫切需要解决的现实问题，运用规划理论和方法工具编制乡村规划来解决乡村发展问题。

### 二、乡村规划的特征

乡村规划具有综合性。乡村规划要解决乡村持续发展的社会、经济、产业等问题，同时还要解决建设中涉及具体的用地、建设、生态、经济、运营等问题，具有很强的综合性。乡村规划具有社区性。乡村规划的根本目的是为百姓营造良好的人居环境，尊重村民的意愿，上下结合协调发展，发挥村民自治的积极性是规划的关键。乡村规划具有实用性。乡村规划往往是结合具体建设需要产生的，是最容易体现规划价值和实效性的规划，对村民住宅建设、市政管网、污水处理、土地流转、村庄经营、村庄维护管理等方面内容

---

① 自2018年4月起调整为自然资源部。
② 自2018年4月起调整为农业农村部。

往往有更高要求。乡村规划具有地域性。乡村规划没有固定的模式，需要根据具体需求，结合地域文化、发展阶段、产业特色、地形条件、气候土壤等进行不同侧重的规划编制。

### 三、乡村规划与城市规划区别探索

乡村规划设计既要充分考虑人与自然环境、人与建筑及工程、建筑及工程与自然环境等之间的和谐程度，还要充分考虑乡村的历史、文化、习俗、生产生活方式、邻里关系、宗教传承、信仰、水系、道路、风水、产权关系等因素。严格意义上讲，乡村规划设计及建设要比城市规划设计及建设复杂得多。下面简要介绍一下乡村规划与城市规划几个不同点：

1. 规划理念不同

城市规划注重城市整体发展、空间布局和资源优化，强调城市的功能性、实用性和美观性。而乡村规划则更注重自然生态保护、文化传承和农民利益，强调乡村的可持续发展和特色文化保护。

2. 规划范围不同

城市规划通常以城市为单位进行，关注城市内部的土地利用、交通布局、公共设施等方面。而乡村规划则通常以村庄为单位进行，关注农村地区的土地利用、农业生产、生态环境等方面。

3. 规划内涵和目标不同

城市规划是通过空间结构的合理安排，以满足城市居民的生活和发展需求，同时注重城市功能、交通、环境等方面的优化。而乡村规划则是通过对农村土地、人力、物力等资源的合理配置，以促进农村经济的发展、生态环境的保护以及社会文化的传承。

4. 实施主体和方式不同

城市规划通常由政府主导，通过制定相关法规、政策等手段来推动实施。而乡村规划则更多由农民或农村集体组织自主实施，政府主要起到引导和支持的作用。

5. 规划空间特征不同

城市规划的空间特征主要体现在土地利用的集约化、交通的便捷化、公共设施的完善化等方面。而乡村规划的空间特征则主要体现在土地利用的多元化、农业生产的规模化、公共设施的简朴化等方面。

6. 规划近远期不同

城市规划的期限通常比较短，一般为5～10年，城市建设遵循的是"近小远大"，远期规划是由若干近期组成。而乡村规划的期限则比较长，通常为10～20年，乡村建设呈现"近大远小"的特点，近期建设实施可操作性是乡村建设实效性的关键，也是农民最关心的问题（图1-1）。

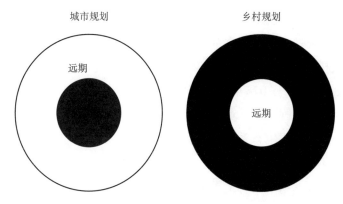

**图1-1 城市规划与乡村规划近远期关系示意**

# 第二节 乡村规划发展现状与展望

## 一、乡村规划工作成效

### （一）政策措施日益完善

2019年，中共中央印发了《中国共产党农村工作条例》，明确规定各级党委应当注重发挥乡村规划对农业农村发展的导向作用。坚持规划先行，突出乡村特色，保持乡村风貌，加强各类规划统筹管理和系统衔接，推动形成城乡融合、区域一体、多规合一的规划体系，科学有序推进乡村建设发展。同时，加强农业科技人才队伍和技术推广队伍建设，培养一支有文化、懂技术、善经营、会管理的高素质农民队伍，造就更多乡土人才。[①]2021年中共中央办公厅、国务院办公厅印发了《关于加快推进乡村人才振兴的意见》，提到要加快培养乡村"五类人才"（即农业生产经营人才、农村二三产业发展人才、乡村公共服务人才、乡村治理人才和农业农村科技人才），加强包括乡村规划人才在内的乡村公共服务人才队伍建设。湖南省印发了《关于加强村庄规划工作，服务全面推进乡村振兴的通知》，明确要探索建立"一师两员"制度（即乡村规划师、规划联络员和规划监督员），建立乡村规划师制度。浙江省印发了《关于推动建立驻镇村规划师制度的通知》，建议每个乡镇配备一名驻镇规划师。与此同时，山东、重庆和成都等地也在探索实施乡村规划师制度。

### （二）规划编制稳步推进

2018年，中共中央、国务院印发《乡村振兴战略规划（2018—2022年）》后，各地

---

① 2019年6月24日，中共中央政治局召开会议，审议《中国共产党农村工作条例》。8月，中共中央印发了《中国共产党农村工作条例》，并发出通知，要求各地区各部门认真遵照执行。

积极响应编制地方乡村振兴规划，目前，31个省（自治区、直辖市）已全部实施了乡村振兴规划，市、县层面规划或实施方案基本实现全覆盖。各部门各司其职，一系列专项规划印发实施。农业农村部编制出台了《国家质量兴农战略规划（2018—2022年）》《数字农业农村发展规划（2019—2025年）》《新型农业经营主体和服务主体高质量发展规划（2020—2022年）》《全国乡村产业发展规划（2020—2025年）》，国家发展改革委、自然资源部印发了《全国重要生态系统保护和修复重大工程总体规划（2021—2035年）》，农业农村部、国家发展改革委、财政部、自然资源部制定了《全国现代设施农业建设规划（2023—2030年）》等专项规划。上下衔接、纵横结合的乡村规划体系初步形成，为全国推进乡村振兴和加快农业农村现代化提供科学指引和建设指导。

**（三）典型经验值得推广**

2023年，中央财经委员会办公室、中央农村工作领导小组办公室、农业农村部、国家发展和改革委员会联合印发《关于有力有序有效推广浙江"千万工程"经验的指导意见》，文件提到，浙江20年持之以恒、锲而不舍推进，造就了万千美丽乡村，造福了万千农民群众，创造了农业农村现代化的成功经验和实践范例。为在有条件的地方有力有序有效推广浙江"千万工程"经验，推动深入贯彻新发展理念，因地制宜、实事求是，尽力而为、量力而行，加快城乡融合发展步伐，积极推动美丽中国建设，全面推进乡村振兴，着力补齐中国式现代化短板。[①]"千村示范、万村整治"工程，以村庄整治和建设为突破口，逐步打破城乡分割的传统体制，推进城市基础设施向农村延伸、城市社会服务事业向农村覆盖、城市文明向农村辐射，形成城市与农村相互促进、农业和工业整体联动的发展格局，成为推动中国式现代化在"三农"领域的成功实践和典型样板。

## 二、乡村规划现存问题

当前规划相关的理论研究主要集中在城市规划领域，乡村规划相关研究较为薄弱，乡村规划仍处于初级阶段，没有形成系统的、成熟的乡村规划理论体系。规划行业一般只重视城市而忽视了农村，从事农业农村规划设计和建设的专业人才极度缺乏，甚至大学里关于规划设计的教育也主要是为城市规划设计和建设服务的，熟悉"三农"、了解基层的专业人才数量不足，同时多学科技术手段和现代信息技术应用不足，导致乡村规划问题重重。随着乡村建设的深入发展，乡村振兴已经提升到国家重要的战略地位，越来越多城市规划设计院和大学里的规划设计人才下乡进村，"农村城市化"便成为了不可避免的趋势，也暴露出乡村规划"乱象丛生"、照搬城市规划模式、忽视乡村实际、难以落地实施等问题。

---

① 中央财办、中央农办、农业农村部、国家发展改革委等部门印发《关于有力有序有效推广浙江"千万工程"经验的指导意见》。

### 三、乡村规划前景展望

实施乡村振兴战略是我国伟大创举，放眼世界，还没有一个发展中国家能够解决好农业农村农民现代化问题。纵观我国广袤农村，发展水平和资源禀赋各不相同，乡村规划的理念和方式也不一样。科学制定乡村规划，对乡村振兴的效果有着关键性影响，这也是走中国特色现代化道路的时代使命，是每个乡村规划编制者必须完成的时代答卷。

我国有34个省级行政区、333个地级市、2 843个县、38 558个乡镇、50多万个行政村。① 不同乡村千差万别、各具特色，乡村建设不能生搬硬套、"一刀切"，乡村规划更不能千村一面。乡村规划量大面广、任重道远，这也预示着乡村规划行业前景无限，农村大地广袤无垠，乡村规划必大有可为。

2023年中央一号文件提出的乡村振兴重点工作计划中，着重强调了要加强村庄规划建设和乡村人才队伍建设。根据国家政策要求，每个镇必须要配备一名乡村规划师，重点乡镇配备2～3名，协助乡镇编制村庄规划，实施乡村建设。乡村规划师作为城市和农村之间的桥梁和纽带，有着受任于村民，上承于政府，下诉于企业的重要职责，需要全方位参与乡村规划建设的各个环节。总而言之，乡村规划师应紧扣新时代实施乡村建设行动、推进乡村全面振兴人才的需求，成为加快农业农村现代化的人才支撑。

## 第三节　国内外规划经典理论

### 一、礼制规划思想

《周礼·考工记》②是我国古代城市规划理论中最早且最具影响力的一部著作。其中，《匠人营国》是现存最早的城市规划方面史籍之一，体现了古代都城的基本规划思想和城市格局。"方九里，旁三门，国中九经九纬，经涂九轨，左祖右社，面朝后市，市朝一夫"意思是：都城九里保持方正规矩的格局，每个方位上设置三个城门，城内东西南北纵横九条街道，每条街道宽度为九规，"九"象征着至高无上的皇权地位，祠庙和社坛为城内最重要的祭祀建筑，分别布置在王宫的左右两侧，宫殿则坐北朝南，位于前方，后面即为市场和居民区（图1-2）。

---

① 国家统计局.中国统计年鉴2022[M].北京：中国统计出版社，2022.
② 《考工记》是春秋战国时期记述官营手工业各工种规范和制造工艺的文献。

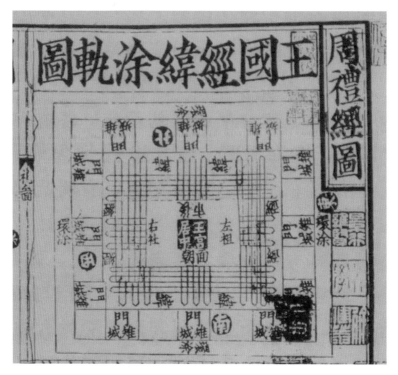

图1-2 《周礼·考工记》王城规划图

唐朝长安和元明清时期北京城即为该规划理论的典型案例，清晰的街坊结构和笔直的街道，以及城墙和城门无不反映了《周礼·考工记》中"礼"的规划建造思想。其规划内容可以概括为三点：①规划形式方正，各方位对外出口统一；②以王宫为中心，发散直线型街道布局，道路交通呈棋盘式；③城内结构表现极强的权威性，显示统治阶级权利的至高无上，市民生活和市场贸易处于较低的位置。该规划理论空间秩序极强，同时也明确了各阶层的社会地位。

## 二、风水学规划理念

齐国管仲经过对西周以来城郭建设实践的理论总结，形成了一套明确且完整的建城立邑的规划理论，从城市的分布、选址、防洪等方面进行了叙述，其主要规划思想体现在《管子》[①]一书中。

《管子·乘马》："凡立国都，非于大山之下，必于广川之上。高毋近旱而水用足，下毋近水而沟防省。因天材，就地利，故城郭不必中规矩，道路不必中准绳。"意思是国都选择不是在高山之下，而必须建在广阔的平原之上，水源充足，利用天时地利，就地取材，城郭的建设不必中规中矩，因地制宜布局建设。该规划思想强调与自然生态的充分融

---

① 《管子》以中国春秋时代政治家、哲学家管仲命名，并非管仲所著，但绝大部分的思想资料属于管仲学派。

合，建城立邑首先要考察地理环境和山川林泽等自然资源，而不是按照既定理论标准去规划建设。

《管子·度地》："故圣人之处国者，必于不倾之地，而择地形之肥饶者。乡山，左右经水若泽。内为落渠之写，因大川而注焉。乃以其天材、地之所生，利养其人，以育六畜。"意思是王宫所在的城内要确保安全稳固，城市周边土地肥饶，重要场所地势较高，河流水系环绕，建立天然的抗旱排涝系统，保证农业和家庭副业即手工业生产需求，这就要对人口和资源统一规划。该规划思想可以说是人类历史上最早的城乡一体的资源规划理念。

### 三、田园城市理论

1898年，英国埃比尼泽·霍华德[①]出版《明日：通往真正改革的和平之路》（后改为《明日的田园城市》），该著作提出人类社区被田地或花园包围，平衡住宅、工业、农业区域比例的规划理论，即为田园城市理论（图1-3）。

《明日的田园城市》指出应该建设一种兼有城市和乡村优点的理想城市，并称之为"田园城市"，田园城市实质上是城和乡的结合体。城市被农业用地所围绕，城市居民就近获得新鲜农产品，居民生活、工作于此。所有的土地归居民集体所有，城市的收入全部来自土地使用的租金，在土地上进行建设、聚居而获得的增值仍归集体所有。城市的规模必须加以限制，使城市居民

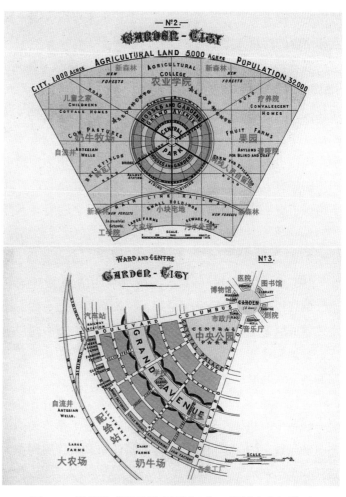

图1-3 霍华德《明日的田园城市》田园城市空间模型

---

① 埃比尼泽·霍华德，20世纪英国著名社会活动家，城市学家，风景规划与设计师，"花园城市"之父，英国"田园城市"运动创始人。

都能极为方便地接近乡村自然空间。

田园城市理论对现代规划理论体系的影响主要有三点：①城市建设的立足点从统治者的意志转移到公众的利益，通过规划实现全社会的公平；②规划不仅仅是空间秩序上的蓝图设计，同时也要注重区域内部的社会治理问题；③田园城市提倡的可持续发展，倡导城市和乡村结合的理想城市，用城乡一体化的新社会结构形态取代城乡分离的旧社会结构形态，深刻影响现代城乡规划的产生和发展。

### 四、广亩城市理论

1932年，美国建筑师赖特①出版《宽阔的田地》，正式提出广亩城市设想。该设想是在美国汽车和电力工业的快速发展情况下产生的，他认为未来城市规划应该将一切活动分散出去，没有必要将其集中在城市中，未来可以发展一种完全分散、低密度的生活居住就业相结合的广亩城市空间。

在赖特所描述的"广亩城市"里，每个家庭为独立的一户，每户周边有1英亩（约合4 050平方米）的土地作为生产空间，为日常生活提供所需的食物，居民出行靠小汽车，居住区之间靠超级公路连接，公共服务设施沿路设置，并将其自然地分布在整个社区服务的商业中心内。1960年美国的"市郊商业中心"和"组合城市"就是广亩城市的实际案例，赖特也成功预见了美国郊区高速公路旁出现大型超市的现象。赖特在书中写道："美国不需要有人帮助建造广亩城市，它将自己建造自己，并且完全是随意的。"可见赖特的广亩城市有一定的现实意义，是一种随着社会的发展不可避免的趋势。

### 五、光辉城市理论

1933年，法国建筑师勒·柯布西耶②出版《光辉城市》，描述了他所设想的"光辉城市"的终极面貌：一座完全消除了传统城市中的街区、街道、内院等概念的城市。所有住宅建筑底层架空，高速公路分布在楼宇之间，所有路口采用立体交叉，地面和屋顶留给行人、绿地和沙滩，办公、商业、工业等严格按照功能区分，通过高架的高速公路、地面铁路和地下铁路联系在一起。

"光辉城市"的规划理论核心是建筑不是孤立存在、没有生命的，而是与社区大环境融合成一个有机体，形态上是协调的，功能上是连续的，空间上是互补的，两者之间是动态且和谐统一的。通过在城市建高层建筑、现代路网和大片绿地，为人类创造采光充足的现代化生活环境（图1-4）。

---

① 弗兰克·劳埃德·赖特，工艺美术运动美国派的主要代表人物，美国艺术文学院成员。美国最伟大的建筑师之一，在世界上享有盛誉。

② 勒·柯布西耶，法国建筑师、都市计划家、作家、画家，是20世纪最重要的建筑师之一，是现代建筑运动的激进分子和主将，被称为"现代建筑的旗手"。

图1-4 勒·柯布西耶光辉城市设想

该理论强调城市的本质是聚集性，集中发展的城市才有生命力，城市规模的扩张带来一系列发展问题，导致其功能性退化，需要通过技术改造来完善城市集聚空间。城市拥挤等问题可以靠提高建筑密度解决，在提高建筑密度的同时，腾出大量空地，用于改善交通、建设绿地空间、优化用地布局等，使人流和车流在整个城市中得到更加合理的分布，让城市生活更加现代化、环境更加舒适。

## 六、《雅典宪章》

1933年，国际现代建筑师大会召开第四次会议，会议通过了由勒·柯布西耶起草的《雅典宪章》（以下称《宪章》）。《宪章》依据理性主义的思想方法，对当时城市发展中普遍存在的问题进行全面分析，认为在物质空间决定论的基础之上，通过物质空间变量的控制，以形成良好的环境，可自动地解决城市中的社会、经济、政治问题，促进城市的发展和进步。

《宪章》认为城市和乡村彼此融合为一体而各为构成区域单位的要素，不能将城市离开它们所在的区域作单独的研究，城市规划的目的是解决居住、工作、游憩与交通四大功能活动的正常进行。其主要工作方式为：①对居住、工作、游憩地区的位置和面积做一个平衡布置，同时建立一张联系三者的交通网。②制定计划，使各区域按照需求有序发展。③建立居住、工作和游息各地区间的关系，务必让各地区的日常活动可以以最经济的时间完成。

《宪章》的价值与意义：①《宪章》提出的"功能分区"理念具有极其重要和深远的意义，依据城市活动对土地使用进行划分，引导现代城市规划趋向科学性发展。②《宪章》指出必须制定必要的法律来保证规划的实施，为规划提供了立法保障。③《宪章》强调

"人的需要和以人为出发点的价值衡量是一切建设工作成功的关键"，为现代城市规划的发展指明了以人为本的方向。④《宪章》提出规模生产和机械化建设的方法，提高生产速度并节约、降低建设成本，体现规划为时代、社会及人民服务的理念。⑤《宪章》指出城市与周边区域之间是有机联系的，必须对其整体筹划和考虑，体现了区域规划的思想。⑥《宪章》提出了"保存具有历史意义的建筑和地区是一个非常重要的问题"，强调了规划中对历史产物的保护和传承原则。

### 七、《马丘比丘宪章》

1977年，在秘鲁的利马召开了国际性的学术会议，与会人员以《雅典宪章》为出发点讨论，总结近半个世纪的城市发展和城市规划思想、理论和方法的演变，展望城市规划发展的方向，最后签署《马丘比丘宪章》。《马丘比丘宪章》是对《雅典宪章》的补充、发展与提升，它强调人与人的关系，城市是一个动态系统，区域和城市规划是一个动态过程，强调规划的综合考虑与公众参与。

《马丘比丘宪章》（以下称《宪章》）对现代规划理念的影响主要有：①强调城市和区域之间的动态统一性：在城市和区域关系方面，《宪章》倡导在规划过程中，应反映城市与其周围区域之间的基本动态统一性，这体现了在现代城市规划中，需要考虑城市及其周围区域之间的相互作用和影响，以及城市发展与区域发展的相互关系。②强调城市规划的协作和公众参与：在城市规划过程中，《宪章》强调了各专业设计人、城市居民以及公众和政治领导人之间的协作配合，这反映了在现代城市规划中，需要注重多方面的协作和公众参与，使得城市规划更加科学合理。③强调城市和建筑设计的综合性：在城市和建筑设计方面，《宪章》提出了综合性的设计理念，认为城市和建筑设计不仅仅是单纯的设计问题，还需要考虑人类活动、自然环境、历史文化、社会经济等多个方面的影响，这体现了在现代城市规划中，需要注重综合性的设计理念。④强调城市发展的可持续性：在城市和区域发展方面，《宪章》强调了可持续发展的重要性，认为城市发展需要注重环境保护、资源节约、社会公正等多方面的因素，这体现了在现代城市规划中，需要注重可持续发展的理念。

# 第四节　我国乡村规划发展历程

## 一、萌芽发展期（1949—1977年）

1950年，我国初步尝试编制第一个全国统一的年度国民经济计划，1953—1957年，编制了新中国成立后第一个五年计划，确定我国农村工作重点是恢复生产和重建家园。1958

年农业部印发《关于开展人民公社规划的通知》，要求规划的内容除农、林、牧、渔外，还包括平整土地、整修道路、建设新村等，全国农村以"农业学大寨"为目标，开展农田水利基本建设活动，农村食堂、托儿所、农业中学等设施大量普及，奠定乡村基础格局。1957—1977年，我国开展的"人民公社化"和"农业学大寨"运动，农业生产主体由个体向集体转变，一批与集体生产、集体活动相适应的场所和建筑物在村庄建设中得到规划和建设，这一时期也成为我国乡村规划的萌芽阶段。

## 二、起步发展期（1978—2005年）

1978年改革开放后，农村地区推行"包产到户、包干到户"，为乡村基础设施和房屋建设提供了经济基础，掀起"建房热"，解决了住房面积短缺的问题，但房屋结构不合理、功能不完善、耕地被占用等问题随之出现。1982年全国第二次农村房屋建设工作会议提出将乡村及周边环境进行综合规划，"城乡建设环境保护部"成立，下设乡村建设管理局，负责指导和协调全国农房建设工作，并依据中央文件进行村镇规划编制工作。截至1986年底，全国有3.3万个小城镇和280万个村庄编制了初步规划，乡村规划的理论基础、方法、技术和标准初现雏形。为保障乡村建设有法可依、有章可循，1993年国务院发布《村庄和集镇规划建设管理条例》，1997年建设部（现为住房和城乡建设部）发布《1997年村镇建设工作要点》和《村镇规划编制办法》，以行政法规的形式规定了乡村规划建设问题，乡村规划制度在我国有了法律依据，开始走上制度化、规范化道路。

## 三、转型发展期（2006—2017年）

党的十六届五中全会审议通过《中共中央关于制定国民经济和社会发展第十一个五年规划的建议》，标志着"五年计划"改为"五年规划"，一字之差体现我国经济体制、发展理念等方面的重大变革。2008年，党的十七届三中全会审议通过《中共中央关于推进农村改革发展若干重大问题的决定》，进一步统一全党全社会认识，加快推进社会主义新农村建设，大力推动城乡统筹发展。2008年1月颁布的《中华人民共和国城乡规划法》取代了《中华人民共和国城市规划法》，意味着我国"一法一条例"的城乡二元规划管理制度的终结，进入城乡一体化规划时代。

## 四、全面发展期（2018年至今）

党的十九大将乡村振兴战略纳入重大决策部署，并将其写入党章。2018年1月，中共中央、国务院发布《关于实施乡村振兴战略的意见》，明确提出要坚持农业农村优先发展，按照产业兴旺、生态宜居、乡风文明、治理有效、生活富裕的总要求，建立健全城乡融合发展体制机制和政策体系，加快推进农业农村现代化。2018年底至2019年初，《农村人居环境整治三年行动方案》《农村人居环境整治村庄清洁行动方案》《关于推进农村

"厕所革命"专项行动的指导意见》等相继出台。2022年中共中央办公厅、国务院办公厅印发《乡村建设行动实施方案》，强调以普惠性、基础性、兜底性民生建设为重点，加强农村基础设施和公共服务体系建设，努力让农村具备更好生活条件，建设宜居宜业美丽乡村。

综上可知，乡村规划已进入了全面发展阶段。乡村规划得到全党、全社会的高度重视，从习近平总书记指示要求到党中央文件，再到党内法规和国家法律，都对乡村规划工作提出明确要求和具体部署，足以体现乡村规划的重要性。同时，人民群众对美好生活的需求日益增长，对乡村规划提出了更高、更新的要求，助推规划任务要求全面升级，规划制度体系进一步完善。

# 第五节　国外乡村规划实践简介

## 一、英国：乡村中心居民点规划

"乡村的发展和保护"是"二战"后英国核心的乡村规划政策。其中，"乡村中心居民点规划政策"对选定为中心居民点的原乡村居民进行紧凑型居民点规划，实施填充式开发模式，完善基础设施和公共服务设施，并改善乡村住宅。

具体措施：①将现存居民点分类为发展型、静止型、衰落型，根据不同类型制定相应的规划，引导乡村因地制宜地发展。②逐步将大部分乡村人口迁移到城镇中，同时在较大的村庄中建设完善相关设施。③通过规划手段控制建筑的无序建设，节约乡村基础设施和公共服务设施建设管理成本。

借鉴之处：以公共服务的经济规模效益为导向的中心乡村居民点规划方式，改善了诸多农村地区人居环境，提高了乡村公共服务水平。

## 二、美国：生态村规划

20世纪60年代西方工业化基本完成，资本主义经济开始衰退，同时环境保护、女权解放①、反战思潮和返土归田等新社会运动共同席卷了欧美国家，以美国为代表的欧美国家尝试在乡间建设大量小型的乌托邦公社来实现其理想信念，生态村规划应运而生。

具体措施：①完善交通绿化、市政管线、商业服务设施等基础设施。②针对空间布局、建筑尺度样式呼应当地文化习俗进行设计改造。③完善绿化系统，保留古树，保护自然环境，完善休闲、商业等公共服务设施。④以传统街区开发和步行者区模式在郊区规划

---

① 1776年美国颁布的《独立宣言》，人人生而平等的天赋人权思想，成为美国女权主义的思想理论基础。

开发新村，采取紧凑、功能混合的土地利用方式，将居住、工作、购物、娱乐融为一体。

借鉴之处：①充分利用自然环境进行空间规划，维持原有生态系统，对原有自然资源进行保护。②重视公众参与，考虑社会价值观的多元性和分歧性，强调规划师担起社会利益代言人的责任。③强调农村环境中可持续的居住地，重视对自然与人类生活中土壤、水、火和空气所构成的循环系统的保护。

### 三、德国：乡村更新规划

"二战"后至1970年，伴随城市化进程，德国的村庄规划与建设以基础设施和公共服务设施的改善为主。1980年，"我们的乡村更美丽"规划行动在德国展开，保护乡村特色，注重乡村景观建设。1990年，德国侧重乡村整体更新与发展，重视村民的全程参与，形成一整套严谨、标准化的工作流程。

具体措施：①完备详细的现状调查与评价，针对不同村落，得出促进发展的积极因素和阻碍发展的消极因素。②将亟待解决的问题按重要性分类，找出涉及公众利益或影响村镇发展方向的主要矛盾。③依据公众参与原则，制定出理想的未来村镇发展模式。④从立项、申报到批准后的规划设计、施工招标、建设管理等全过程，都是由公众主导的，成立理事会，负责组织、协调和决策规划方案的施工投标、土地调整等事宜。

借鉴之处：①以《中华人民共和国农业法》为基础，保护农用地，提升农产品价格，健全管理机构和队伍建设，完善投资机制，加大政府支持力度。②优先考虑基础设施和公共服务设施的规划建设，基础设施、公用建筑、住宅建设由国家和地方政府进行补贴。③完善的公众参与机制设置和操作流程，重视培育村民对乡村发展的思考和价值观构建。

### 四、法国：乡村整治规划和分区规划

1960年，法国发布的振兴农业农村政策使乡村社区重获生命力。1970—1980年，法国乡村人口的数量不再呈下降趋势，启动了"乡村整治规划"。1980年以后，法国针对发展较落后的乡村启动了乡村发展规划和设施优化规划，乡村人口回升。1990年，法国城镇化率达到80%，颁布了《空间规划和发展法》，设立"乡村复兴规划区"的区划类型，基于分区规划推行以减税奖励为核心的新乡村复兴政策。

具体措施：①通过广大乡村地区建设新城来吸引人气，疏解大城市压力，同时带动周边乡村建设。②优化乡村基础设施和公共服务设施，保护乡村空间。③为遭遇人口密度过低、社会经济结构转型等特殊困难的乡村地区的手工业、分销贸易、制造、研究、设计和工程等领域的创业活动提供长期税收优惠。④为拥有丰富自然和文化遗产而均衡发展相对脆弱的地区提供经济资助，进一步推动乡村地区的经济发展。

借鉴之处：①乡村规划作为国土规划的一部分，应该纳入统一的国土开发政策框架。从国家到地方，对乡村地区划分不同类型和区域，制定不同政策，乡村开发的政策与实施

需要各级政府和部门在统一的政策框架下通力合作。②空间规划作为国土开发政策的具体表达，应注重实时性，成为乡村开发建设的依据。③乡村建设作为乡村开发空间体现，应依据乡村规划进行系统严格的城乡规划管理。

### 五、日本：造村运动和村镇综合建设规划

1967年，日本在"经济社会发展计划"中，将新农村建设作为农业农村现代化的核心推动力，加大投资推进基础设施建设，通过保护农业自然环境和村庄整治来推进公共服务设施建设，改善农村生活质量。1970年，日本实施了"村镇综合建设示范工程"，以重新振兴农村为目标，鼓励各地农村形成富有地方特色的农村发展模式，对后期影响最大的是"一村一品"运动。

具体措施：①财政支付大量投资，用于农业生产基础设施整治、农村生活环境整治以及农村地区的保护与管理，重点加强城乡之间的物质信息联系。②大力发展农村的工商业——一类是大都市周边的大企业，另一类为从事农产品加工、销售、与农村生产正好有密切联系的工商业，推动农村工业化。③建立较为完善的农民融资制度，政府在财政政策上予以倾斜，在税收、金融等方面提供优惠。④推动农村土地规模经营，立法促进以土地买卖和土地租借为主要形式的土地流动，为土地规模经营提供基础。

借鉴之处：①政府、农民共同参与新农村建设，强调自主自立发挥自主性，并在政策与信息服务、市场开发、人才培养、技术指导等方面予以支持。②充分发挥农业协同组合的作用，集农业、农村、农户于一体的综合社区组织，在政府的支持下，农民自愿结合为农业协调组合，构成遍布各地的综合服务网，为农民提供快速、周到、高效的服务；政府依据不同时期农村发展情况和目标，先后出台了一系列法律法规和影响深远的扶农政策，为农村各项建设事业提供支持。③以国家投资为主导，以国家财政用于增加公共设施投入为主要手段带动农村的建设，实行山水林路的综合投入、整治，以改变农村。

### 六、韩国：新村运动

1970年，韩国实行的新村运动以政府职员、农民自主和项目开发为基本动力，带动农民自发地参与基础设施建设。1974—1976年，新村运动向城镇扩张，工作重点是鼓励发展畜牧业、农产品加工业和特色农业，催动农村保险业的发展，推动乡村文化建设和发展，从政府主导的下乡式运动转变为民间自发、注重社会实践的群众活动。1981—1988年，政府主要负责制定规划、协调，提供财政、技术支持，建设工作则主要由民间组织承担。20世纪90年代开始，一些农村科技教育机构、农村经济研究等组织机构应运而生，成为农村社区建设的主导力量。

具体措施：①根据农民所需，无偿提供近20种环境建设项目费用与物资，改善饮水条件和住房设施。②在权威体制构架内，韩国从中央到地方建立起一整套组织体系和领导

体系。在中央政府一级的领导部门是民政部，负责新村运动的计划和执行，其他主管经济建设、文化教育、卫生等部门被列为支持性机构，内部也设立了计划和管理新村运动的专门机构。中央及地方政府的政治权威及指导作用，为新村运动开展提供了强有力的保障。③每个社区都有一位政府任命的政府公务人员作为领导人，指导运动的展开。每个村成立一个由15～20个村民组成的村发展委员会，负责本村的新村发展计划和集体性工作的具体组织执行。

借鉴之处：①跨区域发展。根据各地实际情况，把每个区域的自然资源优势变为产业优势，大力发展区域特色。在资金筹措上，新村运动的发展资金以民间为主导，主要通过市场机制吸引外部开发性商业投资，国家主要解决基础设施资金，引导农民种植有档次、有水平的农产品，跳出小区域的小农经济圈子。②分阶段推进。新村运动从小面积试验到扩大实施规模，形成政府统筹指导型分阶段协调的推进模式。③激发农民自主参与。政府通过与农民生活息息相关、切实可行、能够立竿见影改善生活的小项目，激发农民积极性，在农民的发展意愿下，通过专家委员会的指导，给予适当的支持推进，农民自发成立民间组织和协会，使得新村运动走上了全民参与、实践先行的良性运行轨道。④将教育放在首位。新村教育与新村运动同步进行，坚持把加强农业科研和推广、农业技术教育和培训作为发展农业的关键环节。⑤传统文化与现代文化的有机结合。发展合作经济在农业现代化、市场化和提高农村生活条件、农民收入水平方面具有强大的生命力，新村运动提倡的勤奋自助、合作精神对韩国城市社区的精神建设同样有积极推动作用。

# 第六节　乡村规划的基本原则、方法及流程

## 一、规划原则

### （一）多规合一原则

所编规划应与现行的国土空间规划、乡村振兴战略规划、区域农业农村发展规划、环境保护规划、旅游发展规划等有效衔接，确保区域整体发展定位、发展目标、空间布局等保持一致，确保"多规"确定的生产空间、生活空间、生态空间等重要空间参数一致，实现优化空间布局、有效配置土地资源。

### （二）绿色发展原则

乡村规划遵循"绿水青山就是金山银山"的科学发展理念，坚持人与自然和谐共生，落实节约资源、保护优先为主的方针，统筹山水林田湖草沙系统治理，严守生态保护红线，以绿色理念引领乡村发展，促进乡村经济、社会、环境的协调发展。

### （三）因地制宜原则

乡村规划应充分考虑区域的自然资源和社会经济发展情况，顺应乡村发展规律，结合规划区域的自然资源、社会经济、发展现状、产业基础、历史文化等实际情况，认清区域的特点，以市场导向、问题导向和效益导向为主，确定规划的发展方向和目标，实现区域可持续发展。

### （四）以人为本原则

乡村规划应充分尊重农民意愿，切实发挥农民在乡村规划中的主体作用，把维护农民群众根本利益、促进农民共同富裕作为出发点和落脚点，激发调动农民的积极性、主动性、创造性，不断提升农民的获得感、幸福感、安全感。

## 二、规划方法

### （一）实地调研法

在乡村规划中，实地调研是进行规划工作的基础，通过实地考察、走访访谈、问卷调查等方法，对项目地进行有计划、系统全面的了解，并对调研资料进行分析和总结，为规划设计提供依据。实地考察是指直接前往规划区域现场，直观感受规划区域现状，通过观察获得真实可靠的一手资料；走访访谈是指与目标群体进行面对面谈话，适用于调查问题比较深入、调查场所不易接近等情况；问卷调查法是以问卷为载体，向被调查者了解情况或征询意见的一种方法，具有标准化、客观性和抽样性等特点。

### （二）SWOT分析法

SWOT分析指基于内外部竞争环境和竞争条件下的态势分析，乡村规划中主要包括优势与劣势分析、机遇与挑战分析和矩阵策略分析。优势与劣势分析是阐述规划区域发展的内部条件，包括区位、交通、资源、产业、技术等方面内容。机遇与挑战分析是评价规划区域面临的外部环境条件，包括涉农政策、经济发展、产业融合、市场消费升级、社会变迁、技术进步等方面内容。矩阵策略分析是根据优劣势分析和机遇挑战分析，运用系统分析的思想，构造出SWOT矩阵图，综合评价规划区域的优势与劣势、机遇与挑战，提出规划区域发挥优势、克服劣势、抓住机遇、化解威胁的对策和相应的行动计划，为规划编制提供依据。[①]

### （三）系统分析法

系统分析是乡村规划的基本方法，它将一个复杂的项目区看成为系统工程，通过系统目标分析、系统要素分析、系统环境分析、系统资源分析和系统管理分析，可以准确地诊断问题，深刻地揭示问题起因，有效地提出解决方案。在乡村规划中，要将规划区域看作一个完整的系统，其组成要素有土地、植被、水系、人口、产业、基础设施、建筑物等，

---

① 农业农村部规划设计研究院. 乡村规划理论与实践探索[M]. 中国农业出版社，2021：123.

这些要素按照一定关系形成一定结构，通过系统分析各要素之间的关联性，实现最优规划设计、最优管理和最优把控，以便充分发挥人力、物力、财力等资源的潜力，促使系统内部各要素之间协调配合，最终实现综合效益最大化。

### （四）比较分析法

在乡村规划中，影响项目区发展的因素多样，因此，要通过区域间的比较分析得出发展优势，明确最优发展方向。比较分析一般分为3个步骤：选择比较对象、确定比较标准、分析评价。比较对象应具有内在联系，具有可比性，明确比较标准和内容，才能使比较的结论有据可依。在乡村规划中，要对可选方案在地域范围内进行横向对比，确保方案具有地域发展优势；还要对可选方案在时间范围内进行纵向对比，确保方案的先进性和可实施性。

## 三、规划流程

### （一）规划准备阶段

#### 1. 明确任务与组建团队

根据与规划委托方的前期资料对接，整理相关资料，并了解项目区的自然地理、社会经济、民俗风情等相关资料，明确工作任务，确定工作方案，组建规划团队，明确人员职责分工等。

#### 2. 规划启动与实地调研

乡村规划编制一方面要考虑与国家、省、市、县的现有工作部署相吻合，与上级、下级规划相衔接、相融合，另一方面要征求下级、基层的意见与建议，作为乡村规划的重要依据和必要补充。实地调研是规划编制工作中最重要、最直接了解项目区发展现状的方式，可对现场实地考察、感性认识，以及获取大量的、翔实的资料，对于乡村规划编制至关重要。

一是沟通协商。规划编制组与委托方沟通协商，确立调研计划和时间安排，组织项目调研组，按照调研计划和规划编制程序，有计划地开始搜集、整理和分析国家政策、市场情况、委托方提供的各类规划文本、地域性文件、年度报告、经济数据、统计报表等。

二是座谈沟通。乡村规划编制需要综合各方意见，要考虑经济社会各方面的因素，吸收专家与利益有关方意见。规划团队与委托方座谈，召集相关人员启动规划编制，就规划的思路、目的、任务等进行深入沟通和交流，双方统一认识并建立联系，一般由政府部门负责人、相关职能部门、涉及经营主体等人员参加，规划团队随后与各部门进行深入沟通，了解他们对项目区发展的想法，对接相关资料等。

三是实地调研。规划人员深入现场，对规划区域的场地现状、基础设施、产业现状、民俗风情、社会经济发展实际情况等方面深入了解。一般借助规划区行政图、土地利用现状图和卫星图片等辅助资料以及GPS（全球定位系统）、照相机、手机或无人机等设备辅助实际调查。

四是外围调研。包括规划项目所在地区的自然与社会经济条件、环境质量、当地农业发展现状与趋势、周边区域情况等，并对周边重点项目进行实地调研，获取项目经营情况、产业发展情况、农产品市场情况等一手信息，以便为规划发展策略制定提供参考。

**（二）规划编制阶段**

乡村规划编制过程中，要广泛征询编制单位内外部相关部门和专家的意见，对发展思路、产业布局、建设任务、重点项目等关键内容进行反复论证、修改、完善，形成规划初稿（图1-5）。

1. 上位规划解读

以现有规划编制为基础，研究相关政策、国家经济形势和发展趋势，做好现有规划与区域发展规划的衔接，规划要在指导思想、发展目标、具体任务等方面符合上位总体规划的核心要求，规划内容要能体现上位规划的精神和具体方向。

2. 基础分析研究

对实地调研所搜集的文字、数据、图件、问卷等原始资料进行整理，分析和归纳总结项目区发展的背景条件、现状基础，梳理项目区发展的需求分析，明确项目区发展现状、所处的发展阶段、存在问题、类似地区的成功案例等，得出分析结论。分析结论将成为项目区规划发展战略制定的重要依据。

3. 规划方案编制

初期规划方案编制是在前期分析的基础上，确定规划的基本思路的过程。通过团队头脑风暴、专家研讨等方式确定规划的总体框架，并对项目区的发展思路、空间布局、重点建设项目、重点专项等内容进行初步规划编制。规划方案初稿完成后召集专家进行内部会审，对规划方向、思路等关乎规划方案的重要问题进行质量把控。

4. 方案沟通讨论

委托方召集规划编制方、相关部门与机构、相关专家、涉及的经营主体、规划实施方等就初步规划方案进行多方讨论，提出各自对规划的修改建议与意见，主要就规划的理念、发展思路、主要任务与工程、项目投资及建设计划等达成共识。根据沟通讨论结果，形成初期规划方案的完善修改意见，针对各类意见，统一整理分析与修改。

**（三）征求意见阶段**

规划方案完成后，通过审查、内审、研讨会等形式，广泛征求规划委托方、相关部门与机构、相关专家、各涉农经营主体、规划实施方等有关部门或单位的意见，在充分征求各方意见后，对规划初稿进行修改完善，形成规划送审稿。

**（四）规划评审阶段**

规划送审稿形成后，一般应组织专家对规划成果进行评审，邀请业内知名专家成立项目评审专家组，开会进行评审，并出具专家评审意见。对于没有通过专家评审的规划成果，根据专家提出的未通过原因对规划送审稿进行修改完善，再次组织专家评审；对于通过专家评审的规划成果，根据专家意见修改完善后形成规划成果稿，提交委托方完结项目或提交有关部门进行审批或印发完结项目。

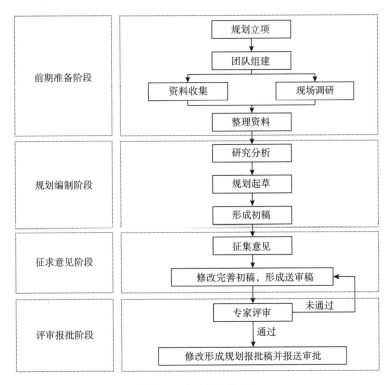

图1-5 规划编制流程

# 第七节 AI技术在乡村规划中的应用展望

伴随AI（Artificial Intelligence，人工智能）技术不断发展，规划设计行业也在面临颠覆性革命。在项目初期，利用智能数据抓取与洞察工具可以协助规划师高效地收集和处理大量数据，提供深入且有价值的分析，为科学决策提供坚实基础；在方案设计阶段，AI进一步运用于创意构思和图件制作中，通过运用Midjourney、Stable Diffusion等前沿图像生成技术，将设计方案转化为艺术化的视觉语言；在项目汇报展示阶段，AI驱动的智能可视化及互动体验技术可以提升汇报呈现效果。

AI在规划设计行业中展现出巨大的价值，有力推动整个行业的智慧化转型与持续发展，同时也为规划设计师带来了新的机会和挑战。

## 一、AI赋能项目前期分析：智能挖掘与数据洞察

### （一）智能助力资料采集与深度数据分析

规划编制初期，规划师需搜集大量翔实的背景材料作为趋势预判和决策制定的基石。在预测市场波动走向、剖析消费者行为模式、分析商品销售趋势等核心环节，需要从大量的线上数据中提炼出有价值的信息线索。通过运用ChatGPT系统编写的Python代码可实现自动化数据抓取，定制化地搜集包括但不限于市场趋势分析报告、行业深度研究报告、用户反馈评论等多种类型的数据资源。同时配合使用Web数据抓取工具，如Scrapy或相关数据整理插件，可以高效抽取并整合所需数据。ChatGPT依据抓取的网络数据资源，进行深度的数据探索分析，建立统计模型或应用机器学习算法，可对所得数据结果给予直观明了的解读。AI技术可有力协助规划师识别关键规律、提炼深层次信息，为开展更具针对性和预见性的规划工作提供扎实的数据支持。

### （二）协助开展地理空间信息提炼与解析

在地理科学领域，ArcGIS凭借其强大的空间数据管理和分析能力，广泛深入地应用于测绘与地图制图、资源管理、城乡规划、灾害预测、土地调查与环境管理、国防、宏观决策等与空间信息有关的各行各业。随着ChatGPT高级语言模型的崛起，能有效促进两者优势互补。在面对复杂的地理数据分析目标和需求时，工作人员通过向ChatGPT清晰描述意图，获得针对性的代码片段或编程策略建议。这些由ChatGPT智能生成的代码直接应用于ArcGIS中，助力工作人员高效完成矢量数据处理、栅格数据分析等工作，推动工作人员实现更精细化的流程作业与结果优化。

## 二、AI引领规划设计创新：智能辅助与决策支持

### （一）协助设计构思方案

传统的建筑、规划和景观设计初稿设计流程往往是需要设计师先进行"头脑风暴"，在脑海中完成初步的形态构想，再通过手绘、CAD平面绘图等方式形成初稿方案工作。目前，AI可以通过"学习"大量的设计数据和规则，根据使用者的指令，快速生成具有某种特定风格或风格元素的设计原型。设计师可以快速获取多个创意方案，同时给设计师带来许多新的设计灵感，帮助他们提升工作效率。

### （二）协助解决设计难题

AI渲染在建筑设计创新中的运用走在前沿。传统的渲染方式需要依赖计算能力来处理光线与3D模型之间的交互作用，对设计师的设计能力和渲染技术要求很高。AI图像生成工具（如Midjourney）使任何人都能更轻松地实现建筑可视化，而无需掌握三维建模与渲染技术。客户用自然语言描述建筑愿景，这些工具根据描述生成逼真的影像，不仅简化了创建建筑展示的过程，还能让更多的个人和组织使用。建筑师、设计师和建筑可视化艺术

家可使用这些影像作为三维模型的基础，以传统的方式对其进行操作。

### 三、AI助力项目汇报展示：智能可视化与互动体验

#### （一）智能整合高效生成汇报PPT

AI技术的不断进步使得一键生成汇报PPT成为可能。AI自动生成PPT软件，如Mind Show、美图AI PPT、WPS AI PPT、歌者AI、ChatPPT等，均能根据用户提供的文本内容迅速转化成完整的幻灯片页面。这不仅简化了从内容策划到视觉设计的全过程，还能灵活定制页面设计和排版。在运用过程中，对软件自动生成的图片素材不满意时，用户可以借助ChatGPT来搜索和描述与主题相符的高质量图片资源，配合AI图像生成服务软件工具，快速创作出与汇报内容紧密相关的精美插图，为汇报内容增色添彩。

#### （二）提升设计交互体验与参与度

虚拟现实（Virtual Reality，VR）是一种先进的计算机模拟技术，能够创造出高度沉浸式的虚拟环境，与增强现实（Augmented Reality，AR）技术相结合，为规划设计领域提供了前所未有的创新空间。规划师利用这一融合技术平台，可以根据实际项目需求将精心设计的虚拟物体、场景以及系统引导信息精准叠加到现实空间中，实现对物理世界的增强展示和互动体验，让客户更直观地感受设计方案的三维立体效果和空间氛围，极大地提升了客户的参与感和理解度，促进双方更有效地沟通与决策。

目前，一些领先的建筑企业已开始积极尝试将VR/AR技术融入规划设计流程中，并取得了显著的效果。展望未来，随着AI技术日益成熟，VR/AR技术将在规划设计以及其他相关领域得到更加广泛且深层次的应用。

#### （三）驱动行业沟通方式的革新升级

目前，Sora模型能够基于用户输入的文本指令，自动生成长达60秒、1 080p高清画质的连续视频内容，并且在视频制作过程中展现出非凡的镜头切换与特写捕捉能力，其文本理解的深刻程度和细节生成精度均远超先前同类产品（如Runway和Pika等文字转视频工具）。随着Sora模型持续演进和完善，未来在规划设计行业，设计师们将能够借助这一先进技术，将抽象的规划理念与详细的设计方案直接转化为鲜活、立体的三维动态视频演示，极大地提升客户对项目整体规划的直观认知和沟通效率。

AI技术有力推动整个行业的智慧化转型，为规划设计师带来了许多新的机会和挑战，但人类设计师的创造力和直觉仍不可替代，如何将AI的智能化与人类设计智慧相结合，需要规划师在实践中不断探索和创新。

# 第二章 区域性农业农村发展规划

## 第一节 区域性农业农村发展规划概述

### 一、区域性农业农村发展规划的涵义

区域性农业农村发展规划一般是指对一定区域（省、市、县、乡镇）未来若干年内农业农村发展所做的总体部署和谋划，是根据区域农业农村发展趋势和区域特点，明确未来一定时期内农业农村发展方向、发展目标、发展重点和发展措施等内容的综合性规划。

区域性农业农村发展规划一般属于宏观层面的规划，主要从宏观总体上对未来农业农村的发展进行研判和部署，如农业发展规划、农村发展规划、城乡协调发展规划等。我国各地各级农业农村部门制定的"十四五"农业农村发展规划、乡村振兴战略规划均属于区域性农业农村发展规划。本章区域性农业农村发展规划主要研究农业农村现代化发展五年规划和乡村振兴战略规划。

### 二、区域性农业农村发展规划的原则

#### （一）因地制宜、合理开发原则

区域内各种资源的合理开发利用是区域性农业农村发展规划的关键。因此应坚持因地制宜、合理开发的原则，遵循区域资源要素的特点、内在联系、相互关系及发展变化的规律，结合本区域产业发展、历史文化传统、社会经济发展水平和资源要素利用现状等条件进行分析，掌握区域发展优势和发展瓶颈，坚持目标导向和问题导向，因地制宜确定本区域农业农村发展方向和发展目标，推动差异化和特色化发展。

#### （二）融合发展、优化布局原则

合理布局是针对不同产业或项目在空间定位方面做出合理的安排，使其充分发挥各自的效益。不同的产业、项目对布局的条件有不同的要求，在实际规划中，应以"价值效益"为原则，即以较少的投入获得较高的产出，如农业产业的布局，应统筹兼顾产品的生

产、加工、流通、消费，构建完整的产、加、销产业链条。

### （三）统筹兼顾、综合平衡原则

区域性农业农村发展规划涉及区域内所有涉农要素，必须对这些要素进行统筹兼顾，综合平衡，避免顾此失彼，片面绝对。要保证区域内各板块的协调发展，必须健全各类体系，如规模适宜、结构合理的农业体系；立足于农业资源优势和市场优势的加工业体系；巩固健全生产服务和商品流通体系；完善城乡公共服务和基础设施体系等。

### （四）发挥整体功能最大效益原则

区域性农业农村发展规划的理想目标是实现生态效益、经济效益和社会效益的统一。在规划中，从区域经济持续稳定发展出发，对区域各要素进行合理规划，使其布局合理协调；使资源能得到充分合理利用，又得到有效保护。但必须注意的是，在某种情况下，当生态效益、经济效益、社会效益在局部地区发生矛盾时，则应从区域的整体功能出发，服从大局。

## 三、区域性农业农村发展规划的作用

科学合理地制定区域性农业农村发展规划，能够协调各行政层级、各相关部门之间的关系，推动规划从国家到地方落地落实，其作用体现在以下几个方面。

### （一）优化区域资源配置与产业布局

区域性农业农村发展规划在分析区域乡村产业结构和分布现状的基础上，揭示区域农业产业发展的矛盾和问题，提出优化农业经济结构和推进区域协调发展的思路，确定乡村一二三产业的基本结构，明确区域发展的优势产业，规划打造相应的产业链条，同时确定重点发展区域，建设农业产业集群，协调好各产业的空间布局，使区域内资源得到合理配置。

### （二）推进农业农村可持续发展

制定科学合理的农业农村发展规划，是一个地区农业农村部门依法履行职责、合理安排政府投资、落实重大农业农村项目以及制定各项政策措施的重要依据，可以避免地区发展的指导思想、思路目标和重大政策措施等因人事变动而发生变化，从而保证农业农村发展进程的可持续性。为此，区域农业农村发展规划应高瞻远瞩，既要立足当前，又要着眼长远，明确正确的发展思路和目标，推进农业农村可持续发展。

### （三）体现农业农村的系统功能

系统理论认为合理的系统结构可使系统的总体功能达到数倍乃至数十倍于各个子系统功能之和。农业农村是一个区域（省、市、县、乡镇）系统的有机组成部分，与其他有关的子系统存在着相互依存、相互制约的关系，也影响着总系统的功能。制定一个地区的农业农村发展规划，首先要研究本地区在总系统中的定位及与周边地区的关系，解决在经济发展和资源开发利用中日益突出的资源、人口、社会、经济等诸因素之间的问题和矛盾，使农业农村逐步达到区域化布局、专业化生产、规模化经营和社会化服务，增强其系统功能，推进农业农村现代化进程。

### （四）促进区域城乡融合发展

区域性农业农村发展规划在分析区域城乡发展的基础上，优化城乡要素合理配置，推动土地、资金、人才等要素在城乡间双向流动和平等交换，同时实施乡村建设行动，推动城乡基础设施一体化发展，科学合理设计区域城镇规模、布局体系和发展方向，促进区域城乡融合发展。

## 四、区域性农业农村发展规划的技术路线

区域性农业农村发展规划是在对发展成就总结和发展形势分析的基础上，提出区域农业农村发展的总体要求和目标定位，确定发展的主要任务，根据发展任务明确提出重点建设项目和规划保障措施。区域性农业农村发展规划的技术路线图，如图2-1所示。

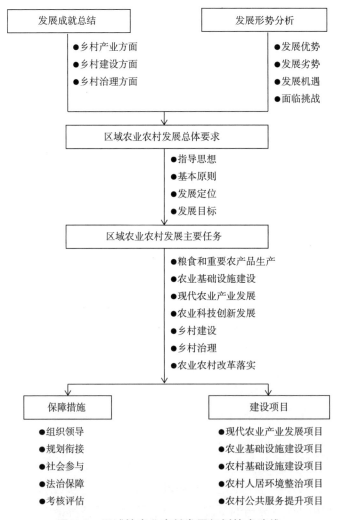

**图2-1　区域性农业农村发展规划技术路线**

# 第二节　区域性农业农村发展规划的重点内容

## 一、规划的主要内容

### （一）发展基础分析

发展基础分析是做好区域性农业农村发展规划的前提，通常在资料分析和现场调研的基础上，对拟规划区域的农业农村发展现状、发展环境和发展潜力中存在的有利条件和不利因素作出客观分析，总结发展成效，分析发展机遇以及面临的各种挑战，找出短板和弱项，对农业农村发展环境和发展前景作出全面客观的分析和评价，为因地制宜编制区域性农业农村发展规划奠定基础。

1.发展成就总结

（1）产业发展成效。对农业基础设施建设、乡村产业发展综合实力、乡村产业发展质量、产业结构、区域布局、科技创新、人才队伍建设、主体培育和产业项目建设等取得的发展成效进行系统、全面总结。

（2）乡村建设成效。对农村基础设施建设、农村人居环境整治、农村公共服务设施建设、城乡融合发展和城乡基本公共服务一体化发展等取得的发展成效进行系统全面总结。

（3）乡村治理成效。对基层党组织建设、基层治理体系和能力建设、农村精神文明建设、新型农村集体经济发展和农民收入状况等取得的发展成效进行系统全面总结。

2.发展形势分析

（1）机遇。可从农业供给侧结构性改革、城乡一体化发展、新型城镇化建设、农业强国建设、乡村振兴战略、科技创新与数字农业农村发展、区域经济群建设等政策形势、发展趋势或发展机遇出发，分析区域农业农村发展的机遇。

（2）挑战。可从国际贸易规则变革与经济秩序重构、区域农业发展竞争力、区域农业生产方式和经营体系建设、区域农业农村基础设施发展现状、乡村人力资源开发现状、农业农村资金投入和金融支持、环境保护和可持续发展、传统观念和文化保护、城乡融合发展机制体制建设等方面客观分析区域农业农村发展面临的挑战。

### （二）规划的定位与目标

1.发展定位

在区域性农业农村发展规划中找准发展定位是关键，首先要通过深入研究和分析区域的自然资源、地理位置、产业结构、人口特点、历史文化等多方面因素，明确该区域的优势和劣势。同时，要充分考虑国家或上级规划的要求和政策方向，确保与国家发展战略协调一致。还需要与周边地区和国内环境互动，寻找合作机会和发展潜力。重要的是，要尊重地域差异性，制定符合地方特点的发展策略，充分考虑社会、经济和生态环境的可持续性，以达到可持续发展的目标。最终，明确区域的发展愿景和战略定位，将其高度凝练并概括。

### 2. 发展目标

区域性农业农村发展规划应以目标和问题为导向，依托国家和地区的发展战略，结合该区域的发展思路和发展潜力，因地制宜提出本区域规划期内农业农村发展目标。要根据实际制定完整、清晰的目标表，包括目标名称、目标单位、目标的基期值和目标值及年均增速等关键指标。

（1）产业发展目标。围绕促进农业高质量发展，从粮食等重要农产品生产、农业质量效益和竞争力、农业产业化发展水平等方面设置农业发展目标，以农业总产值、粮食及重要农产品产量、高标准农田面积、新型经营主体数量、农产品加工业产值与农业总产值之比、良种覆盖率、农业科技贡献率、主要农作物耕种收综合机械化率和"两品一标"数量等为主要指标构建本区域农业发展目标体系。

（2）绿色发展目标。围绕提升农业农村绿色发展水平，从村庄垃圾有效治理、农村生活污水治理、农村无害化卫生厕所普及、农药化肥减量增效、病虫草害绿色综合防控、农作物秸秆资源化利用、畜禽粪污无害化处理等方面设置具体发展目标。

（3）乡村建设目标。从农村基础设施建设、乡村治理和乡村建设等方面确定乡村建设目标，以农村自来水普及率、农村5G网络覆盖水平、村级综合性文化中心数量、高素质农民数量等为具体指标构建本区域农村发展目标体系。

（4）农民收入增长目标。围绕提升农民收入，从农村居民人均可支配收入、城乡居民收入比、农村居民教育文化娱乐消费支出占比、农村居民恩格尔系数等方面设置农村居民收入增长目标。

### （三）规划的主要任务

围绕推动区域农业农村现代化发展总体目标，从保障粮食等重要农产品生产、加强农业基础设施建设、推进现代农业产业发展、强化农业科技创新发展、推进和美乡村建设、提升公共服务水平和提升乡村治理水平等方面制定相关任务。

### 1. 粮食及重要农产品生产

围绕推进粮食等重要农产品生产保供制定相关任务。主要任务一般包括提升粮食安全保障能力，稳定肉类、水果和蔬菜等重要农产品生产，促进农业绿色发展，推动耕地保护制度落实，提升农产品质量和食品安全水平等。

### 2. 农业基础设施建设

围绕完善农业基础设施和提升农业生产条件制定相关任务。主要任务一般包括加强耕地保护和用途管控，持续推进高标准农田建设，完善农田水利基础设施建设，提升农业防灾减灾能力等。

**3. 现代农业产业发展**

围绕提升农业现代化发展水平制定相关任务。主要任务一般包括调整优化农业产业布局，推动现代农业产业体系建设，完善现代农业经营体系，推进一二三产业融合发展和加强农业对外开放合作与交流等。

**4. 农业科技创新发展**

围绕强化农业科技与物质装备支撑制定相关任务。主要任务一般包括推进现代种业发展，提高农业机械化水平，推进农业信息化建设，推进农业科技创新成果转化，完善农业科技社会化服务体系等。

**5. 乡村建设**

围绕打造宜居宜业和美乡村和提高镇村建设管理水平制定相关任务。主要任务一般包括科学有序引导村庄规划建设，加强乡村基础设施建设，完善农村教育、医疗、养老、文化、卫生等公共服务设施等。

**6. 乡村治理**

围绕提升乡村治理能力、构建现代乡村治理体系制定相关任务。主要任务一般包括农村基层党组织建设、农村精神文明建设、促进新型农村集体经济发展、推进农民增收致富等。

**7. 农业农村改革落实**

围绕完善农业农村体制机制制定相关任务。主要任务一般包括落实农村土地制度改革、落实农村集体产权制度改革、统筹推进农业综合改革、健全城乡融合发展机制等。

**（四）重点建设项目**

结合重点建设任务，围绕现代农业产业发展、农业基础设施建设、农村基础设施建设、农村人居环境整治和农村公共服务提升，提出在规划期内需要开展的重点建设项目。

**1. 现代农业产业发展项目**

围绕主导产业全产业链建设，从种养基地建设、加工能力提升、一二三产业融合发展、农业品牌建设和龙头企业培育等方面谋划重点建设项目。

**2. 农业基础设施建设项目**

围绕夯实农业发展基础，从大力推动高标准农田建设、重要农产品生产基地改造升级、提升现代种业科技创新水平、加强冷链仓储设施设备建设、完善水电路等农业基础设施建设和加强耕地质量保护等方面谋划重点建设项目。

**3. 农村基础设施建设项目**

从加强村内和通村道路建设、农村水渠和电网建设等方面谋划重点建设项目。

**4. 农村人居环境整治项目**

围绕农业农村绿色可持续发展，从实施畜禽粪污资源化利用、秸秆综合利用与农膜污染治理、农村生活污水集中处理、农村生活垃圾治理、农村自来水普及和农村卫生厕所改造升级等方面谋划重点项目。

5.农村公共服务提升项目

从农村综合服务点建设、农家书屋建设与农村文化、体育、卫生等设施建设等方面谋划重点项目。

**（五）保障措施**

保障措施是推动规划落地落实的重要保障。在编制区域农业农村规划的保障措施时应从加强组织领导、创新体制机制、落实考核评估、加大资金支持力度、落实各项扶持政策、强化项目支撑、加强宣传引导和营造良好发展环境等方面出台具体的、可落实的保障措施。

## 二、规划的编制重点

区域性农业农村发展规划要体现出区域发展的战略性、地域性、统一性，突出问题和目标导向，强化项目支撑。规划编制内容要始终贯穿这些重点内容。

**（一）找准规划战略定位，体现规划战略性**

区域性农业农村发展规划是农业农村的方向性规划，通常时间跨度较长，应主动对接国家战略，聚焦区域内部和区域之间需要协调解决的关键问题，规划要重视区域自身的战略定位和规划衔接工作，加强与上位规划和国家重大战略导向的联系，增强规划在解决农业农村发展重大问题上的合力，保证规划的发展目标和区域农业农村发展布局与国省市战略及上位规划思路一致，做好与乡村振兴战略、新型城镇化、区域协调发展战略和美丽中国建设等国家重大战略的衔接。

**（二）突出区域特色优势，体现规划地域性**

区域拥有独特的自然条件和文化背景，区域间差异普遍存在，同时社会化大生产的发展趋势对区域分工提出客观要求，充分利用区域特色有助于区域品牌的形成和争取上级支持，通过全面客观地总结区域以往的发展成果，立足区域自然条件（地形、气候、资源等）、经济发展条件和已有的产业基础，梳理区域的文化底蕴、名人名事、民风民俗、地方特产和名胜古迹等区域特色，将区域特色融入产业布局和乡村建设发展，反映规划区域的特色，最大程度上避免规划千篇一律和农村区域发展"千区一面"的现象。

**（三）运用系统性思维，强调统筹协调发展**

区域性农业农村发展规划的最终目的是促进农业和农村高质量发展，在城乡二元体制的背景和统筹发展综合治理趋势下，推动农业农村发展又不能仅仅着眼于农村，不能简单地将城市和农村、农业和农村割裂开来，要强调城镇与农村、产业与建设协调发展，运用系统思维整合城乡用地、城乡交通、城乡设施等资源，规划要合理分配城乡资源，提升资源在农业农村的投入回报率，从而缩小城乡发展差距，实现城乡融合发展，促进城乡经济社会衔接和互动，实现城乡共同繁荣、共同富裕。

### （四）突出问题和目标导向，科学谋划重点任务

区域性农业农村发展规划是一定时期内区域发展的行动指南，以发展目标和空间布局为指引，以解决重大问题为导向，有针对性地提出规划的重点任务。一是要完成农业农村领域重大历史任务，针对重要农产品供给、现代农业产业体系建设、农业提质增效、城乡融合发展、农业农村科技创新、乡村建设、农业农村改革和乡村治理等农业农村发展重点领域谋划重点任务。二是解决区域内部突出问题，补齐发展短板，找准事关全局和长远发展的重大问题和瓶颈短板，充分利用市场机制、区域比较优势和各类资源，将区域特色融入发展举措中，解决突出的发展问题。

### （五）强化项目建设支撑，确保规划顺利落地

重大项目是规划实施的重要载体和规划目标实现的重要手段，应围绕建设思路和建设目标，以规划布局为指引，整合可利用的财政资金、社会资本、人力、土地等资源，统筹安排一批带动能力强、政府主导实施的建设项目，重点做好项目的前期研究和论证工作，以配套项目为媒介将规划任务转化为具体的可操作的建设任务，提升建设项目的阶段性和落地性，加强文本对实地建设的指导作用。

## 三、区域性农业农村规划的成果及要求

区域性农业农村规划成果在形式上包括文本和图册两部分。

### （一）文本成果及要求

规划文本应做到结构合理、逻辑严密、条理清楚、文字精练、布局科学，具有指导性和可操作性，项目可落地实施。

1. 体现国家战略方针

发展目标、重点任务和重点项目等各方面均要贯穿乡村振兴、农业农村现代化等战略方针，体现国家重农强农的思想。

2. 系统分析发展基础

区域性农业农村发展规划要系统总结发展成效，剖析农业农村方面存在的问题和薄弱环节，深入分析面临的机遇和挑战，明确规划重点任务。

3. 合理规划发展布局

在农业农村规划布局上，省级农业农村发展规划内容要体现产业的空间布局，县市级农业农村发展规划不仅要体现乡村产业的总体布局，也要体现重点乡镇、乡村振兴示范带（片区）布局，部分县级规划甚至可以细化到特色村的规划布局。

4. 科学谋划项目

省级农业农村发展规划的重点项目一般以专栏的形式列出重大工程和重要行动，不具体到项目。市、县级农业农村发展规划一般要有具体的项目库，每个项目具体到建设主

体、建设内容、建设期限、投资金额、资金来源等方面的详细内容。

## （二）图件成果及要求

规划图件可根据实际需要进行绘制，图纸内容应与文本一致。

建议绘制区位分析图、产业现状分析图、资源分析图、村庄分布图、空间发展格局图、重点产业区布局图、重点项目布局图、道路交通规划图、基础设施规划图、公共服务设施规划图等。

# 第三节　区域性农业农村发展规划的典型案例

## 一、潜江市"十四五"农业农村现代化发展规划（2021—2025年）

### （一）项目规划背景

潜江是武汉城市圈重要节点城市，也是宜荆荆都市圈扇面形发展辐射区域，农业特色产业优势明显，拥有潜江龙虾、潜江虾稻、潜江半夏和潜江大豆等四大省级重点战略性产业集群。"十三五"期间，潜江市抢抓发展机遇，深化供给侧结构性改革，贯彻落实强农惠农政策，持续推进改革创新，推进农业农村高质量发展，实现了农业稳步发展、农民持续增收、农村和谐稳定的大好局面，高质量编制"十四五"农业农村现代化发展规划，可以有效助推潜江由农业大市向农业强市转变。

### （二）案例要点精选

"十四五"时期是转变发展方式、优化经济结构、转化增长动能的攻关期，是全面建成小康社会向基本实现社会主义现代化迈进的关键期，是实现"两个一百年"奋斗目标的历史交汇期，也是统筹推进乡村振兴战略规划落实、加快农业高质量发展、巩固提升精准脱贫成果的重要时期。在新冠疫情席卷全球、国内经济下行压力持续加大等充满不确定性的宏观环境下，科学编制和实施"十四五"农业农村现代化发展规划，对促进潜江农业高质高效、乡村宜居宜业、农民富裕富足，推动全市农业农村高质量发展，加快社会主义现代化进程具有重要意义。本规划集中体现了市委、市政府的施政方针和决策意图，是市农业农村局依法履行职责、编制实施年度计划和制定各项政策措施的重要依据，也是全市人民推进乡村振兴的行动纲领。

1. "十四五"发展形势

系统总结了"十三五"期间取得的9项工作成绩，"十四五"期间国家、省市的发展机遇，以及从农业、农村和农民的角度，客观分析了存在的7点主要问题。

2. "十四五"总体目标

围绕"百强进位"目标指引，把潜江建设成为湖北省重要优质农产品供应基地、全国农业全产业链典型县、国家农业现代化示范区、全国农村一二三产业融合发展示范区和国家乡村振兴示范区，加快推进农业农村现代化。

3. 巩固拓展脱贫攻坚成果同乡村振兴有效衔接

运用脱贫攻坚成功经验推动乡村振兴，稳步推进全市脱贫攻坚与乡村振兴在规划、政策、产业、组织和人才等方面的有效衔接。

4. 推进农业提质增效，加快建设现代农业强市

调优农业农村空间布局，着力打造"一带引领、二区协同，五园驱动"的"一带二区五园"现代乡村产业发展空间布局。

5. 夯实现代农业基础，增强农业发展动力

贯彻实施"藏粮于地、藏粮于技"战略，补齐农业基础设施短板，提高农业综合生产能力。完善现代农业经营体系和市场体系建设，不断夯实现代农业基础，增强全市农业持续发展动力。

6. 实施乡村建设行动，加快推进农村现代化

以推进全域土地综合整治为抓手，统筹城乡融合发展空间，科学有序引导村庄建设发展。打造美丽宜居乡村，推进潜江农村现代化发展。

7. 加强乡村人才队伍建设，实现乡村人才振兴

以实施"三乡工程"为抓手，全面整合部门师资及培训资源，建立市、镇（街道）、村三级联动培养机制，不断提升人才队伍建设质量。

8. 推进农业农村改革，激活乡村振兴内生动力

落实农村土地承包经营制度改革，扎实推进第二轮土地承包到期后再延长30年工作。统筹推进农业综合改革。

9. 强化规划执行保障，加快推进农业农村现代化

加强对规划实施的组织、协调和督导，建立健全规划实施监测评估、政策保障、考核监督机制。

**（三）案例亮点评述**

1. 调研充分，现状分析精准到位

规划在充分调研潜江市经济社会和农业农村发展情况的基础上，对潜江市"十三五"发展成效、"十四五"发展机遇与挑战进行了系统分析梳理。发展成效总结出九大板块：①脱贫攻坚取得全面胜利；②农业综合生产能力显著增强；③农业产业化步伐明显加快；④基础设施建设逐步完善；⑤科技与装备水平大幅提升；⑥数字农业发展成果丰硕；⑦新型经营主体蓬勃发展；⑧农村人居环境持续向好；⑨农业农村改革亮点纷呈。发展机遇分别从国家、省级和市级层面进行了详细分析。发展挑战总结了三大方面：农业方面，在发展基础、特色农业转型升级与社会化服务力量上面临三个挑战；农村方面，在区域协调发展、城乡一体化发展与乡村建设上存在三个短板；农民整体素质方面，在农业农村现代化

发展与高素质农民需求之间，存在一个突出的矛盾。

2. 突出重点产业，因地制宜谋发展

规划在产业发展方面，坚持实事求是原则，提出了以稳定粮食生产为基础，以强化特色、增强优势为目标，以促进主导产业和特色产业提质增效为核心，做强潜江龙虾、潜江虾稻、潜江半夏和潜江大豆4个主导产业；做精潜江蔬果、潜江菜籽油、潜江淡水鱼和潜江生猪4个特色产业，加快推进产业基础高级化、产业链现代化，突出了潜江的区域优势和特色。运用"增长极"的理论，依托"潜江龙虾"的产业优势和品牌优势，提出了打造全国全产业链价值超千亿的重点链（潜江虾—稻产业链），建成"龙虾之乡"乡村产业增长极，促进农业增效、农民增收和农村经济发展的目标。

3. 强化基建，重视保障支撑体系搭建

规划根据潜江农业农村发展的实际需求，按照加快构建"点线结合、干支互补、城乡一体"的潜江农村物流网络体系的思路，提出了加快推进潜东农产品综合仓储保鲜冷链物流中心、潜中小龙虾、蔬菜和粮油大宗农产品物流中心和潜西高档农产品及食品仓储保鲜冷链物流中心三个市级仓储保鲜冷链物流中心建设的规划布局，推进农产品仓储物流业融合发展，为潜江产业发展提供了有力支撑。

4. 把握大局，将国家战略和区域发展有机结合

规划在乡村建设方面，提出以国家级新型城镇化试点建设及全省农村住房试点建设为抓手，实施乡村建设行动，加快推进全市特色小城镇建设，并用图片的形式展示了潜江市"十四五"时期特色小城镇布局，体现了国家战略和区域发展的有机结合。

## 二、孝感市乡村振兴战略规划（2018—2022年）

### （一）项目规划背景

孝感市位于湖北省东北部，是湖北省区域性中心城市，武汉都市圈和长江中游城市群重要成员，是国家新型城镇化综合试点区域。作为农业大市，孝感抢抓国家和省级发展战略机遇，始终注重农业绿色发展，在农业农村发展上取得了积极的成效，为实现乡村振兴奠定了坚实的基础。孝感市委、市政府为做好新时代全面推进乡村振兴工作，特别组织编制《孝感市乡村振兴战略规划（2018—2022年）》（下称《规划》），旨在解决城乡发展不平衡问题，实现农业高质量发展、建设美丽乡村、弘扬乡风文明、基层治理现代化、全体农民共同富裕的目标。

### （二）案例要点精选

实施乡村振兴战略，是以习近平同志为核心的党中央着眼党和国家事业全局、顺应广大人民对美好生活的向往作出的重大决策部署，是决胜全面建成小康社会、全面建设社会主义现代化国家的重大历史任务，是我党"三农"工作一系列方针政策的继承和发展，是中国特色社会主义进入新时代做好"三农"工作的总抓手。

### 1. 背景意义

实施乡村振兴战略，是顺应广大人民对美好生活的向往作出的重大决策部署，是决胜全面建成小康社会、全面建设社会主义现代化国家的重大历史任务。

### 2. 指导思想

坚持以习近平新时代中国特色社会主义思想为指导，全面贯彻落实党的十九大、中央农村工作会议、全省农村工作会议精神，深入领会习近平总书记视察湖北、考察长江经济带时关于实施乡村振兴战略的重要指示，全面落实"三总一保障"要求，牢固树立绿色生态发展理念，以汉孝融合发展和农业绿色高质高效发展为着力点，统筹山水林田湖草生命共同体，以"三乡"工程为抓手，以美丽乡村建设和现代农业示范园建设为突破口，突出重点，全面推进，走出一条符合新时代特征、具有孝感特色、体现标杆水平的乡村振兴道路。

### 3. 发展定位

现代农业绿色高质高效全国示范区、城乡融合发展湖北典范、中华孝文化魅力之城。

### 4. 工作目标

2020年乡村振兴制度框架和政策体系基本形成，全面建成小康社会。2022年乡村振兴取得重大阶段性成效。2035年乡村振兴取得决定性进展，实现高水平城乡一体化和农业农村现代化。2050年孝感实现乡村全面振兴，农业强、农村美、农民富全面实现。

### 5. 实施路径

一是传统农业向现代农业发展方向转变，农产品从量的要求向质的要求转变，全面推进绿色农业发展，以"三乡工程"为主抓手，推进产业振兴；二是农村环境向生态友好型转变，以生态宜居、风景宜人、土地宜种的"三宜工程"为主抓手，以农村环境整治为着力点，推进生态振兴；三是稳住粮油基本盘，激活乡村发展要素，盘活乡村资产，以资源变资本、资产变股本、农民变股东的"三变工程"为主抓手，进一步深化农村改革；四是巩固脱贫攻坚成果，以保民生促就业补短板为主抓手，打赢返贫阻击战；五是抢抓"两新一重"机遇，以智慧乡村、智慧农业的"智慧工程"为主抓手，推进美丽乡村建设，积极创建法治乡村和平安乡村；六是坚持党建引领，以文明乡风、良好家风、淳朴民风的"三风工程"为主抓手，弘扬孝感特色的"孝文化"，推进文化振兴；七是以头雁领飞、群雁齐飞、雏雁伴飞的"三雁工程"为主抓手，持续推进组织振兴；八是以稳乡土人才、育专业人才、引高端人才的"三才工程"为主抓手，持续推进人才振兴。

### 6. 五大振兴

（1）在产业振兴方面：以绿色农业发展为指导，以农业供给侧结构性改革为统揽，以规模化、差异化、区域化发展为抓手，以"一县一业、一村一品、一镇一园"建设为重点，提出了完善五大功能区、做强七个产业园、培育七个特色产业带、两个良种繁育基地的发展思路（图2-2）。

（2）在人才振兴方面：提出了加强农村实用技术人才、经营人才、管理人才的培养建议，理清建立健全职业农民培训体系，完善职业农民培训制度，培养造就一批懂农业、爱农村、爱农民的乡村人才，不断壮大农业专业人才队伍。

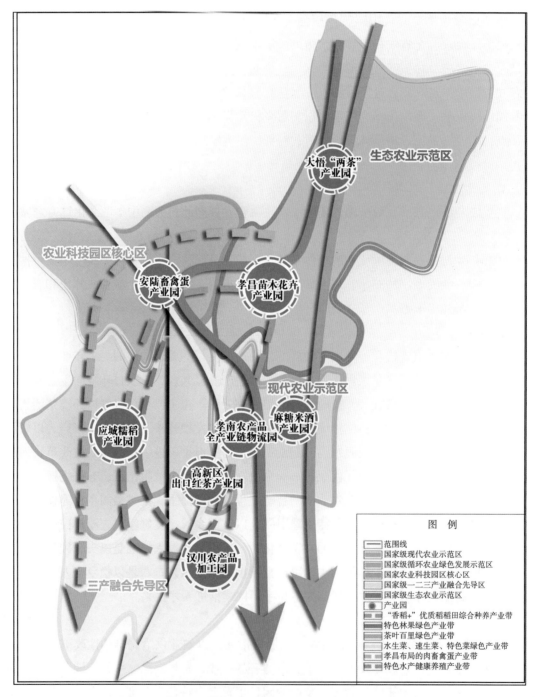

图2-2　孝感市乡村振兴规划（2018—2022年）产业布局

（3）在生态振兴方面：以打造宜居宜业新乡村为目标，以绿色农业发展为根本方向，以"两区"划定为基础，统筹山水林田湖草系统治理。持续推进农村人居环境整治，全力学习推进"千万工程"经验，积极创建国家级、省级生态文明乡镇。

（4）在组织振兴方面：深入贯彻落实党的十九届四中全会精神，着力提升农村治理体系和治理能力现代化，坚持党领导下的自治、法治、德治相结合，建立健全党委领导、政府负责、社会协同、公众参与、法治保障的现代乡村社会治理体系，突出村"两委"班子建设、基层组织建设、党风廉政建设、法治建设、村民自治体系建设、平安乡村建设等内容。

（5）在文化振兴方面：坚持以社会主义核心价值观为引领，完善以高质量发展为导向的文化经济政策，以文明乡风、良好家风、淳朴民风的"三风工程"为主抓手，着力提升农民思想道德素质和精神文明素质，弘扬"孝文化"乡土优秀传统文化，加快中华孝文化名城建设。

7. 重大项目工程

对照省级目标分类设计了近期目标33项。按照"五个振兴"共设计了10个项目专栏和8个重点产业园区、45个特色产业园区、48个特色小镇、100个示范村以及江河湖治理的市级重点项目工程，涉及406个规划建设项目。

8. 实施保障

突出党管一切、政府主导、群众主体、社会参与的原则，从落实五级书记抓乡村振兴的责任、强化规划的强制性、提高农民的参与度、全面打赢脱贫攻坚战、补齐农村基础设施短板、深化农村土地制度改革、完善投融资机制等方面提出了指导意见。

**（三）案例亮点评述**

1. 具有较高的政治站位

《规划》编制严格遵循以习近平同志为核心的党中央着眼党和国家事业全局、顺应广大人民对美好生活的向往作出的重大决策部署，深入贯彻了习近平总书记视察湖北、考察长江经济带时重要讲话精神，充分对接了《中共湖北省委 湖北省人民政府关于推进乡村振兴战略实施的意见》和《湖北省乡村振兴战略规划（2018—2022年）》等重要文件，对孝感市乡村振兴进行了系统谋划，内容完整、结构合理，具有较高的政治站位和较强的前瞻性。

2. 全面落实了乡村振兴战略总要求

《规划》围绕"产业兴旺、生态宜居、乡风文明、治理有效、生活富裕"总要求，明确了阶段性重点任务。在促进乡村产业兴旺方面，部署了一系列重要举措，构建现代农业产业体系、生产体系、经营体系，完善农业支持保护制度，激发农村创新创业活力。在促进乡村生态宜居方面，提出强化资源保护与节约利用，推进农业清洁生产，集中治理农业环境突出问题，实现农业绿色发展，持续改善农村人居环境。在促进乡村乡风文明方面，提出传承发展乡村优秀传统文化，培育文明乡风、良好家风、淳朴民风，建设邻里守望、诚信重礼、勤俭节约的文明乡村，推动乡村文化振兴。在促进乡村治理有效方面，建立健全党委领导、政府负责、社会协同、公众参与、法治保障的现代乡村社会治理体制，推动乡村组织振兴，打造充满活力、和谐有序的善治乡村。在促进乡村生活富裕方面，提出加快补齐农村民生短板，在改善农村交通物流设施条件、加强农村基础设施建设、拓宽转移就业渠道，以及加强农村社会保障体系建设等方面都提出了一系列措施。

3. 贴合孝感实际，凸显孝感特色

《规划》结合孝感市发展现状、区位条件、资源禀赋等，实事求是制定方案，使得文本具备很强的针对性、指导性和可操作性。例如结合孝感地区独特"孝文化"，创新提出以文明乡风、良好家风、淳朴民风的"三风工程"，推动文化振兴。又如，在村庄建设方面，《规划》坚持因地制宜、因时而异，对孝感市不同区域、不同发展阶段的村庄明确类型、分类推进，不搞一刀切。对规模较大的中心村和城郊融合村重点推进农业农村现代化建设，积极承接城市人口疏解和功能外溢，延伸农业产业链、价值链，强化基础设施体系建设，逐步实现水、电、气、路、信息等互联互通。对具备特色保护类村庄的，重点加强传统村落整体风貌保护，并在保护基础上进行适度开发，适度发展特色旅游业，把改善农民生产生活条件与保护自然文化遗产统一起来。

# 第三章 乡村产业规划

# 第一节 乡村产业概述

## 一、乡村产业的概念

乡村产业，就内涵而言，是根植于县域，以农业农村资源为依托，以农民为主体，以农村一二三产业融合发展为路径，地域特色鲜明、创新创业活跃、业态类型丰富、利益联结紧密的产业体系。就特征来讲，乡村产业来源、改造并提高传统种养业和手工业，具有产业链延长、价值链提升、供应链健全，农业功能充分发掘，乡村价值深度开发，带动乡村就业结构优化、农民增收渠道拓宽等特征。

总体来说，乡村产业是姓农、立农、为农、兴农的产业，是提升农业、繁荣农村、富裕农民的基础性产业。乡村产业立足于种养业，但又不局限于种养业，是对种养业和手工业的改造提升。乡村产业有别于过去的乡镇企业，联农带农特征更加明显，通过健全利益联结机制，带动农民就业增收。乡村产业有别于城市产业，发掘农业多种功能，开发乡村多重价值，乡村气息浓厚。

## 二、乡村产业的类型

依据《国务院关于促进乡村产业振兴的指导意见》《全国乡村产业发展规划（2020—2025年）》等重要文件，我国乡村产业主要分为现代种养业、农产品加工流通业、乡土特色产业、乡村休闲旅游业、乡村新型服务业、乡村信息产业六种类型。乡村产业中的现代种养业是乡村产业的基础，农产品加工流通业提升农业价值，乡土特色产业拓宽农业门类，乡村新型服务业丰富农业业态，乡村休闲旅游业拓展农业功能，乡村信息产业引领和驱动乡村产业发展，六大产业共同组成乡村支柱产业。

### （一）现代种养业

现代种养业是种植业与养殖业的总称，是农业的重要组成部分，是农业生产的两大支柱。种植业，又称为植物栽培业，利用植物光合作用的生物机能，将太阳能转化成粮食、副食品、畜禽饲料原料和工业原料等富含能量的物质，包括粮食作物、经济作物、蔬菜作物、饲草料作物、园艺作物等。养殖业，又称为畜禽饲养业，通过人工饲养与繁殖，利用畜禽的生理机能，将饲草料等植物形态的能量转变为动物形态的能量，服务于人类的生存与发展。现代种养业是乡村产业的基础，提供粮、棉、油、糖、烟、茶、果、蔬、药、肉、蛋、奶等主要农产品、食材、食品等，是保障粮食等重要农产品供应的任务所在。

### （二）农产品加工流通业

农产品加工流通业是农产品加工业和农产品流通业的总称。农产品加工业是指对粮棉油薯、肉禽蛋奶、果蔬茶菌、水产品、林产品和特色农产品等进行工业生产活动的总和。农产品加工业一头连着农业和农民，一头连着工业和市民，亦工亦农，既与农业密不可分，又与工商业紧密相连，是农业现代化的支撑力量和国民经济的重要产业。农产品流通业包括农产品从产地向销地的实体流动中所涉及的生产、收购、运输、储存、加工、包装、配送、分销、信息处理、市场反馈等众多环节。农产品流通业对农产品生产具有重要意义，特别是对保鲜、时效等要求较高的农产品，如果没有高效的流通模式和完善的物流体系，将导致农产品流通不畅，从而直接影响农业产业化的进程和农民收入的增长。农产品加工流通业是从农业延伸出来的乡村产业，是构建农业产业体系和促进一二三产业融合发展的重要环节，起着承前启后的重要桥梁纽带作用，也是乡村产业中潜力最大、效益较高的产业。

### （三）乡土特色产业

乡土特色产业是指根植于农业农村特定资源环境，由当地农民主办，彰显地域特色，开发乡村价值，具有独特品质和小众类消费群体的产业。乡土特色产业是乡村产业的重要组成部分，地域特征鲜明、乡土气息浓厚、发展前景广阔，涵盖特色种养、特色加工、特色食品、特色制造、特色手工、特色绿色建筑建材、乡村特色文化等产业。

### （四）乡村休闲旅游业

乡村休闲旅游业是以农业、农村、农民为背景，利用农业景观、农村环境、农业资源，以农村生活文化为依托，以休闲农场、观光农园、体验农园、科技农园、生态农园、市民农园和农业公园等为载体，以增进人们对农业、农村的生活体验为目的，打造具有生产、生活、生态"三生一体"特色和一二三产业融合特征的新型产业形态。乡村休闲旅游业是农业功能拓展、乡村价值发掘、业态类型创新的新产业，横跨一二三产业、兼容生产生活生态、融通工农城乡。

### （五）乡村新型服务业

乡村新型服务业是服务于农村经济社会和农业再生产，通过多种经济方式、经营方式，多层次、多环节发展起来的产业，是我国现代服务业的重要组成部分。乡村新型服务业主要包括农业生产性服务业和农村生活性服务业两个方面，是为农为民服务的乡村产业。农业生产性服务业服务于农业生产各环节，为耕地、播种、田间管理、收获和仓储等环节提供服务，包括供销、邮政、农业服务公司、农民合作社、金融机构等开展农资供应、土地托管、代耕代种、统防统治、烘干收储和金融服务等。农村生活服务业主要围绕乡村居民和来到乡村的城镇居民的生活提供的相关服务活动，包括农村传统小商业、小门店、小集市等发展批发零售、养老托幼、环境卫生等。

### （六）乡村信息产业

乡村信息产业是指以现代信息技术为基础，专门对信息进行生产、收集、处理、加工、存储、传输、检索和利用，为乡村经济社会发展提供有效信息服务的产业集合体（表3-1）。乡村信息产业主要包括智慧农业、农村电子商务、农村电子政务、农村教育与培训、农村远程医疗、农村信息化基础设施、农业物联网等。

表3-1 全国乡村重点产业指导目录

| 一级分类 | 二级分类 | 国民经济行业分类代码及名称 |
|---|---|---|
| 现代种养业 | 规模种养业 | 0111 稻谷种植0112 小麦种植0113 玉米种植0121 豆类种植0122 油料种植0131 棉花种植0133 糖料种植0311 牛的饲养0313 猪的饲养0314 羊的饲养0321 鸡的饲养0322 鸭的饲养0323 鹅的饲养0411 海水养殖0412 内陆养殖 |
| | 优势特色种养业 | 0119 其他谷物种植0123 薯类种植0132 麻类种植0134 烟草种植0141 蔬菜种植0142 食用菌种植0143 花卉种植0149 其他园艺作物种植0151 仁果类和核果类水果种植0152 葡萄种植0153 柑橘类水果种植0154 香蕉等亚热带水果种植0159 其他水果种植0161 坚果类种植0162 含油果种植0163 香料作物种植0164 茶叶种植0169 其他饮料作物种植0171 中草药种植0179 其他中药材种植0181 草种植0182 天然草原割草0190 其他农业0211 林木育种0212 林木育苗0220 造林和更新0231 森林经营和管护0232 森林改培0241 木材采运0242 竹材采运0251 木竹材林产品采集0252 非木竹材林产品采集0312 马的饲养0315 骆驼饲养0319 其他牲畜饲养0329 其他家禽饲养0330 狩猎和捕捉动物0391 兔的饲养0392 蜜蜂饲养0399 其他未列明畜牧业0421 海水捕捞0422 内陆捕捞 |
| 农产品加工业 | 粮食加工与制造业 | 1311 稻谷加工1312 小麦加工1313 玉米加工1314 杂粮加工1319 其他谷物磨制1391 淀粉及淀粉制品制造1392 豆制品制造1411 糕点、面包制造1419 饼干及其他焙烤食品制造1431 米、面制品制造1432 速冻食品制造1433 方便面制造1439 其他方便食品制造1461 味精制造1462 酱油、食醋及类似制品制造 |
| | 饲料加工业 | 1321 宠物饲料加工1329 其他饲料加工 |
| | 粮食原料酒制造业 | 1511 酒精制造1512 白酒制造1513 啤酒制造1514 黄酒制造 |
| | 植物油加工业 | 1331 食用植物油加工1332 非食用植物油加工 |

| 一级分类 | 二级分类 | 国民经济行业分类代码及名称 |
|---|---|---|
| 农产品加工业 | 果蔬加工业 | 1371 蔬菜加工 1372 食用菌加工 1373 水果和坚果加工 1422 蜜饯制作 1453 蔬菜、水果罐头制造 1515 葡萄酒制造 1519 其他酒制造 1523 果菜汁及果菜汁饮料制造 |
| | 精制茶加工业 | 1530 精制茶加工 |
| | 屠宰及肉类加工业 | 1351 牲畜屠宰 1352 禽类屠宰 1353 肉制品及副产品加工 1451 肉、禽类罐头制造 |
| | 蛋品加工业 | 1393 蛋品加工 |
| | 乳品加工业 | 1441 液体乳制造 1442 乳粉制造 1449 其他乳制品制造 |
| | 水产品加工业 | 1361 水产品冷冻加工 1362 鱼糜制品及水产品干腌制加工 1363 鱼油提取及制品制造 1369 其他水产品加工 1452 水产品罐头制造 |
| | 制糖业 | 1340 制糖业 |
| | 烟草制造业 | 1610 烟叶复烤 1620 卷烟制造 1690 其他烟草制品制造 |
| | 中药制造业 | 2730 中药饮片加工 2740 中成药生产 |
| | 其他食用类农产品加工业 | 1399 其他未列明农副食品加工 1421 糖果、巧克力制造 1459 其他罐头食品制造 1469 其他调味品、发酵制品制造 1491 营养食品制造 1492 保健食品制造 1493 冷冻饮品及食用冰制造 1495 食品及饲料添加剂制造 1499 其他未列明食品制造 1524 含乳饮料和植物蛋白饮料制造 1525 固体饮料制造 1529 茶饮料及其他饮料制造 |
| 农产品流通业 | 农林牧渔及相关产品批发 | 5111 谷物、豆及薯类批发 5113 畜牧渔业饲料批发 5114 棉、麻批发 5115 林业产品批发 5116 牲畜批发 5117 渔业产品批发 5119 其他农牧产品批发 5121 米、面制品及食用油批发 5122 糕点、糖果及糖批发 5123 果品、蔬菜批发 5124 肉、禽、蛋、奶及水产品批发 5127 酒、饮料及茶叶批发 5128 烟草制品批发 5152 中药批发 5153 动物用药品批发 5192*宠物食品用品批发 5193*互联网批发 |
| | 农林牧渔及相关产品零售 | 5221 粮油零售 5223 果品、蔬菜零售 5224 肉、禽、蛋、奶及水产品零售 5226 酒、饮料及茶叶零售 5227 烟草制品零售 5252*中药零售 5253 动物用药品零售 5291*流动货摊零售 5292*互联网零售 5297*宠物食品用品零售 |
| | 农林牧渔及相关产品运输 | 5320*铁路货物运输 5431*普通货物道路运输 5432*冷藏车道路运输 5436*邮件包裹道路运输 5439*其他道路货物运输 5521*远洋货物运输 5522*沿海货物运输 5523*内河货物运输 5612*航空货物运输 |
| | 农林牧渔产品仓储 | 5930 低温仓储 5942*危险化学品仓储 5951 谷物仓储 5952 棉花仓储 5959 其他农产品仓储 5960 中药材仓储 |

| 一级分类 | 二级分类 | 国民经济行业分类代码及名称 |
|---|---|---|
| 农产品流通业 | 农林牧渔及相关产品配送 | 6010*邮政基本服务6020*快递服务6090*其他寄递服务 |
| 乡村休闲旅游业 | 乡村休闲观光 | 9030*休闲观光活动 |
| | 乡村景观管理 | 7715*动物园、水族馆管理服务7716 植物园管理服务7861*名胜风景区管理7862 森林公园管理7869*其他游览景区管理 |
| | 农家乐经营及乡村民宿服务 | 6130*民宿服务6140*露营地服务6210*正餐服务6291*小吃服务 |
| | 乡村体验服务 | 5422*旅游客运5429*其他公路客运5511*海上旅客运输5512*内河旅客运输5622*观光游览航空服务7040*房地产租赁经营7291*旅行社及相关服务8051*洗浴服务8052*足浴服务8053*养生保健服务8399*其他未列明教育8810*文艺创作与表演8820*艺术表演场馆8840*文物及非物质文化遗产保护8850*博物馆9090*其他娱乐业 |
| 乡村新型服务业 | 农资批发 | 5112 种子批发5166 化肥批发5167 农药批发5168 农用薄膜批发5171 农业机械批发 |
| | 农林牧渔专业及辅助性活动 | 0511 种子种苗培育活动0512 农业机械活动0513 灌溉活动0514 农产品初加工活动0515 农作物病虫害防治活动0519 其他农业专业及辅助性活动0521 林业有害生物防治活动0522 森林防火活动0523 林产品初级加工活动0529 其他林业专业及辅助性活动0531 畜牧良种繁殖活动0541 鱼苗及鱼种场活动0549 其他渔业专业及辅助性活动 |
| | 农林牧渔业科研和技术服务 | 7320*工程和技术研究和试验发展7330 农业科学研究和试验发展 |
| | 农林牧渔业专业技术服务 | 7410*气象服务7451*检验检疫服务7452*检测服务7453*计量服务7454*标准化服务7455*认证认可服务7459*其他质检技术服务7462*生态资源监测7485*规划设计管理7493 兽医服务7499*其他未列明专业技术服务业7511 农林牧渔技术推广服务7512*生物技术推广服务 |
| | 农林牧渔业教育培训 | 8336*中等职业学校教育8341*普通高等教育8342*成人高等教育8391*职业技能培训 |
| | 病死畜禽处理 | 0539*其他畜牧专业及辅助性活动 |
| | 农业农村组织管理服务 | 7213*资源与产权交易服务7215 农村集体经济组织管理7219*其他组织管理服务9521*专业性团体9522*行业性团体 |
| | 农业机械经营租赁服务 | 7112 农业机械经营租赁 |

（续表）

| 一级分类 | 二级分类 | 国民经济行业分类代码及名称 |
|---|---|---|
| 乡村信息产业 | 农林牧渔业信息技术服务 | 6431*互联网生产服务平台6432 互联网生活服务平台6434*互联网公共服务平台6450*互联网数据服务6490*其他互联网服务6513*应用软件开发6531*信息系统集成服务6532*物联网技术服务6540*运行维护服务6550*信息处理和存储支持服务6560*信息技术咨询服务6571*地理遥感信息服务6579*其他数字内容服务 |

资料来源：农业农村部乡村产业发展司（在国民经济行业分类中仅部分活动属于乡村产业的，所对应行业代码用"*"做标记）。

# 第二节　乡村产业规划概述

## 一、乡村产业规划的类型

### （一）乡村产业总体规划

乡村产业总体规划是根据一个地区在一定时期内国民经济与社会发展的需要，充分考虑现有乡村产业发展基础以及进一步发展的潜力与可能性，拟定具有一定年限、有科学依据的乡村产业发展指标、实施路径、具体举措、项目建设与保障措施等总体部署，是对未来乡村产业发展的系统谋划和安排，是明确产业方向、构建产业体系、优化产业布局的重要依据，也是对区域性农业农村发展规划的细化落实，对乡村产业相关的其他专项规划具有引导作用。

### （二）乡村产业专项规划

乡村产业专项规划从当地自然资源及经济社会发展基础条件出发，设计农业主导产业、跟随产业、支撑产业，研究农业产业链条，并从空间和时间两个维度，对某个乡村产业发展作出科学、合理、可操作性强的产业发展规划。乡村产业专项规划在总体规划的基础上，对不同类型的乡村产业进行详细规划，用以指导不同类型的乡村产业发展。比较常见的乡村产业专项规划有现代种业发展规划、种植业发展规划、畜牧业发展规划、渔业发展规划、农产品加工业规划、休闲农业和乡村旅游规划、数字农业发展规划等。

## 二、乡村产业规划的特征

我国正进入全面推进乡村振兴加快农业农村现代化的关键时期，乡村产业发展的环境条件、内部动因和功能定位都已发生深刻变化，对乡村产业规划的目标、内容和标准等方面都提出了一系列新要求。新发展格局下，乡村产业规划编制需要把握新的趋势特征。

### （一）规划目标

#### 1. 单功能型转向多功能型规划

随着工业化、城镇化的快速推进，农业资源的非农业化转移难以逆转，农业发展的资源和环境约束不断硬化，同时农业的农产品供给、生态调节、文化传承和观光休闲等多功能特性逐渐为人们所重视和开发利用。拓展农业功能、延伸农业产业链、建设现代农业与资源环境协调等问题日渐凸显。应对新形势，统筹配置生产、生活和生态的资源需求，推动农业的经济、生态和社会功能协调发展，已成为乡村产业发展的基本目标取向，乡村产业规划已不再是简单的经济功能导向规划，而是经济、生态和社会多功能统筹型复合规划。

#### 2. 产品数量型转向产品数量质量并重型规划

随着经济社会发展和人民收入的增加，百姓对农产品的需求已从着重追求数量增长发展到追求数量增长与质量提升并重，从追求"吃得饱"发展到追求"吃得好、吃得放心"，对"舌尖上的安全"不断提出新的更高要求。这为乡村产业规划的重点指明了方向，在规划中不再单纯反映产品数量目标要求，更要注重体现产品质量目标要求，突出"三品一标"规划设计（即农业品种培优、品质提升、品牌打造和标准化生产）。

### （二）规划内容

#### 1. 产业规划转向全产业链规划、城乡统筹规划

乡村产业发展是一项系统工程，应该摒弃"就农业论农业，就生产论生产"的传统发展理念，更加关注城乡互动关系、一二三产业互动关系，从城乡统筹发展视野构建区域农业完整的产业链体系，已经成为现代农业建设的新理念、新趋势。与之相对应的乡村产业规划内容也从生产规划拓展到涵盖"生产、加工、商贸、物流、销售"等环节的全产业链规划和乡村整体统筹发展规划，以增强规划的系统性和实施性。

#### 2. 规模调控型规划转向空间管制型规划

过去的农业产业规划重点关注有多少资源、能发展什么、发展多少，重视面积、产量和产值等总体规模指标的规划设计。现在的乡村产业规划除了对发展内容、发展规模进行规划外，还要求对主导产业、主导产品和重大项目的空间布局进行设计，解决在哪里发展、具体如何落地等问题。

### （三）规划标准

目前国内乡村产业规划编制尚缺乏统一评价标准，不同主体、不同地区和不同时间对乡村产业规划编制会有不同要求。如何评价乡村产业规划的优劣是规划编制过程中亟待解决的问题。但是总体而言，乡村产业规划编制评价标准呈现以下三大趋势。

#### 1. 从重点关注科学性转向科学性与操作性的结合

科学性主要是指规划的发展理念是否先进合理、采用的数据是否真实、所用方法是否得当、主导产业选择是否符合国家政策、发展战略是否具有前瞻性。操作性主要是指规划的发展路径选择是否符合地区实际、设计的工程项目是否能落地实施。科学性和前瞻性是

乡村产业规划编制的基本要求，操作性和落地性是乡村产业规划的现实要求。

2. 从重点关注规范性转向规范性与多样性的结合

规范性是指规划对主导产业、重点产品、重大工程和运行机制等乡村产业发展重大关键问题提出系统解决方案，规划内容不能有大的缺项。多样性是指规划要突出不同地区的区域特色、区域差别化定位、个性化路径设计。

3. 从重点关注专业性转向专业性与通俗性的结合

专业性是指针对专业人士的阅读需求，规划文本表现形式为采用专业语言对规划进行精确、详尽描述，做到结构清晰、重点突出、图文并茂。通俗性是指针对非专业人士的阅读习惯，规划文本采用大众通俗易懂的文字和图片进行表达描述。规划要能同时满足专家、官员、企业家和农户等不同对象群体的不同需求。

### 三、乡村产业规划的依据

乡村产业规划主要的编制依据包括政策法规、相关规划和技术标准三类。

#### （一）政策法规

乡村产业规划必须符合各级政府发展战略，常涉及的政策文件有：中央及省市县一号文件、部委发布的涉及乡村产业发展的政策文件以及各级政府工作报告等。乡村产业规划中常涉及相关的法律法规文件，比如《中华人民共和国乡村振兴促进法》《基本农田保护条例》《畜禽规模养殖污染防治条例》等。对于乡村产业政策法规，要做到及时关注、及时更新，避免规划方向出现偏差。

#### （二）相关规划

乡村产业规划应遵循上位规划要求、协调各类专项规划。规划中常涉及的相关规划有：国家和各省（市、区、县）发布的国民经济和社会发展五年规划、农业农村现代化发展五年规划；项目所在地国土空间规划、综合交通运输规划、生态环境保护规划和乡村旅游规划等。

#### （三）技术标准

乡村产业规划应关注与农业相关的技术标准和技术规范，并重视规划方案的专业性和实施性，做到规划可操作、可落地。规划编制中常涉及的技术标准有很多，比如《农业废弃物资源化利用 农产品加工废弃物再生利用》（GB/T 42546—2023）、《农业良种繁育与推广 种植业良种繁育基地建设及评价指南》（GB/T 36210—2018）、《畜禽场场区设计技术规范》（NY/T 682—2023）和《连栋温室建设标准》（NY/T 2970—2016）等。规划编制过程中应根据需要选择适用的技术标准，并确保其时效性。

### 四、乡村产业规划的成果及要求

乡村产业规划成果在形式上包括文本、图件和附件三部分。

## （一）文本成果及要求

规划文本应做到结构逻辑严密、条理清楚、措辞严谨、文字精练、结论明确、数据准确和任务具体，具有指导性和可操作性。

（1）有非常清晰的产业目标、产业任务、产业布局，体现战略思维。全面体现国家战略、精准对接国家和地方发展战略。

（2）突出产业发展的重点，以实施乡村振兴战略、推动农业农村现代化发展为总抓手，抓产业重点、补产业短板、强产业基础，制定明确目标，确保可操作、易评估、可检查。

（3）规划编制要项目化、工程化。精准对接国家和省市县支持地方产业发展的相关政策，提出一批支撑乡村产业发展的项目。

（4）精准对接上位规划。以国家发展规划为统领，以空间规划为基础，以各专项规划和区域规划为支撑，坚持下位规划服从上位规划、下级规划服务上级规划、等位规划相互协调，发展规划、区域规划、空间规划和专项规划协调统一，步调一致。

（5）客观全面做好产业发展的总结评估。对产业发展情况进行全面总结评估，客观准确把握区域和产业所处发展阶段及特征；致力于打破制约区域发展的瓶颈，找准突破发展的切入点、解决核心问题，在充分研究的基础上确立产业发展科学定位，寻找本区域与其他地区的异同，挖掘其发展价值，准确把握其发展特色，发挥战略导向作用，确保高质量发展。

（6）既要有乡村产业发展的短期目标，又要预测中长期发展目标，符合全面推进乡村振兴，实现农业农村现代化的战略安排。

## （二）图件成果及要求

乡村产业规划图件可根据实际需要进行绘制，建议绘制区位分析图、地形地势与交通分析图、特色产业基础分布图、农业资源现状分布图和乡村产业规划布局图等，根据规划实际需要进行增减。规划图件要标注图件名称、图例、风玫瑰、指北针、比例尺以及相关说明等内容，图纸设计内容要与规划文本的内容相统一。

## （三）附件成果及要求

根据实际需求，整理现状分析评价报告、前期专题研究报告（含调研报告或会议纪要等）、相关部门意见或建议、公众意见和专家评审意见文件等。

## 五、乡村产业规划的技术路线

乡村产业规划编制是在对项目地深入调研的基础上，结合国家政策和上位规划、外部发展趋势条件分析，对乡村产业进行系统分析，提出发展思路和目标定位，确定产业空间布局，拟定重点建设任务，安排重点建设工程项目，完善政策保障体系，完成规划编制。乡村产业规划的技术路线图，如图3-1所示。

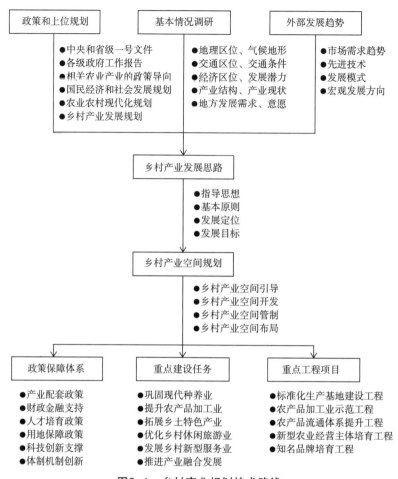

图3-1 乡村产业规划技术路线

# 第三节 乡村产业规划的主要内容

## 一、乡村产业发展基础分析

全面客观分析乡村产业发展的现状，确定产业发展所处的阶段、面临的主要问题是科学编制乡村产业规划的基础条件。乡村产业发展基础分析包括发展现状分析和发展形势分析（表3-2）。

### （一）发展现状

从乡村产业综合实力、发展质量、产业结构、创新能力、区域布局、市场主体、重大项目、特色与优势等方面全面总结和分析产业发展取得的成绩，分析产业发展面临的主要问题。通过历史纵向比较和与发达地区、周边区域横向比较来反映本地乡村产业发展成绩和不足。

### （二）发展形势

**1. 机遇分析**

从国际、国内以及所在区域等层面分析乡村产业发展机遇，包括但不限于宏观环境中农业政策法规、社会经济、农业科技、社会文化和生态环境等变化所带来的发展机会；行业环境中行业格局、竞争对手、行业技术水平、产业发展周期和行业发展趋势变化所带来的发展机会；国家、省市县所处发展阶段转换带来的机会。

**2. 挑战分析**

从国际、国内以及所在区域等层面分析乡村产业发展中所面临的挑战，包括但不限于科技革命、全球农产品贸易变化、发达及发展中国家相关产业发展战略调整、农业产业发展理念、技术体系、制造模式和价值链重大变革、国内农业产业及区域竞争压力、产业发展方式转换和资源环境约束等方面带来的挑战。

表3-2　项目区乡村产业规划发展基础分析

| 一级指标 | 二级指标 | 主要内容 |
|---|---|---|
| 区位条件分析 | 交通区位分析 | 分析公路、铁路、水路或航空等方面的交通条件 |
| | 地理区位分析 | 分析气候和地形 |
| | 经济区位分析 | 分析经济增长带或经济增长点及其辐射范围 |
| 政策背景分析 | 宏观政策导向分析 | 分析国家及部委涉农政策文件，如中央一号文件 |
| | 产业要素政策分析 | 分析用地保障、财政奖补、人才引进和金融支持等要素 |
| | 项目支持政策分析 | 梳理从国家到地方的各级各类支持政策 |
| 产业现状分析 | 产业布局及竞争力分析 | 分析地区农业经营主体的行业分布、发展地位和优势 |
| | 农业产业链分析 | 分析农业产业链条的上、中、下游产业 |
| | 农业产业环境分析 | 分析政治和社会环境、经济环境、技术环境和产业政策环境等 |

## 二、乡村产业发展的总体要求

乡村产业规划的总体要求是编制乡村产业规划的思想内容、思想方法和思想方向的源头活水，把握着乡村产业发展的工作要求、工作原则、工作方针和工作目标等。

### （一）产业发展的指导思想

在对项目区相关区域规划和上位规划进行衔接分析的基础上，结合产业发展的内外部环境条件从发展理念、总体纲领、发展主题、发展主线、主攻方向、着力点、发展目的和战略定位等方面提出乡村产业发展的指导思想。

### （二）产业发展的基本原则

阐述乡村产业发展中所需要坚持遵循的导向和要求，产业发展的基本原则可以从规划的内容编制要求、产业发展导向以及规划实施要求等方面阐述。如凸显优势原则、龙头带动原则、创新驱动原则和绿色发展原则等。

### （三）产业发展定位与目标

#### 1. 产业发展定位

产业发展定位要统筹考虑项目区乡村产业在县（市、区）域中可能发挥的作用和所处的地位，依据省市层面赋予的发展定位、产业引导或规划布局"依大定小"层层定位。要以市场为导向，不拘泥于行业和区域自身的发展现状，从未来产业发展潜力和对周边区域发展可能带来的机遇进行定位。要体现未来性，从长远的发展前景和趋势看各产业可能发挥或承担的作用和功能。乡村产业发展定位又可细分为农业产业功能定位、主导产业定位和产品目标市场定位。

#### 2. 产业发展目标

乡村产业发展目标按照不同的标准可以划分为总体目标和具体目标，定性目标和定量目标，近期、中期和远期目标。总体目标是产业整体发展的目标，主要是乡村产业经济总量与产业整体发展水平方面的指标。具体目标是总体目标的具体化，主要从产业结构、产业组织、产业布局、产业技术和产业生态等方面提出的目标。定性目标主要是采用定性的方法对产业发展目标进行描述，定量目标主要采用量化的方法提出具体产业指标值，如包括粮食产量、农业总产值、农产品加工业产值、农村电商零售总额、农村居民人均可支配收入等。近期目标一般是指3~5年产业发展目标，中期目标一般是5~10年的产业发展目标，远期目标一般是指10~20年的产业发展目标。

## 三、乡村产业发展的空间规划

### （一）乡村产业空间引导

在遵循产业空间演变和企业区位选择规律的基础上，规划要引导产业在获得最大利益的前提下，集中向特定区域空间（如生态功能基础较好的区域，适合经济发展的开发带、开发区、农产品加工园区和专业村镇等）布局，以便统一建设、共享基础设施，尽量避免产业发展和布局造成的土地、水、矿产等资源的浪费，减少产业发展对生态和环境的压力，形成产业空间配置相对均衡。

### （二）乡村产业空间开发

乡村产业规划要遵循产业发展规律，在乡村产业空间规划上要促进不同类型、规模的产业集聚点、集聚轴、集聚带和集聚区的形成和发展。在区位条件优越的乡镇、功能区和交通干线两侧等地会形成不同规模、等级的产业集聚点（轴、带），它是乡村产业发展的核心区。

### （三）乡村产业空间管制

产业空间布局要衔接"三区三线""两区划定"等国土空间规划管控要求，形成不同层次的产业管制区。根据产业管制区类型特征，按照强制性、指导性、引导性等政策手段进行分类指导，促进生产、生活、生态协调发展。

### （四）乡村产业空间布局

乡村产业空间布局要根据全国功能区布局安排，立足本区域乡村产业发展基础，以最大限度利用空间资源和可持续发展为目标，合理进行产业空间规划，形成产业发展的整体或分区空间布局规划并绘制产业发展空间布局图（表3-3）。

表3-3　乡村产业规划常用的五种规划布局方法[①]

| 布局方法 | 具体内容 |
| --- | --- |
| 地理资源布局法 | 实践中常将地形地貌、自然资源等地理环境要素进行组合作为规划布局划定依据，体现规划区域发展的特点。如在平原地区的耕地上，布局粮食作物全程机械化示范区；在丘陵地区的经济林地上，布局林果作物生态种植示范区；在高原地区的耕地上，布局高原夏菜规模化种植区等 |
| 产业功能布局法 | 产业功能分区一般从主导产业、核心功能或发展主题等方面因素进行确定，乡村产业规划中常见的产业功能分区有大田作物种植区、设施农业种植区、林果种植区、畜牧养殖区、水产养殖区、农产品加工区、农产品冷链物流配套区、农业科技服务区和休闲观光农业等。实践中，以上分区可根据实际情况进行合并调整 |
| 多区梯度布局法 | 此方法确定的分区在主导功能、发展阶段、影响能力和产业效率等方面体现出显著梯度差异，如县域农业产业空间布局按照主导功能、影响能力和产业效率划分为核心区、示范区和辐射区。其中，核心区一般选在综合区位优良、发展要素集聚、对周边具有较大辐射服务作用的区域，其产业功能以农产品贸易与展销、农产品加工与冷链物流、农业科技研发与孵化等二三产业功能为主；示范区一般临近核心区，与核心区在交通和产业等方面有直接联系，是农业新技术、新模式、新品种和新机制的率先应用区；辐射区一般在示范区外围，是主要的农业生产区域。"三区"单位用地的经济产出能力呈现从核心区、示范、辐射区梯度降低的趋势 |
| 廊带辐射布局法 | 廊带指围绕乡村产业发展主题或主导功能需要重点发展或率先发展的带状区域，是对区域整体具有直接辐射或示范带动作用的"增长带"，既可包含城市、乡镇和村湾等不同的城乡聚落形态，也可以包括园区、基地和田园综合体等不同的开发形态。在乡村产业发展空间布局上，可沿重要的道路、河流和山谷等具有区域联络作用的通道进行空间布局。常见的廊带如乡村产业振兴示范带和休闲农业与乡村旅游示范带等 |
| 区园统筹布局法 | 区园统筹布局里的"区"，指功能区，一般根据乡村产业发展主题和主导功能等因素确定，各功能区在空间上直接相连；"园"，指园区、基地等具体的开发载体，各园在空间上可相互分离。实际开发中，往往存在某产业园与其所处区域主导功能不完全一致的情况，区园统筹布局可以在合理确定功能区的基础上，兼顾实际发展需求，统筹布局多个园区。其一般适用于主导功能较多，发展基础较好，主要发展任务是转型升级、统筹整合的区域 |

---

[①]　农业农村部规划设计研究院.乡村规划理论与实践探索[M].北京：中国农业出版社，2021.

## 四、乡村产业发展方向和重点

乡村产业规划要做好乡村产业的发展引导，选准乡村主导产业，明确乡村产业的发展方向；选准主导产业的重点领域和关键环节，明确乡村产业发展的重点（表3-4）。

### （一）产业发展方向

规划的重点任务之一就是要做好项目区产业规划引导。日常的规划编制实践中常通过市场前景、生产效率、带动效应、比较优势和持续发展等多维度分析研判，选定项目区乡村产业的主导产业。一般也会应用比较优势理论，采用区位熵和比较优势指数等数量指标，从产业竞争力角度筛选出具有竞争优势的潜在优势产业，同时结合定性分析，进一步筛选出规划区主导产业，为项目区科学规划产业的发展方向提供支撑。

表3-4　乡村主导产业确定的基本准则

| 选择准则 | 主要内容 |
| --- | --- |
| 市场前景准则 | 从市场需求的角度来看，乡村主导产业需具有较为广阔的市场前景，较好的收入弹性，能够更好地支撑乡村经济社会发展 |
| 生产效率准则 | 从市场供给的角度来看，乡村主导产业应具有较高的、持续上升的经济效益，在技术进步、生产率上升及附加值增长等方面应有较好表现，能够有效推动区域产业升级与区域经济发展 |
| 带动效应准则 | 乡村主导产业应具备足够的产业影响力，应与区域内的一些其他产业有较强的关联性，联系越广泛越深刻，主导产业的发展越能带动其他产业乃至整个区域经济的发展 |
| 比较优势准则 | 乡村主导产业应在区域中具备较为明显的比较优势，经济发展状况较好的区域其主导产业甚至应在全国范围内具备足够的比较优势 |
| 持续发展准则 | 乡村主导产业投入要素在较长时期内应具有持续性，应保障主导产业投入供给的持久性，进而为区域主导产业持续性增长提供动力 |

### （二）产业发展重点

围绕乡村产业规划的总体要求，以目标导向和问题导向为切入点，对乡村主导产业的种养、加工流通、冷链仓储物流、批发交易、生产性服务、休闲农业和乡村旅游以及农业科技研发等环节进行全链条的产品需求与供给现状及潜力分析，确定规划区主导产品的具体类别及发展规模，明确主导产业及其产品的发展重点和薄弱环节。

## 五、乡村产业发展的主要任务

围绕乡村产业发展方向和重点、发展动力、发展路径、发展载体、发展主体和重大项目等方面提出产业发展的主要任务。

### （一）总体规划的主要任务

充分考虑现有乡村产业发展基础以及进一步发展的潜力与可能性，衔接好规划的总体思路、发展定位、发展目标、规划布局和产业引导，制定乡村产业总体规划的主要任务。

1. 产业空间布局

落实好上位规划划定的永久基本农田保护红线，统筹安排农林牧副渔等农业发展空间。依据现有优势特色农业产业资源，统筹考虑各类产业建设的可行性与综合效益，明确拟规划地区的乡村产业发展总体布局及分区布局。

2. 现代种养业

围绕促进种植业、畜牧业、渔业和林业等产业规模化、标准化、品牌化和绿色化发展制定相关任务。主要内容应包括粮食等重要农产品生产、现代农业产业生产示范园区建设、高效生态畜牧业发展、精品渔业发展、特色经济林和林下产业发展等，通过推动种养业品种培优、品质提升、品牌打造和标准化生产构建现代种养产业体系。

3. 农产品加工业

围绕提升农产品加工业发展水平制定相关任务。包括原料生产基地建设、农产品加工体系建设（农产品初加工、精深加工和综合利用加工统筹发展；加工技术创新和加工装备创制）、农产品加工业布局优化（向产地下沉、与销区对接、向园区集中）、农产品仓储物流体系建设、产品品牌与市场营销体系建设等内容。

4. 乡村特色产业

围绕拓展乡村特色产业，做好"土特产"文章制定相关任务。在构建乡村特色产业全产业链、引导乡村特色产业集聚发展、加强乡村特色产业品牌培育与建设、强化乡村特色产业平台建设与技术攻关等方面明确发展方向和具体任务。

5. 乡村休闲旅游业

围绕提升乡村休闲旅游业发展水平制定相关任务，包括乡村旅游空间布局优化、乡村休闲旅游精品线路设计、旅游基础设施规划、美丽休闲乡村和休闲农业园区规划等任务。

6. 乡村新型服务业

围绕提升生产性服务业、拓展生活性服务业等内容制定相关规划任务。应主要从扩大服务领域、提高服务水平、丰富服务内容和创新服务方式等方面，明确乡村生产性服务业和生活性服务业的发展方向和具体任务。

7. 农业产业化和农村融合发展

围绕提升农业产业化发展水平和推进农业产业融合发展等内容制定相关任务。应主要从龙头企业队伍建设、产业多元融合主体培育、多种融合业态发展（如创意农业和功能农业等）和建立健全融合机制（如完善利益分配机制等）等方面明确具体任务。

8. 农村创新创业

围绕推进农村创新创业制定相关规划任务。主要从培育创业主体、搭建创业平台（农村双创园区和孵化实训基地）、强化创业指导、优化创业环境和培育乡村企业家队伍等方面明确规划的具体任务。

### （二）专项规划的主要任务

乡村产业专项规划是乡村产业总体规划的若干主要方面及重点区域的深化及具体化，对不同类型的乡村产业进行详细规划，用以指导不同类型的乡村产业发展。各专项规划重点任务的侧重点根据地区产业发展差异可能有所不同，规划在制定主要任务时要酌情考虑。

1. 现代种业发展规划

规划的主要任务一般包括种业基地的规划布局、种质资源的保护利用、重点种业品种和关键环节的科技创新、种业企业主体的培育发展、现代种业基地的建设、种业支撑体系（种子检验及监管体系）建设等内容。

2. 现代种植业发展规划

规划的主要任务一般包括农作物和经济作物种植基地规划布局、粮食和重要农产品生产能力提升、种植业绿色发展、种植业全产业链发展提升（规模化经营、产业化开发、信息化管理和市场化运营）、种植业减灾防灾和基础设施建设等任务。

3. 现代畜牧业发展规划

规划的主要任务一般包括畜牧业的产业布局、畜禽现代养殖体系建设（适度规模经营发展、标准化生产方式推行、设施装备水平提升等）、现代加工流通体系建设（屠宰加工业发展、精深加工业发展、现代冷链物流体系建设和肉食品品牌建设等）、产业链融合发展建设（"饲养加运销"全链建设和畜牧全产业链数字化建设等）、绿色生态发展体系建设（畜禽粪污综合利用和病死畜禽无害化处理体系建设）、动物疫病防控体系建设（动物疫病防控与净化、疫情监测预警体系建设与疫情应急处置水平提升）和监测监管体系建设等内容。

4. 现代渔业发展规划

规划的主要任务一般包括明确渔业的产业布局和发展的重点品种（养殖生产布局和养殖品种结构优化）、种业提升（种质资源保护与开发利用、优良品种推广和苗种培育技术成果集成创新和推广应用等）、渔业健康养殖（池塘标准化改造建设、养殖尾水治理和水产品质量安全管理等）、设施渔业发展、渔业加工流通体系建设、渔业融合发展（休闲渔业发展、渔文化保护传承）和主体培育发展等建设任务。

5. 农产品加工业发展规划

规划的主要任务一般包括加工业的发展布局规划，明确重点发展的加工品种，明确发展农产品产地初加工、提升精深加工和推进综合利用加工的具体任务，明确农产品加工主体培育与发展、农产品加工科技创新、农产品加工质量监管、品牌建设和产业融合发展等具体任务。

6. 乡村特色产业发展规划

规划的主要任务一般包括特色种植、养殖基地建设，特色农产品加工业提升（初加工水平提升、精深加工探索），特色农产品仓储、物流和销售体系建设，市场主体和品牌培育，乡村特色产业多功能拓展，农业产业发展平台建设（农业科技园、产业园和创业园）等。

7. 休闲农业与乡村旅游发展规划

规划的主要任务一般包括项目区休闲农业与乡村旅游空间布局优化，休闲农业与乡村旅游主体培育，乡村休闲旅游业态拓展和产品开发，配套基础设施及公共服务设施建设，乡村休闲旅游业标准化、规范化建设和市场营销推广体系建设等。

8. 数字农业发展规划

规划的主要任务一般包括基础数据资源体系构建（如农业自然资源大数据、重要种质资源大数据和新型经营主体大数据平台建设）、生产经营数字化改造（种植业信息化、畜牧业智能化、渔业智慧化和种业数字化建设）、管理服务数字化发展（农业管理决策支持体系、数字农业服务体系建设等）和数字农业关键技术装备创新等内容。

**（三）乡村产业规划的任务确定方法**

确定乡村产业规划主要任务的方法一般有理论政策指引、上位规划传导、问题和目标导向三种方法。

1. 理论政策指引法

理论政策指引法是以"三农"理论创新成果为指导，以党和国家"三农"政策为指引，谋划乡村产业规划主要任务。比如政策指引方面，中央提出守住18亿亩耕地红线，确保耕地面积不减少、用途不改变、质量有提高，这是国家重要政策。国家级和省级的农业产业规划和各县市区的乡村产业规划都要把保护耕地资源、建设高标准农田、遏制耕地"非农化"、防止"非粮化"列为主要任务之一。

2. 上位规划传导法

乡村产业规划的部分任务来源于上位规划的约束性或引导性要求。按照下位规划落实上位规划相关任务的方式不同，可分为两类。间接传导法：通过对上位规划的指导思想、主要目标、发展理念和主要任务等相关内容深入理解、融会贯通，创新性地、准确地落实上位规划提出的相关任务。直接传导法：将上位规划提出的相关任务直接作为规划主要任务。

3. 问题和目标导向法

问题导向法：以解决问题为指引，以分析乡村产业规划对象存在的问题为切入点，找到发展制约因素，按照解决问题促发展的思路确定产业规划主要任务。目标导向法：以实现乡村产业规划目标为分析切入点，找到影响实现目标的重点领域、关键环节，按照瞄准目标定措施的思路确定规划主要任务。

## 六、产业发展项目与保障措施

规划任务的落地落实，背后的关键支撑是项目，做好产业项目谋划至关重要。产业发展保障措施是实现产业高质量发展和落实规划目标的重要支撑。两者是规划的重要组成部分。

### （一）发展项目

结合项目区发展定位和主攻方向，按农业全产业链系统设计出能落地实施的重大工程项目，以此作为乡村产业发展的载体。工程项目主要涉及种植业、养殖业、加工业、物流业、服务业和休闲农业等方面。明确项目的投资金额、实施地点、建设内容、建设时限、业主单位、主管部门、资金筹措方式（包括财政资金、社会融资或企业自筹）和建设目标等内容。

### （二）保障措施

提出保障乡村产业规划实施和规划目标实现的组织实施、政策支持、体制机制改革、项目支撑、生产要素供给、监督评估和发展环境等方面的各项保障措施。

# 第四节  乡村产业规划的典型案例

## 一、随县香菇产业高质量发展中长期规划（2022—2035年）

### （一）规划背景

随县香菇产业具有良好的自然资源禀赋和社会经济基础，经历多年的发展历程，使随县成为全国香菇产业链条最完整、实现香菇产业化发展最早、从业人口占比最高、优质花菇率最高、出口创汇总额最多的香菇生产大县，也是全国唯一拥有"中国花菇之乡"称号、首个建立香菇学院、首个诞生香菇生产"全国劳动模范"、首个建立香菇产业技术研究院和首创香菇出口退税扶持政策的香菇生产强县。但随着国际形势变化、国内各地政策加持，造成整体市场竞争压力加大，加之生产资料成本上涨、人工短缺等因素，随县香菇产业正面临前所未有的发展瓶颈。面对当前问题和发展形势，将香菇产业发展推向随县强县工程战略层面，是随县"三农"工作的重中之重，也是全面推进随县乡村振兴的重要抓手，特编制《随县香菇产业高质量发展中长期规划（2022—2035年）》。

## （二）编写目录（表3-5）

表3-5　随县香菇产业高质量发展中长期规划（2022—2035年）编写目录

| | |
|---|---|
| **第一章　发展背景** | **第五章　打造全国香菇贸易中心** |
| 第一节　产业基础 | 第一节　建设现代交易中心 |
| 第二节　面临形势 | 第二节　创新香菇贸易模式 |
| 第三节　发展前景 | 第三节　提升电子商务质效 |
| **第二章　总体要求** | 第四节　实施四个"一体化" |
| 第一节　指导思想 | **第六章　提升香菇品牌影响力** |
| 第二节　基本原则 | 第一节　强化品牌建设 |
| 第三节　发展目标 | 第二节　弘扬品牌文化 |
| **第三章　建设标准化生产示范区** | 第三节　加强品牌宣传推广 |
| 第一节　合理规划香菇产业布局 | **第七章　建设人才培养新高地** |
| 第二节　建设标准化生产基地 | 第一节　建立香菇人才培养体系 |
| 第三节　推进种植模式转型升级 | 第二节　培育壮大市场经营主体 |
| 第四节　增加菌用材有效供给 | 第三节　建设实用人才培养基地 |
| 第五节　着力提升社会化服务水平 | **第八章　推动科技创新赋能** |
| 第六节　构建香菇产业标准化体系 | 第一节　加强香菇优良品种繁育 |
| **第四章　促进加工业和制造业聚集发展** | 第二节　加快现代生产技术研发 |
| 第一节　加快建设香菇产业园 | 第三节　加大加工产品研发力度 |
| 第二节　实施初加工提档升级工程 | 第四节　构建全链条技术支撑体系 |
| 第三节　实施精深加工增效工程 | 第五节　构建科技创新体系与投入机制 |
| 第四节　实施加工企业培育工程 | **第九章　保障措施** |
| 第五节　推动装备制造自主创新 | 第一节　加强组织领导　健全工作机制 |
| 第六节　推进产镇融合发展 | 第二节　坚持规划引领　严格监督管理 |
| | 第三节　强化政策支持　激活发展要素 |

## （三）精选章节

1. 建设标准化生产示范区

（1）合理规划产业布局。"一城引领"：以县城为中心，以香菇产业园、智慧交易城、香菇学院为载体，实施强县工程，建设随县香菇产业新城。"两带驱动"：以随南、随北为两翼，以香菇标准化生产基地、现代农业产业园、农业现代化示范区、产业强镇、香菇新村建设为牵引，打造随南、随北香菇产业发展带。"全域协同"：推动全县香菇主产乡（镇）村联合香菇龙头企业、乡村合作公司共建标准化生产基地，探索推动村集体经济发展和跨村、跨镇联合发展，建立共建、共享发展模式（图3-2）。

（2）建设标准化生产基地。包括建设标准化菌种厂、标准化菇棚、保鲜冷藏库、规范烘干房，推进制棒工厂化和改善基础设施条件。

（3）推进种植模式转型升级。对于集中管理集约化经营，围绕三里岗、殷店、草店房前屋后的土棚、低棚进行整治，采取"政府引导、企业主建、菇农租用"模式，引导菇农向基地聚集。对于调整春秋栽种植模式，调增春栽种植和加工类香菇规模种植，实现鲜菇和干菇市场平衡发展。

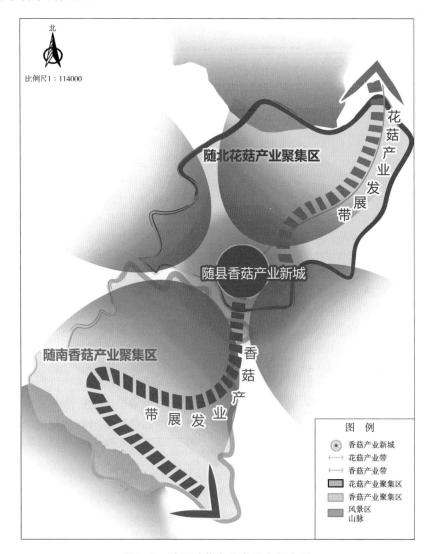

图3-2　随县香菇产业发展空间布局

（4）增加菌用材有效供给。全面统筹菌用材的栎木采伐与供应，结合各乡（镇）香菇种植规模，实施按需供应；科学划定菌用材保护与开发利用区。推进实施栎木采伐审核审批制度。各主产乡（镇）建立《菌用材供应管理办法》，与栎木资源丰富县（市）建立战略合作关系，探索开展菌用材跨区域基地建设，形成"飞地合作"模式。联合华中农业大学开展菌用材秸秆替代的技术研发和替代比例的突破攻关。

（5）着力提升社会化服务水平。建立乡镇级香菇产业综合服务站和"产业技术研究院+香菇学院+产业联合体+综合服务中心"的社会化服务模式（图3-3）。

（6）构建香菇产业标准化体系。包括构建与产业发展和目标市场需求相适应、科学合理的标准体系、组建随县香菇标准化技术委员会、编制六大标准综合体系及加强技术标准宣传推广和监督管理。

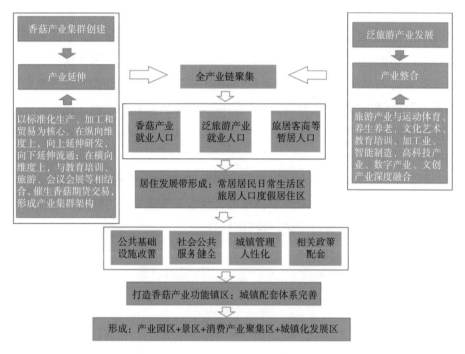

图3-3 随县香菇产镇融合发展模型

2. 促进加工业和制造业聚集发展

（1）加快建设香菇产业园。打造"四中心一基地"：香菇科技研发中心、精深加工中心、产业技术交易中心、文化博览旅游中心和国家级香菇品牌示范基地。建设香菇智慧交易城。为打造数字香菇新高地、香菇文化新高地、香菇加工业新高地、香菇贸易新高地和人才聚集新福地。

（2）实施初加工提档升级。建立冷链仓储、高效干制、商品化处理等初加工示范基地，提升香菇产地初加工装备水平；采用冷链新技术，实现从静态向动态保鲜技术迭代升级。

（3）实施精深加工增效工程。一是发展香菇预制菜；二是发展食品制造业；三是发展酒水饮品业；四是加快生物制品业发展。

（4）实施加工企业培育工程。一是通过政策引领、重点帮扶、市场开拓、科技支撑，支持成长性好、发展潜力大的香菇加工企业升规入统。二是通过政策扶持、科技引领、品牌创建等扶持措施，促进香菇精深加工增品种、提质量、创品牌，加快转型升级发展。三是支持示范企业优化股权结构，打造品牌联盟、战略联盟、营销联盟及原料专属基地，鼓励和引导经营业绩好、科技含量高、扩张能力强的示范企业上市融资。

（5）推动装备制造自主创新。一是集群式发展智能制造业；二是推进产品包装生态环保。

（6）推进产镇融合发展。全面推进三里岗香菇产业全链融合小镇、大洪山香菇创意部落小镇、草店和殷店的花菇小镇、高城数字香菇小镇、厉山香菇产业中心镇建设，使香菇产业基本实现集群式发展，形成随县产城融合发展格局。

3. 打造全国香菇贸易中心

（1）建设现代交易中心。建设"三库一中心"，到2025年，随县现代交易中心建设在全国布局初步呈现效果，随县香菇产业"买全国、卖世界"的新格局初步形成。建设"一城两基地"，到2025年全面建设完成，形成全国香菇贸易新高地。

（2）创新香菇贸易模式。包括订单生产模式、服务贸易模式、交易调度模式和国际合作模式。

（3）提升电子商务质效。包括开设电子商城、发展直播电商和推动沉浸式体验。

（4）实施四个"一体化"。推进冷链基础设施一体化、推进冷链运输组织一体化、推进冷链运输城乡一体化、推进冷链运输管理一体化。

# 第四章 现代农业园区规划

## 第一节 现代农业园区发展概述

### 一、现代农业园区的内涵及类型

#### （一）现代农业园区的内涵

现代农业园区集农业生产、科技研发、加工物流、休闲旅游、示范推广、科普培训、生态保护、创新孵化等功能于一体，是一种多功能、复合型、创新型现代农业发展平台；是在具备一定区位、资源、科技和产业等优势的区域范围内，聚集技术、信息、市场、土地、资本、人才等生产要素形成的现代农业示范基地。

#### （二）现代农业园区的类型

近年来，随着国家对现代农业园区建设政策扶持力度的不断加大，现代农业园区类型也开始向多元化方向发展，按投资主体可分为政府主导、企业主导、政企联合主导；按园区功能可分为农业产业园区、农业休闲园区、田园综合体、循环农业园区、农产品物流加工园区、农业"双创"园区、农业科技园区等多种类型（表4-1）。

表4-1 现代农业园区的类型

| 分类方式 | 类型 | 特征 |
|---|---|---|
| 按投资主体分类 | 政府主导 | 一般由各级政府组织申报、上级或者中央进行遴选与批准建设，给予相应的政策和资金扶持 |
| | 企业主导 | 由集体经济组织、外商、个人等投资兴建，自主经营管理 |
| | 政企联合主导 | 集体经济组织、企业、个人等作为投资主体，政府部门提供相应政策和资金扶持，协调建设问题 |
| 按园区功能分类 | 农业产业园区 | 以规模化农业生产为主导功能，通过"生产+加工+科技"聚集现代农业生产要素，创新发展机制的现代农业发展平台 |

（续表）

| 分类方式 | 类型 | 特征 |
|---|---|---|
| 按园区功能分类 | 休闲农业园区 | 是以农业生产活动场地为条件，开展观光、休闲、度假等旅游活动，拓展农业多种功能 |
| | 田园综合体区 | 田园综合体是集现代农业、休闲旅游、田园社区于一体的乡村综合发展模式，通过旅游助力农业发展、促进三产融合的一种可持续性模式 |
| | 生态循环农业园区 | 运用生态循环原理和物质多层次利用技术，实现较少废弃物的生产和提高资源利用效率的园区 |
| | 农产品加工物流园区 | 以促进农业产业链延伸和价值链提升为目的，具备农产品加工、集散交易、仓储物流、订单期货、电子商务、信息发布、综合服务等功能的专业单元区域 |
| | 农业"双创"园区 | 依托各类涉农园区（基地），通过政策集成、资源集聚和服务集中，融合各项服务于一体，具有功能定位准确、管理规范、示范带动能力强等特点的农村"双创"服务平台 |
| | 农业科技园区 | 是以现代科技为支撑，按照现代农业生产和经营方式的要求，以科技研发、技术示范、辐射推广为主要内容的科技示范基地 |

## 二、现代农业园区发展历程

随着改革开放，现代农业技术突飞猛进，我国农业逐渐由"数量型"向"质量型、效益型"转变，现代农业园区作为农业综合效益提升的示范窗口、农村经济发展的引擎和载体，农民利益增加长效机制的试验地，不断发挥着创新、示范、推广、带动的作用。我国现代农业园区主要分为以下四个发展阶段。

### （一）研究探索阶段（1993—2000年）

1993年北京市建成了中国最早的以展示以色列节水技术和设施农业为主体的示范农场，标志着我国现代农业园区建设的开端。此后在国家政策的支持下，建设了上海孙桥现代农业示范区、陕西杨凌农业高新技术产业示范区等一批典型的现代农业园区，全国各地掀起了以展示和应用先进农业高新技术为核心的现代农业园区建设。

### （二）规范发展阶段（2001—2009年）

2001年科学技术部、农业部联合六部委启动了国家农业科技园区建设工作，相继出台了一系列政策和措施，标志着我国现代农业园区建设逐步进入规范发展轨道，其间涌现了北京昌平农业科技园区、江苏常熟农业科技园区、湖北武汉国家农业科技园区、重庆渝北国家农业科技园区等一批建设成效显著的现代农业园区，之后全国各地陆续出现了大批农业产业、休闲、加工、物流等为主体的现代农业园区。

## （三）创新提升阶段（2010—2016年）

2010年中央一号文件明确提出"创建国家现代农业示范区"，标志着我国农业园区建设进入创新提升阶段，其代表园区有上海市浦东新区国家现代农业示范区、山东省寿光市国家现代农业示范区、湖南省长沙市长沙县国家现代农业示范区等。在此期间各类园区网络体系逐步健全，主体定位更加明确，运营与管理趋于规范，经济、社会、生态效益更加显著，成为现代农业发展的样板和示范窗口。

## （四）转型升级阶段（2017年至今）

2017年中央一号文件提出要建设"生产+加工+科技"的现代农业产业园，要突出现代农业产业园的科技研发、示范服务、创新孵化等功能作用，引领农业供给侧结构性改革，加快推进农业农村现代化，其间一大批国家、省、市级现代农业产业园建成。2021年中央一号文件提出把农业现代化示范区作为推进农业现代化的重要抓手，以县（市、区）为单位开展创建，以此形成上下联动、梯次推进现代农业园区的建设格局。

# 第二节　现代农业园区规划的主要内容

## 一、现代农业园区规划的总体要求

现代农业园区规划要体现前瞻性。在综合分析产业发展趋势的基础上，以科技力量为先导，立足区域资源禀赋、区位环境以及产业发展比较优势，因地制宜，统筹兼顾，围绕农业资源和特色做文章。

现代农业园区规划要体现融合性。要充分发挥产业集聚效应，有效整合产业链上中下游资源，构建产业融合发展结构，拓展农业多功能性，充分考虑休闲旅游功能、生态循环功能和环境保护要求，配置相应的现代设施和保护措施，并提高运营管理水平。

现代农业园区规划要体现落地性。项目规划要紧扣园区发展定位，结合园区发展优劣势、相关政策以及市场需要，科学合理谋划规划项目，落实项目实施周期、资金来源、建设管理等内容，平衡好项目的经济、社会、生态效益。

现代农业园区规划要体现衔接性。应与现行的国土空间规划、乡村振兴战略规划、区域农业规划、环境保护规划、旅游发展规划等相衔接。同时，要与当地村庄建设、生态环境治理、人居环境整治等，同步建设，形成产村融合、园村一体的发展新格局。

现代农业园区规划要体现时代性。现代农业园区作为现代农业试验田，"领头羊"的地位日益凸显，要把握好时代赋予特征，在规划时呈现出特色化、智能化、绿色化等发展特点，因地制宜开发不同类型的现代农业园区，打造区域的核心竞争力。

## 二、现代农业园区规划的技术路线

现代农业园区规划编制主要采取"自下而上"和"自上而下"相结合的方法，在前期研究的基础上，深入分析研究现代农业园区发展的资源、环境、现状等条件，完善规划发展战略，规划发展重点项目和内容，并提出运营管理、组织保障等措施，进而分析规划预期效益等，完成规划编制。

在规划编制过程中，多采用专家讨论和头脑风暴的方式，对现代农业园区的发展思路、定位、模式、目标等进行反复讨论论证，使其更具科学性、合理性。规划技术路线如图4-1所示。

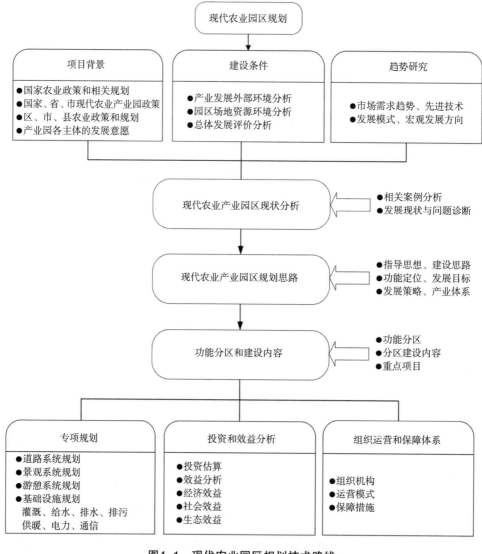

**图4-1 现代农业园区规划技术路线**

### 三、现代农业园区规划的前期工作

规划编制团队根据现代农业园区建设相关要求，向委托方提供资料收集清单，并对前期收集资料进行研究分析，确定项目调研方案，后续进行现场调研。

#### （一）资料收集

现代农业园区规划相关资料种类多，涉及的部门及单位比较多，所以在列举资料清单时，应尽量梳理资料的类型及对应的相关单位。

---

**现代农业园区规划资料清单**

**区域现状资料：** 包括园区所在地的自然资源、区位交通、社会经济、人文环境、农业发展情况等方面。

**相关规划资料：** 包括国土空间规划（县域、镇域）、涉及的村庄规划、乡村振兴战略规划、产业发展规划、环境保护规划、旅游发展规划以及其他涉农规划等。

**相关总结资料：** 包括近三年农业统计年报（县）、近三年政府工作报告（市、县、镇）、相关产业报告、农业农村工作年度总结和相关领导发言材料等。

**相关政策资料：** 包括上一级和本级政府支持当地农业产业发展、新型经营主体培育、生产基础设施建设、产业链建设、科技创新、绿色发展、用地保障、金融服务和税收优惠等各方面的支持政策。

**经营主体资料：** 包括园区涉及域内龙头企业、合作社、家庭农场和产业化联合体等农业经营主体的现状发展情况、未来发展思路及重点建设项目等。

**设施工程资料：** 包括园区范围以及周边的市政基础设施、环保设施、农业相关设施等，同时要收集未来将规划建设的农业设施工程项目资料。

**相关图件资料：** 包括园区涉及区域地形图、县域国土空间总体规划图、行政区划图、交通现状图和规划图、第三次全国国土调查相关用地数据及图件等资料。

---

#### （二）现场调研

根据对前期收集的基础资料的研究，制定规划调研方案，明确调研内容、目标及任务安排。通过座谈了解、实地踏勘、问卷调查等调研方法，对相关部门、经营主体及农业产业各环节现状发展情况进行现场调研了解，重点了解园区生态环境、农业生产基础、用地条件、基础设施、服务设施、规划项目选址等情况，为后期规划做准备。

### 四、现代农业园区规划的主要内容

#### （一）园区的现状分析

在现场调研基础上，对园区的现状资料进行综合分析，包括自然条件现状、社会经济现状、产业发展现状和配套基础设施现状等，提取园区规划的有效信息，找出现代农业园区的发展优势与存在的问题，明确主要矛盾和关键问题，并提出农业园区发展的对应策略与建议。

1. 园区的区位交通条件

分析包括园区所在地地理位置、外部交通情况、园区内部交通条件以及与客源市场的通达情况等内容。

2. 园区的自然资源条件

分析包括地形地貌、土壤、植被、水文、气候生态环境等自然资源情况，要体现各种自然资源的类型、分布特点以及对园区农业发展的影响。

3. 园区所在社会经济发展条件

分析园区所在行政区域的经济发展水平、产业结构、劳动力、人口、居民收入等基础内容，分析园区内经济发展情况、人口劳动力基本情况、人文历史资源等内容。

4. 园区土地利用现状和规划

对接研究区域内土地利用现状和规划等基础资料，分析园区内包括耕地、林地、园地、草地、水域、水利设施、道路、建设用地等地类的用地结构、范围、面积、利用情况以及发展潜力等内容。

5. 园区的农业发展条件

分析包括区域农业产业发展现状、发展特色以及产业发展规模、发展潜力等情况；园区的农业经营组织发展、农业技术推广应用、农业社会化服务、相关涉农设施建设情况等相关内容。

6. 园区发展的市场与政策环境条件

园区发展的市场分析是园区所涉产业产品的市场供需结构、增长潜力以及农旅客源市场供需情况；背景分析是园区规划的根据与理由，从国家、省、市宏观政策视角分析园区建设相关的政策背景，分析园区所涉产业的农业扶持政策、相关规划指引等，指导园区规划建设符合国家相关的方针、政策和规划等。

**（二）园区发展定位与目标**

1. 园区发展定位

现代农业园区发展定位应综合考虑区位、资源、用地、设施基础等方面的条件以及市场环境、宏观政策、上位规划等因素，用现代农业的发展理念引领和发展园区，尊重自然资源的多样性和地域差异性，注重经济、社会、生态效益的有机统一，科学定位现代农业园区的发展主体类型、主导产业和主要功能等内容。

2. 园区发展目标

园区发展目标应根据园区的定位以及园区的发展需求，从经济、社会、生态、项目工程建设等方面提出未来对园区期望实现的状态，一般包括总体发展目标和阶段性发展目标,通常采用定性与定量相结合的方式表达。总体发展目标和阶段性发展目标均应根据园区的主体的不同,因地制宜地制定发展目标。

### (三)园区产业发展策略

依据园区发展定位,结合园区产业基础,坚持突出绿色发展理念,强化"科技创新+产业集群"发展理念,提升园区发展的内生动力,提出园区优势主导产业及产业融合发展策略,明确产业的发展方向及发展路径。

### (四)空间结构与功能分区

空间结构与功能分区是从空间上对现代农业园区进行的全面统筹。在综合考虑园区规划定位,发展目标、园区内的资源空间分布情况以及前期调研的自然资源、土地利用、基础设施、交通通达性等条件的基础上,统筹规划园区空间布局,因地制宜设置园区功能,科学指引功能区发展,合理安排对应的建设工程与基础设施,共同形成一个结构合理、联系紧密、多元化发展的现代农业发展空间。

### (五)建设任务与重点工程

#### 1.建设任务

围绕园区建设目标,重点从推进适度规模经营、促进生产要素高度聚集、提升园区科技水平、创新利益联结机制、提高园区综合效益与竞争力等方面提出主要建设任务,将现代农业园区打造成农业高质量发展新样板。

#### 2.重点工程

把握宏观经济形势和国家战略发展要求,结合园区发展需求,围绕园区重点建设任务,在与国土空间规划相衔接的基础上,合理规划重点建设工程项目,落实项目用地条件,明确工程建设位置、规模、建设内容以及建设投资等信息。

### (六)基础设施与专项规划

基础设施规划包括道路规划、灌溉和给排水规划、电路通信规划等;专项规划服务于现代农业园区产业规划、项目建设的其他配套规划,例如招商引资专项、人才培训专项、品牌策划与营销推广专项、绿地景观系统规划、游憩系统规划、环境评价规划、服务设施规划、现代农业园区社会化服务体系建设等。

#### 1.道路工程规划

园区道路规划要与上位规划紧密衔接,在现有道路网基础上,完善道路结构,满足出行顺畅、便利生产的建设要求,农业园区道路一般宜分为主干路、次干路、支路、步行道四级系统。主干路一般应以现有园区内主干道为主要道路,连接园区各功能区以及园区主要出入口;次干路应与主干路相连,形成功能区内部网;支路应与次干路相连,作为园区生产作业道路。

#### 2.给排水工程规划

园区给排水工程规划应符合国家相关给排水规范与标准的规定,结合园区实际需要以及给排水现状、地形地貌、水系特征，并与园区周边的给排水系统相衔接，合理布设给排水设施。

（1）给水工程规划。给水工程规划主要包含农业生产和生活用水，生活用水按照农村居民生活用水定额标准计算，农业生产用水按照当地农业用水定额标准进行计算（不同产业类型用水定额标准不同），要求根据实际情况选择合适的给水方式，合理布设供水管网，明确沟渠走向以及大小。

（2）排水工程规划。排水工程规划应包含农业生产和生活污水以及雨水收集等部分，应根据地形条件以及生产、生活、排涝需求，合理确定排水方式和排水的走向，并应根据环境保护要求，配置相应的污水处理设备。

3. 电力电信工程规划

（1）电力工程规划。电力工程规划应结合远期发展需求，根据当地供电条件以及园区用电负荷需求，明确供电来源、合理设置变（配）电设施、规划供电线路敷设，一般情况应将生活用电、生产用地分开规划，可根据实际情况，选择地埋式走线或者架空式走线方式布设。

（2）电信工程规划。信息工程规划应根据园区开发建设、经营布局和管理服务的实际需要统筹规划。一般包括电视、互联网工程，线路布设应覆盖整个园区，以满足视频监控、在线监测、网络营销等农业信息化发展需要以及接待、办公、住宿等管理服务的需要。

4. 绿化景观系统规划

绿化景观规划主要利用景观生态学基本理论，将植物景观营造融入区域道路、水域、人文等景观中。建议选择具有乡土特色的植物，充分运用园区自然条件以及历史人文特征，结合当地地域特色，布局园区绿化景观，体现其协调性和整体性。

5. 土地利用协调规划

园区土地利用应与区域国土空间规划做好衔接，根据园区布局与功能分区规划、建设项目的用地需求，制定土地协调利用方案，需耕地转为其他农用地的项目用地，需向乡镇人民政府申报，同意后报县级人民政府，待纳入年度耕地"进出平衡"总体方案后实施；需农用地转建设用地的项目在国土空间规划确定的城市和村庄、集镇建设用地范围内，需向地方自然资源主管部门提出变更申请，并经当地人民政府批准；项目占用国土空间规划确定的城市和村庄、集镇建设用地范围外的农用地，涉及占用永久基本农田的，应由国务院批准；不涉及占用永久基本农田的，由国务院或者国务院授权的省、自治区、直辖市人民政府批准。

6. 配套服务设施规划

根据园区功能分区，科学合理地设置相应的配套服务设施。一般包括垃圾收集、公厕、污水处理等卫生环保设施，游客接待、餐饮、住宿、购物等休闲旅游设施；防洪、消防等防灾设施，根据实际需要，明确布设位置及部分设施规模。

**（七）投资估算与效益分析**

对现代农业园区的投资情况和资金筹措方式进行简要阐述，同时从经济效益、社会效益、生态效益等方面对现代农业园区产生的效益进行分析，为实施主体提供参考依据。

1.投资估算

按照项目建设方案设计的各项工程和建设任务，分别计算各项建设工程量和设备购置数量作为项目投资估算的基本依据，并根据相关工程造价指标进行投资估算，列出各项分期建设工程所需资金额度，明确工程建设资金来源、实施主体等。

2.建设计划

园区项目建设工程应按照园区阶段性的建设目标进行分期建设，各阶段建设工程应根据功能分区指引要求，合理设置功能区建设工程，确认工程建设规模、内容、年限、资金等，一般采用甘特图的方式进行工程进度安排（表4-2）。

表4-2 甘特图示例

| 项目时间 | 1月 | 2月 | 3月 | 4月 | 5月 | 6月 | 7月 | 8月 | 9月 | 10月 | 11月 | 12月 |
|---|---|---|---|---|---|---|---|---|---|---|---|---|
| 项目1 | | | | | | | | | | | | |
| 项目2 | | | | | | | | | | | | |
| 项目3 | | | | | | | | | | | | |
| 项目4 | | | | | | | | | | | | |

3.资金筹措

分类列出园区规划工程所需投资资金的来源和筹措方式。常见的筹措方式主要包括政府投资、地方政府专项债券、银行信贷、社会资本等。

4.效益分析

园区效益分析应从经济效益、社会效益和生态效益等方面对现代农业园区规划实施的效益进行综合性分析。

（1）经济效益分析。经济效益分析的主要内容包括预测园区各项产业投产经营后的投资成本、收入以及利润情况等。

（2）社会效益分析。社会效益主要从带动区域经济发展，保障农产品安全，促进农民增收，推广现代农业科技，拓展城乡休闲空间等方面进行分析。

（3）生态效益分析。生态效益重点分析园区在改善内部生态环境、高效节能、循环利用、绿色发展等方面的作用，同时评价园区建设对周边以及区域范围内的生态影响作用。

### （八）组织管理与保障措施

#### 1. 组织领导及运营管理

园区运营管理根据园区的实际情况，对管理组织架构、相关人员配置、管理制度、运营机制以及收益分配等方面提出建议。例如在湖北省监利市循环农业产业园谋划阶段，监利市政府与湖北加德科技股份有限公司开展招商对接，促成合作意向共建湖北省监利市循环农业产业园，共同组建项目建设领导小组负责项目建设的重大决策事宜，并成立项目建设指挥部，下设工程管理部、工程技术部、计划财务部、物资供应部、技术顾问组等，形成完整的组织管理架构；提出项目建设管理实行"四制"管理，即项目法人责任制、合同管理制、工程招投标管理制度和工程监理制度，在项目建设的管理上进行全面规划，统筹安排。

#### 2. 保障措施

园区保障措施从组织领导、政策扶持、资金保障、土地保障、招商引资、人才培养、科技支撑、风险防范等方面提出建议。例如建议给予园区入驻企业税收减免、土地优惠、贷款支持等政策，可以降低投资者的经营成本，提高投资吸引力；建议政府部门提供完备的供水、供电、通信等园区基础设施，确保投资者在园区内的生产经营不受阻碍；建议政府部门在农业示范园区内设立专业的服务机构，为投资者提供一站式的服务，包括项目申报、审批、咨询、技术支持等方面的服务等。

## 五、现代农业园区规划的成果及要求

现代农业园区规划成果在形式上包括文本、图件、附表、附件等四大部分。

### （一）文本成果及要求

规划文本应做到结构逻辑严密、条理清楚、措辞严谨、文字精练、结论明确、数据准确、规划合理。规划文本成果主要包括园区规划背景、现有基础条件、规划主要思路、发展目标、发展定位、空间布局和功能分区、基础设施规划、投资估算和效益分析、组织管理和保障措施等。不同类型的农业园区侧重点有所不同，可根据实际需要增加园区其他规划内容。

### （二）图件成果及要求

现代农业园区规划图件根据实际需要进行绘制，一般绘制图件包括区位分析图、道路分析图、规划布局图、功能分区图、园区总平图、道路规划图、土地利用规划图等，并根据规划实际需要进行增减；规划图件要求图件标注图件名称、图例、风玫瑰、指北针、比例尺以及相关说明等内容，图纸设计内容要与规划文本的内容相统一。

### （三）附表成果及要求

为了更直观、清楚地表达规划需求，可制作工程分期建设表、投资概算表、土地利用平衡表等重要规划数据表，要求附表内容完整、文字精练且数据准确。

## （四）附件成果及要求

根据实际需求，整理现代农业园区建设的前期收集资料文件、相关政策文件、专家评审意见文件等。

# 第三节　现代农业园区规划的典型案例

## 一、湖北省利川市生态循环农业产业园总体规划

### （一）项目背景及简介

2021年利川市入选为湖北省绿色种养循环农业试点县，以此为契机，利川市在柏杨坝镇建设生态循环农业产业园。产业园以畜禽粪污资源化利用为核心，重点解决种养循环农业中的堵点和畜牧产业链建设中的屠宰加工短板，形成种养结合循环发展的生态农业模式。基于良好的产业发展基础和便利的区位交通条件等多重因素，产业园选址在柏杨坝镇雷家坪村，249省道穿园而过，接318国道，并与利川市区连接，距离市区18千米，距齐岳山高速出入口8千米。产业园总规划面积26 970亩（1亩约合667平方米），其中，核心区范围约1 988亩，建设期为2022—2026年（图4-2）。

**图4-2　利川市生态循环农业产业园鸟瞰**

**（二）规划内容摘要**

**1. 土地利用分析**

产业园规划强调项目建设落地性，着重分析土地利用条件。对比第三次全国国土调查数据和《利川市柏杨坝镇雷家坪村、马蹄水村片区村庄规划》土地利用规划数据，涉及农业项目建设的地类如表4-3所示，调整后新增的乡村道路用地、畜禽养殖设施用地和工业用地集中于项目核心区。为此，进行园区规划重点项目时，按照土地调整规划要求进行布局。

**表4-3　项目用地调整后对比分析**

| 规划地类 | 用地名称 | 调整前面积/亩 | 调整后面积/亩 |
|---|---|---|---|
| 农业用地 | 旱地 | 5 307.6 | 4 869.15 |
| | 乡村道路用地 | 198.6 | 269.1 |
| | 畜禽养殖设施用地 | 50.4 | 261.6 |
| 建设用地 | 工业用地 | 17.55 | 227.85 |
| | 采矿用地 | 209.25 | 976.35 |

**2. 产业现状分析**

对产业园内现有的产业项目发展情况进行全面梳理，对其项目类型、规模、经营主体等内容进行全面分析。产业园产业现状呈现出以加工业为主，农业为辅的发展态势。畜禽养殖产业具备一定基础，并以从事肉牛、肉鸡和蛋鸡养殖为主，现有畜禽养殖产业项目14个，占地面积259.6亩；在建的项目涉及畜禽粪污无害化处理、有机肥生产、牛羊定点屠宰加工、秸秆加工和糯玉米加工等环节，初步形成了种养循环产业链，其中加工产业项目9个，占地面积93.2亩；种植业以蔬菜、药材（大黄）、烟叶等农作物为主，种植基地相对比较分散，种植规模有限、产出有限。

**3. 现状条件总结**

一是园区发展有产业基础，需要做大做强畜禽产业和强链补链产业链条，促进区域畜禽产业功能转型提升。二是发展有政策机遇，需要整合资源。在全面实施乡村振兴的背景下，抢抓循环农业试点建设机遇，整合各方资源，建设生态循环农业产业园。三是园区发展有雏形，需要科学规划。园区已经初步形成种养循环经济链条，后期发展需要立足长远，明确定位，重点解决短板问题，通过科学规划和招商引资加快产业园的整体提升。四是园区发展有政府支持，需要项目带动。产业园建设已经纳入省级建设项目，政府支持配套设施建设，吸引社会资本投入项目建设落地实施。

**4. 发展思路及定位**

园区发展立足农业基础条件及生态资源优势，按照"延伸产业链条、完善产业布局、加强三产融合、培育特色品牌、建立利益联结机制"的发展思路；搭建以畜禽养殖和加工为主导，以畜禽养殖为核心的粮经饲统筹、种养加一体的现代循环农业构架。以畜禽粪污资源化利用为重点，创模式、畅循环，推进绿色生态循环农业；以有机肥加工、饲料加工为切入点，打通循环产业链条堵点，加快畜禽粪污资源化利用，促进粪肥还田利用，将养殖粪污变废为宝，促进区域种养转型发展，提高经济、社会、生态效益，形成一套可复制可推广的绿色生态循环典型模式，打造一个产业功能齐全、经济效益显著、联结机制紧密的现代畜牧产业基地，建立利川市畜禽循环经济模式，将园区建设成为省级生态循环农业产业园。

5. 循环经济发展模式

产业园以畜禽养殖废弃物资源化全利用为目标，构建"种植—养殖—加工—服务"的循环经济发展模式（图4-3）。该模式将秸秆等农副产品通过饲料加工连接畜禽养殖，畜禽养殖废弃物通过有机肥加工和沼气工程，为种植业和加工业提供肥料和能源；畜禽屠宰加工废弃物通过畜禽副产品精深加工实现"吃干榨净"，同时拓展延伸至技术推广、孵化培训和品牌销售。

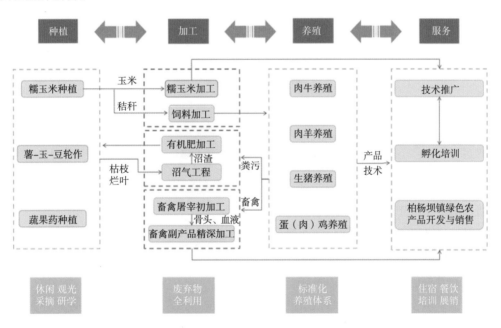

图4-3 "种植—养殖—加工—服务"循环发展模式

6. 空间布局与分区

根据区域资源禀赋、园区现有发展基础以及产业发展前景，统筹考虑园区的产业布局，按照"转型升级畜禽优势产业、构建内外循环产业圈层、全产业链模式拓展延伸"的思路，形成"生态循环产业核心+配套支撑外延拓展+市域辐射圈层"的产业层次布局（图4-4）。

**产业核心**：生产示范、标准引领、加工集群、宣传展示、文旅休闲。

**外延拓展**：产业服务、原料供应、规模拓展、环境营造。

**辐射圈层**：原料生产、产品销售、辐射带动相关产业。

按照"科技凝聚、梯级辐射、绿色发展"的理念，园区分为核心区、拓展区、辐射区3个层级，形成"一心、两轴、三区"的总体布局。

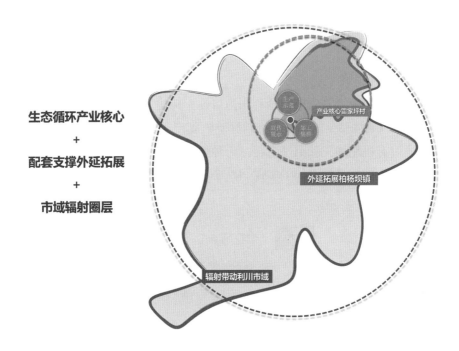

生态循环产业核心
+
配套支撑外延拓展
+
市域辐射圈层

**图4-4　产业发展空间布局**

**一心**：智慧融创中心。承担综合管理服务、园区展示宣传、农产品电商营销、创业孵化及培训的多功能中心。

**两轴**：产业融合发展主轴、产业融合发展次轴。发挥249省道和015县道的交通廊道带动效应，构建园区的生态产业发展带。

**三区**：核心区、拓展区、辐射区。

**核心区**：沿249省道两侧，规划面积约为1 988亩。该区为生态循环农业产业园核心发展区，突出"生态绿色、种养循环"主题，以畜禽养殖和农副产品加工为主导，构建园区生态循环发展格局。打造种养循环生产区、加工物流交易区、科创展示宣传区和农旅研学区。

**拓展区**：结合市场和企业发展需求，围绕产业园畜禽养殖和加工的产业链建设，向原材料供应、加工链延伸等方向谋划布局，打造特色、优质、绿色、有机、多元化的发展格局，建成"以养促种""以种利养"的生态循环农业园区。

**辐射区**：以产业园为核心，辐射至整个利川市，以构建市域大循环产业链为目标，引领利川市畜禽养殖、蔬菜、糯玉米等产业转型升级。

7. 重点建设项目

（1）利川市牛羊定点屠宰、家禽定点宰杀项目（表4-4，图4-5）。

利川市牛羊定点屠宰项目：该项目推进利川市牛羊屠宰机械化、规模化、规范化建设，建立健全牛羊禽屠宰长效监管机制，严格执行牛羊屠宰操作规程，落实肉品品质检验制度，填补利川现代化牛羊定点屠宰加工的空缺。

家禽定点宰杀项目：规范活禽宰杀活动，规范利川市活禽宰杀经营秩序，加强活禽宰杀管理，确保禽类肉产品质量安全。

表4-4　利川市牛羊定点屠宰、家禽定点宰杀项目建设统计

| 序号 | 项目名称 | 建设规模及内容 |
|------|----------|----------------|
| 1 | 利川市牛羊定点屠宰厂 | 占地面积约23.9亩，一期开发建10.5亩；建设屠宰厂房7 000平方米，排酸库200立方米，冷冻库200立方米，办公楼2 000平方米；500立方米储水池、污水处理池 |
| 2 | 利川市活禽定点宰杀厂 | 占地面积10.3亩，建设日宰杀量1万羽以上的活禽标准化屠宰生产线两条。建设包括检验检疫车间、屠宰车间、冷冻冷藏库，配套建设办公室、锅炉房、羽毛加工车间、活禽待宰间等设施 |

图4-5　利川市牛羊定点屠宰厂

（2）智慧融创中心。智慧融创中心选址在雷家坪村委服务中心，紧邻249省道，区位交通条件良好。中心利用村委会闲置房进行拆除新建，新建一栋三层智慧融创中心大楼，占地面积约为235平方米。建设集创业孵化、管理服务、人才培训、电商平台、数字管理平台建设于一体的综合场地，承担产业园展览展销、综合管理服务、科学技术推广、孵化培训的四大功能服务中心（图4-6，图4-7）。

❶ 智慧融创中心大楼
❷ 景观广场
❸ 乡村大舞台
❹ 儿童游乐设施
❺ 健身广场
❻ 休憩廊亭
❼ 生态停车场
❽ 村委会办公楼
❾ 村委会广场
❿ 搬迁安置房
⓫ 公共厕所

图4-6　智慧融创中心平面图

图4-7　智慧融创中心效果图

### （三）项目案例评析

遵循科学，用理论指导实践。本案例在规划布局、产业发展路径中充分利用生态循环理论、产业融合理论、技术创新理论、三区结构理论等重要指导理论基础，结合园区发展条件，科学指导园区建设。

尊重场地，因地制宜求发展。本案例紧扣绿色生态发展主题，以国家相关政策为前提，对区位交通、自然条件、农旅资源、产业基础等进行了全面深入的分析，并提出了园区发展的相应建议，为后续的规划提供思路与依据。

找准定位，优化布局促转型。本案例在前期分析的基础上，按照"转型升级畜禽优势产业，构建内外循环产业圈层，全产业链模式拓展延伸"的思路，形成了产业的层次布局，强化产业园内功能区块，以"种养循环产业园+构建循环产业链"为核心引领区域畜禽产业转型升级。

强链补链，聚集要素强产业。本案例强调通过产业强链补链，打造生态循环产业闭环，培育具有当地特色的产业集聚品牌，加快形成高质量的畜禽产业集群，从而实现产业集群的规模效应，带动和辐射区域经济发展。

## 二、重庆市江津区乡村振兴黄庄示范片项目总体规划

### （一）项目背景及简介

规划紧紧围绕统筹推进《江津区长江经济带发展暨城乡融合总体规划》总体布局，坚持农业农村优先、三产融合发展原则，加快推进农业农村现代化、城乡治理体系和治理能力现代化，走出江津特色的城乡融合转型发展道路。江津区人民政府成立黄庄乡村振兴示范区项目推进领导小组，扎实推进项目规划、建设和资产运营等有关工作，旨在将黄庄乡村振兴示范区及首开区（农业嘉年华）项目打造为重庆市乡村振兴示范项目，促使项目区农民收益更高、生态环境更好、产业发展更快。

项目区位于江津区南部慈云镇凉河村和永兴镇黄庄村，地处长江成渝上游段，北部与106省道接壤，距西部白沙高速互通口6千米、东北部刁家高速互通口6.5千米，属于丘陵地区，"Y"形水系串联林、田、村，水生态环境优势明显，田塘镶嵌其中，彰显乡村沃土。主导产业以高粱—油菜轮作为主，辅以水产、林果产业相结合，休闲农业基础强劲，初步形成金色黄庄乡村旅游品牌。项目前期已建黄庄现代粮油科技示范园、金色黄庄景区、夏坝文化大院等，乡村振兴示范基础优越。规划重点围绕山地、溪流、田塘、果林、村庄生态空间等要素整合，发挥江小白酿酒产业和文化IP，凸显江津的"山水精彩、田园精彩、物产精彩、人文精彩"，构筑科技型、公园型、沉浸式的丘陵地貌大美田园，打造乡村振兴示范样板。

### （二）项目内容摘要

#### 1. 目标定位

依托富硒高粱、油菜产业良好基础，发挥江小白酿酒产业和文化IP，针对重庆市2小时都市圈亲子市场和青年客群，创新创意农业、体验农业、智慧农业等新业态。统筹山地、溪流、田塘、果林、村庄生态空间要素，凸显江津"山水精彩、田园精彩、物产精彩、人文精彩"，构筑公园型、沉浸式的丘陵地貌大夫出园（图4-8）。将首开区打造成集科技示范、数字智能、时尚文创、休闲体验、科普教育等多功能于一体的中国首个时尚文化农业嘉年华、重庆大都市经济圈国家农业公园、江津乡村振兴三产融合示范样板。

#### 2. 主题形象

金色黄庄·一江津彩

"金色黄庄"因黄庄油菜花每年吸引了大量游客而得名，已经成为周边游客熟知的观光休闲地，利于口碑宣传。

江津是富硒、富氧的长寿之乡，山清水秀，物产丰富，人杰地灵，"一江津彩"是项目区山水精彩、田园精彩、物产精彩、人文精彩，彰显江津乡村独特魅力的概括，农业嘉年华也以此为主题展开。

图4-8　项目全景鸟瞰效果

#### 3. 功能结构

规划充分结合地形，依托山脉谷地，统筹山水林田生态要素，强化核心功能引领，各个功能区联动发展，打造园景村共生，生产生活生态三生融合、农文旅三位一体的"一江津彩"首开区。各个功能区依托永慈公路和黄墩溪，南北轴带延展布局。规划以农业嘉年华和一亩三分地产业项目为核心，融合田园、荷塘、果林，乡村民宿镶嵌林间，创新城乡融合发展载体，建设不同主题产业发展单元。规划重点打造农业嘉年华、一亩三分地两个科技农旅聚合，建设黄庄民宿园、嬉水体验园、乡村文创园以及北侧入口服务区，实现两核牵引，组团协同，动静融合（图4-9）。

入口服务区：主要为北入口广场，以大门为中心，以广场轴线对称，与106省道空间垂直，两侧打造蜿蜒伸展立体的乡村景观，配套生态停车场，强化金色黄庄门户形象和地标效果。设置综合服务中心、凉河新村美食街，同时新建村民安置住宅及配套服务设施，共同展现美丽乡村、生态活力田园门户。

农业嘉年华：围绕"津津渝韵，酷耍农科"设计四大主题农业科技场馆，场馆周边创新植入亲子休闲业态，打造中央生态景观谷，规划彩色水塘、花田酒地、亲子农谷等项目，建设集农业科技展示、研学科普教育、休闲农业体验于一体的农业嘉年华。

一亩三分地：以江小白企业品牌为依托，布置高粱研究所、五谷民宿、专家大院、小白花房、乡村食堂等项目，实现高粱酒文化体验、企业文化展示、企业接待、商务会晤、休闲旅游等功能。

**图4-9　功能分区重点项目布局**

黄庄民宿园：依托黄墩溪两岸油菜花海景观，增加轮作农业景观种植，打造四季田园景观。增建产业配套服务设施，新建金色黄庄民宿接待中心、巴渝食坊、乡村民宿、周公祠文化大院等项目，结合现有民宅和田园，进行民宿改造，提升旅游接待服务水平，促进村集体经济与乡村旅游产业发展。

嬉水体验园：位于农业嘉年华温室东侧，以丘地、田园、荷塘为载体，建设乡村大舞台、嬉水塘湾、花鸭荷塘、欢乐渔庄等休闲体验项目，打造集亲水休闲、民俗体验、稻渔生产于一体的嬉水农业体验园，承接嘉年华节庆活动、农民丰收节、民俗活动、村民活动等功能。

乡村文创园：以江津特色富硒产业为主题，展示先进的农业科技、农业生产场景，打造集科技交流、技术培训、风情体验、科普教育等于一体的江津特色乡村文创园。

4. 发展策略

（1）产业策略：优化产业结构，推进业态融合。通过"农业+"多业态融合发展模式，加快全产业链、全价值链建设，实现绿色引领、创新驱动发展，增强乡村产业持续增长力。做实一产强基础，调优富硒粮食、特色林果、花卉苗木和生态养殖等产业结构，发展精准农业、智慧农业，增强区域绿色优质富硒产品供给；做响二产促带动，以江小白白酒生产为带动，拓展休闲食品、文创工艺、手工作坊等特色加工，打响江津品牌，提高农产品附加值，带动农民增收；做活三产创精品，以农业嘉年华为引爆点，通过"农业+"的发展模式，深化农业加工、文化、商贸、旅游等多业态融合发展，打造休闲农业和乡村旅游精品工程。

（2）空间策略：筑底、通脉、分区、点睛。筑底——顺应本底、局部提升。规划尊重自然山水格局，保护山水原貌，局部提升，打造地域特色风貌，构建生态景观本底；通脉——成网成环、观光漫游。顺应地形，交通规划成网成环，串联主要展示节点，打造多元化休闲观光慢行系统；分区——融合互通、多元驱动。以生态本底和产业布局为基础，优化示范区特色产业分区，功能互促，带动区域产业优化升级；点睛——主题鲜明、聚焦核心。挖掘江津本土农耕文化、地域文化，融入以江小白为代表的酒文化、潮文化，构建多元文化展示体验项目，实现乡村文化振兴。

（3）生态策略：师法自然，宛若天生。秉持"师法自然、宛若天生"的生态设计理念，构建园区山、水、林、田、湖、草生态新格局。保持现状山水风貌，进行适度改造，塑造田园风光。融入海绵城市设计理念，对现状黄墩溪及其支流、鱼塘进行生态治理，畅通区域内水系，增设游船码头、亲水平台与驳岸，丰富水体景观。保护生物多样性，保留场地内高大树木、原始林木，保护白鹭、野鸭、白鹅、蝴蝶、青蛙、蜻蜓等栖息地，展现自然形态，营造森林野趣。

（4）文化策略：彰显特色，留住乡愁。全面梳理项目区及周边区域文化资源，挖掘江津地方农耕文化，结合江小白高粱基地展示酿酒文化，围绕农村社区商业街区，展示民生风情、美食和民间艺术，彰显大地农耕景观、民俗风情、地方美食、民间艺术、建筑风貌等地区文化特色，留住乡愁。

（5）运营策略：政府扶持+企业主导+农民共享。综合考虑产业发展、市场需求、项目设置等因素，构建"政府扶持+企业主导+农民共享"的利益联结机制。政府重点统筹项目区的招商引资，给予一定的专项资金和政策扶持，优化项目管理运作及资源合理配置。加强龙头企业资金投入，发展订单农业，打造农业品牌，实现农业与文化、旅游综合开发，引领规划区农户广泛参与投资、建设和运营，带动农民就业增收。

**（三）项目建设成效**

江津区乡村振兴黄庄示范片项目规划已于2020年2月通过评审，于2022年9月25日按规划方案实施建成并开园运营（图4-10），运营主体为江小白公司，园区为区域客群提供农业科技展示、休闲农业体验、科普教育研学、地方美食体验、滨水休闲度假等服务（图4-11）。

图4-10　农业嘉年华建成实景

**（四）项目案例评析**

（1）因地制宜布局产业。本案例在准确把握地区产业发展特点以及区域发展实际的基础上，以整体观念、全局眼光，科学合理谋划产业发展布局，以培育上下相互呼应的农业产业集群，形成相互支撑的乡村旅游产业格局。

（2）注重细节体现本色。本案例在规划设计中，首先对场馆设计、植物造型、品种色彩搭配等重点考虑，体现江津本地特色；其次注重游客体验，对标吃、住、行、游、购、娱需求，丰富拓展旅游业态，发展四季全时旅游，确保项目经营的可持续性；最后加强智能应用，充分运用大数据、云计算、人工智能等前沿技术，拓展智能体验场景，增强游客智慧体验。

（3）高位谋划落地迅速。本案例项目定位为江津农旅融合发展的重点工程，对全区乡村振兴具有极强的示范性和带动性。因此各相关部门、镇街、实施主体等在思想认识、规划统筹、项目建设等方面集中发力，推动项目快速落地实施，成为江津乡村振兴的亮丽名片。

图4-11　农业嘉年华场馆内部景观建成实景

# 第五章 村庄规划

# 第一节 村庄规划概述

## 一、村庄规划的内涵及分类

### （一）村庄规划的内涵

村庄规划是法定规划，是国土空间规划体系中乡村地区的详细规划，是开展国土空间开发保护活动、实施国土空间用途管制、核发乡村建设项目规划许可、进行各项建设等的法定依据。要整合村土地利用规划、村庄建设规划等乡村规划，实现土地利用规划、城乡规划等有机融合，编制"多规合一"的实用性村庄规划。村庄规划范围为村域全部国土空间，可以一个或几个行政村为单元编制。

### （二）村庄规划的分类

根据不同村庄的发展现状、区位条件、资源禀赋等，顺应村庄发展规律和演变趋势，按照集聚提升、融入城镇、特色保护、搬迁撤并的思路，分类推进四类村庄的发展。

1. 集聚提升类村庄

现有规模较大的中心村和其他仍将存续的一般村庄，占乡村类型的大多数，是乡村振兴的重点。科学确定村庄发展方向，在原有规模基础上有序推进改造提升，激活产业、优化环境、提振人气、增添活力，保护保留乡村风貌，建设宜居宜业的美丽村庄。鼓励发挥自身比较优势，强化主导产业支撑，支持农业、工贸、休闲服务等专业化村庄发展。

2. 城郊融合类村庄

城市近郊区以及县城城关镇所在地的村庄，具备成为城市后花园的优势，也具有向城市转型的条件。综合考虑工业化、城镇化和村庄自身发展需要，加快城乡产业融合发展、基础设施互联互通、公共服务共建共享，在形态上保留乡村风貌，在治理上体现城市水平，逐步强化服务城市发展、承接城市功能外溢、满足城市消费需求能力，为城乡融合发展提供实践经验。

### 3. 特色保护类村庄

历史文化名村、传统村落、少数民族特色村寨、特色景观旅游名村等自然历史文化特色资源丰富的村庄，是彰显和传承中华优秀传统文化的重要载体。统筹保护、利用与发展的关系，努力保持村庄的完整性、真实性和延续性。切实保护村庄的传统选址、格局、风貌以及自然和田园景观等整体空间形态与环境，全面保护文物古迹、历史建筑、传统民居等传统建筑，尊重原住居民生活形态和传统习惯，加快改善村庄基础设施和公共环境，合理利用村庄特色资源，发展乡村旅游和特色产业，形成特色资源保护与村庄发展的良性互促机制。

### 4. 搬迁撤并类村庄

对位于生存条件恶劣、生态环境脆弱、自然灾害频发等地区的村庄，因重大项目建设需要搬迁的村庄，以及人口流失特别严重的村庄，可通过易地扶贫搬迁、生态宜居搬迁、农村集聚发展搬迁等方式，实施村庄搬迁撤并，统筹解决村民生计、生态保护等问题。拟搬迁撤并的村庄，严格限制新建、扩建活动，统筹考虑拟迁入或新建村庄的基础设施和公共服务设施建设。坚持村庄搬迁撤并与新型城镇化、农业现代化相结合，依托适宜区域进行安置，避免新建孤立的村落式移民社区。搬迁撤并后的村庄原址，因地制宜复垦或还绿，增加乡村生产生态空间。农村居民点迁建和村庄撤并，必须尊重农民意愿并经村民会议同意，不得强制农民搬迁和集中上楼。

## 二、新时期村庄规划编制的背景

### （一）村庄规划的政策背景

2013年11月，党的十八届三中全会提出建立空间规划体系，划定生产、生活、生态空间开发管制界限，落实用途管制。住建部通过2年县域村镇体系规划试点工作成功，继而全面开展县（市）域乡村建设规划编制试点工作，建立以县（市）域乡村建设规划为依据和指导的镇、乡和村庄规划编制体系。

2015年11月，住建部印发了《关于改革创新全面有效推进乡村规划工作的指导意见》，核心内容为树立符合农村实际的乡村规划理念、着力推进县（市）域乡村建设规划编制、提高村庄规划的覆盖率和实用性、加强乡村规划管理工作、加强组织领导五个部分。指明规划应明确目标、统筹全域、"多规合一"，分区分类提出村庄整治指引。

2017年，党的十九大报告提出"实施乡村振兴战略"，在党中央的领导下，中央农村工作领导小组特编制并发布了《国家乡村振兴战略规划（2018—2022年）》（下文简称《规划》）。《规划》中明确提出"顺应村庄发展规律和演变趋势，根据不同村庄的发展现状、区位条件、资源禀赋等，按照集聚提升、融入城镇、特色保护、搬迁撤并的思路，分类推进乡村振兴，不搞一刀切"。

2018年，伴随自然资源部的成立，新的国土空间规划管理体系基本构建完成。

2019年5月23日，自然资源部发布《关于建立国土空间规划体系并监督实施的若干意见》（以下简称《若干意见》），这标志着国土空间规划体系顶层设计和"四梁八柱"基本形成。国土空间规划"四梁八柱"的构建，也是按照国家空间治理现代化的要求来进行的系统性、整体性、重构性构建。可以把它简单归纳为"五级三类四体系"（图5-1）。

《若干意见》中明确村庄规划是法定规划，是国土空间规划体系中乡村地区的详细规划；明确在城镇开发边界外的乡村地区，以一个或几个行政村为单元，编制"多规合一"的实用性村庄规划。

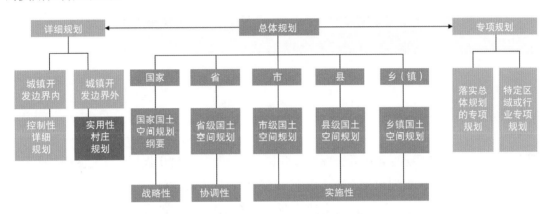

**图5-1　国土空间规划"五级三类"体系**

习近平总书记强调，实施乡村振兴战略要坚持规划先行、有序推进，做到注重质量、从容建设。在乡村振兴政策和国土空间规划管理的双向推动下，2019年至今，国家相继出台《关于统筹推进村庄规划工作的意见》《若干意见》《关于加强村庄规划促进乡村振兴的通知》（以下简称《通知》）《关于进一步做好村庄规划工作的意见》（以下简称《意见》）等政策文件，大力推进"多规合一"的实用性村庄规划，编制能用、管用、好用的实用性村庄规划，随后全国各地陆续启动了村庄规划编制试点工作，村庄规划也逐步走向自上而下与自上而下相结合的发展模式，提升了规划的科学性、保障了规划的可操作性。

**（二）村庄规划的现存问题**

1. 村庄规划种类繁多

我国现有的村庄规划类型较多（图5-2），由于主管部门不同，政策法规也不同，导致乡村地区出现多种规划彼此冲突的事件频发，造成规划事权的"重叠"与"真空"地带并存的现象，其中空间边界矛盾冲突、用地权属性质冲突、规划时限冲突等难以统筹协调问题尤其典型。又因主导部门不统一，有的侧重土地整治，有的侧重旅游规划，有的侧重村庄整治，缺乏系统考虑基础设施布局、"三生"空间等内容，与现阶段的村庄发展存在矛盾，也影响村庄规划的实施性。

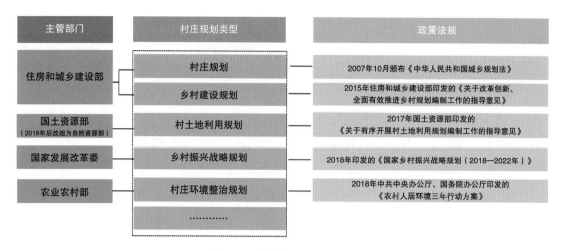

图5-2 村庄规划类型梳理

### 2.村庄规划实用性差

传统村庄规划以政府主导，规划模式基本为自上而下，导致村庄被动式规划，与村民结合度不足。其情况综合来看表现为以下几点，一是从事村庄规划设计的队伍较少，村庄规划设计周期短，规划和设计缺乏特色，还脱离村庄发展实际。二是有些村庄规划不全面，出现了基础设施不配套、村民生计解决不了等问题，村民的诉求无法得到满足，严重影响了居民生活环境的改善和生活质量的提高。三是由于规划语言较为官方，而文化水平相对较低的村民和村领导对专业性的规划成果和图纸难以理解，导致规划内容难以实施。

在乡村振兴战略加快实施、国土空间规划体系日趋完善的背景下，村庄规划需采取合理有效的编制方法，既要体现规划的科学性，又要因地制宜，展现规划的特异性。这既是编制"多规合一"的实用性村庄规划的规划要求，也是解决村庄规划编制问题和村庄建设发展的核心。统一工作底图，破解"规划打架"的矛盾；创新村庄规划编制方法，统筹乡村资源，提炼乡村特质，搭建数据平台，最终实现乡村地区"一张图"管理。

## 三、新时期村庄规划的工作要求

### （一）村庄规划的法律地位

《若干意见》明确指出：村庄规划是法定规划，是国土空间规划"五级三类四体系"中城镇开发边界线外乡村地区的详细规划，是开展国土空间开发保护活动、实施国土空间用途管制、核发乡村建设项目规划许可、进行各项建设等的法定依据。

新时期村庄规划的法律定位这一表述，实质上是将村庄规划的定位与控制性详细规划进行对标，并从两个层面赋予了村庄规划新的任务。一方面，作为法定规划，村庄规划必须对国土空间开发保护和村庄各项建设活动进行权利和义务的界定。另一方面，作为国土空间规划体系的一环，村庄规划需要以乡村振兴为目标，密切衔接上位国土空间总体规划、专项规划与村庄布局，统筹村庄全域要素，将上位空间规划中的"三区三线"、空间用途管制要求、重大基础设施、要素配置、国土综合整治、土地增减挂钩、建设用地流量指标的挖掘与分配等内容进行衔接，协调好村庄产业发展与国土空间资源保护开发之间的关系，并向下传导至下位的建设规划和重点项目修建性详细规划当中。①

### （二）村庄规划的编制要求

《通知》中提出要"编制能用、管用、好用的实用性村庄规划"。过去的村庄规划编制是以政府为主导，采用自上而下的模式，村民的参与度不高，实用性不强，导致乡村地区规划、建设、管理三者相互脱节。

新时代的村庄规划更加强调"实用性"，应体现"政府管用、村委好用、村民实用"三大要求，既要满足各级政府部门的管控要求，也要便于村委的实施管理，还要积极响应村民的合理诉求。

在此背景下，村庄规划须创新编制方法，以问题为导向，实现从自上而下的"任务式"模式，向自下而上、上下结合的"实用性"模式转变，统筹协调好乡村地区规划、建设、管理三者之间的关系。

### （三）村庄规划的工作范畴

从规划编制的空间范围上看，村庄规划以行政村为单元进行编制，连片建设发展的两个及以上的多个行政村可按区域统筹思路合并编制村庄规划。村庄规划范围为村域全部国土空间，村庄规划期限原则上与上级国土空间规划保持一致。

从规划的内容上看，村庄规划应确定国土空间综合整治与生态修复、永久基本农田和耕地保护、历史文化保护传承、公共服务设施和市政公用设施布局、产业发展、近期建设等规划内容。对于有建设需求的自然村庄，可以根据村庄分类确定的城郊融合、集聚提升、特色保护等不同定位，根据需要编制村庄建设规划。

从规划的编制主体上看，村庄规划由乡镇人民政府组织编制，跨乡镇的多个行政村为单元编制村庄规划的，可由县级自然资源部门会同相关部门、乡镇人民政府组织编制。规划编制人员扎实开展现状调研，驻村提供规划设计服务；村民、乡贤、能人、乡村企业家等参与规划制定等多种工作形式。

### （四）村庄规划的工作任务

《通知》中明确村庄规划工作中的主要任务为统筹村庄发展目标、统筹生态保护修复、统筹耕地和永久基本农田保护、统筹历史文化传承与保护、统筹基础设施和基本公共服务设施布局、统筹产业发展空间、统筹农村住房布局、统筹村庄安全和防灾减灾、明确规划近期实施项目，简称"八个统筹一个明确"。

村庄规划的工作任务对应的村庄规划编制的基本内容则是基础分析、发展目标、产

---

① 庞国彧，王秋敏，童磊.国土空间规划体系下实用性村庄规划编制模式研究——以崇左市保安村为例[J].西部人居环境学刊，2022，37（01）：87-93.

业发展指引、国土空间用途管制、国土空间用地布局、基础及公共服务设施规划、历史文化保护、安全与防灾减灾、国土综合整治和生态修复、居民点建设规划、农村人居环境整治、近期建设项目十二项内容。

# 第二节　村庄规划的编制要点

## 一、村庄规划的编制内容

### （一）村庄基础分析

1. 现状分析

分析内容主要为：①分析村庄区位条件，包括地理区位、交通区位等；②分析村庄资源环境，包括自然环境（地形地貌、自然资源、生态环境、水文气象等），历史文化（传统村落、古井、古树名木等历史环境要素；民俗活动、礼仪节庆、传统表演艺术和手工技艺等非物质文化要素）；③分析社会经济发展情况，包括人口情况（数量、结构、流动趋势等），经济产业结构（种养结构、工业发展、三产融合情况等）；④分析村域土地利用现状，包括各类用地的现状布局、规模和结构，耕地可整理、复垦、开发的用地类型和规模分布，经营性建设用地规模和布局，存在的主要问题；⑤分析村庄建设情况，调查掌握村庄房屋建设（建筑肌理、质量、风貌等）、各类设施（公共服务设施、基础设施、生产服务设施等）的现状及存在问题，尤其是生活垃圾处理、生活污水处理、农村厕所革命、村容村貌提升等方面，明确农村人居环境综合整治重点；⑥分析村民意愿，通过问卷、座谈会及走访调查，总结归纳村民诉求。

2. 规划评估

既有规划的分析。当地国民经济和社会发展规划、上位国土空间规划、其他涉及空间利用的专项规划编制情况，以及各级出台的促进乡（镇）和村发展的相关政策和管理制度等对村庄规划的影响。

### （二）村庄发展目标

1. 规划定位

围绕乡村振兴战略，依据上级规划，充分考虑人口资源环境条件和经济社会发展、人居环境整治等要求，结合村庄资源禀赋与产业特征，合理确定村庄发展定位。如随县万福店农场总体定位：建成以"一主两特"的种植业为基础，以加工、销售、展示为支撑，以农旅休闲为延伸，以生态康养为核心的农业农村现代化、农旅休闲融合化、土地利用集约化、田园风光景观化的国有农场乡村振兴示范区。

2. 发展目标

按照优化布局、补齐短板的总体思路，以上级国土空间规划的资源环境承载力和国土空间开发适宜性评价为基础，落实上位国土空间规划中确定的"三区三线"，明确刚性管控边界。统筹村庄发展和国土空间开发保护，研究制定村庄产业发展、国土空间开发保护、人居环境整治提升、乡村建设与公共服务配套提质等方面的目标，明确村庄规划控制指标体系（表5-1）。

表5-1 村庄规划指标体系一览表（参考）

| 序号 | 指标 | | 规划基期年 | 规划目标年 | 变化量 | 属性 | 备注 |
|---|---|---|---|---|---|---|---|
| 1 | 耕地保有量/公顷 | | | | | 约束性 | |
| 2 | 永久基本农田保护面积/公顷 | | | | | 约束性 | |
| 3 | 生态保护红线面积/公顷 | | | | | 约束性 | |
| 4 | 建设用地总规模/公顷 | | | | | 预期性 | |
| 5 | 村庄建设用地规模/公顷 | | | | | 约束性 | |
| 6 | 其中 | 村庄公共管理与公共服务设施规模用地/公顷 | | | | 预期性 | |
| | | 村庄基础设施用地规模/公顷 | | | | 预期性 | |
| 7 | 人均村庄建设用地面积/平方米 | | | | | 约束性 | |
| 8 | 道路硬化率/% | | | | | 预期性 | |
| 9 | 农村卫生厕所普及率/% | | | | | 预期性 | |
| 10 | 农村生活垃圾处理率/% | | | | | 预期性 | |
| 11 | 农村自来水普及率/% | | | | | 预期性 | |

注：约束性指标是为实现规划目标，在规划期内不得突破或必须实现的指标；预期性指标是指按照经济社会发展预期，规划期内努力实现或不突破的指标。各地可在上表基础上，结合本地特点和实际增减指标，但约束性指标不应减少，且要对接上级规划。（资料来源：《湖北省村庄规划编制技术规程（试行）》附录E.1规划指标体系表）

3. 规模预测

人口规模预测是根据城镇化和乡村发展等客观趋势，结合上级规划对村庄人口规模的引导，确定村庄人口规模，包括户籍人口、常住人口，产业发展较好的村庄，还需考虑旅游人口与农业产业人口，确定实际服务人口。

建设用地规模预测是按照上级规划分解的约束性指标要求，合理确定村庄规划建设用地规模，优化盘活存量，合理确定增量。

人口规模预测和建设用地规模预测是村庄规划指标体系的核心之一。

### （三）产业发展指引

综合考虑村庄资源禀赋和发展条件，对接上级和相关专项规划，按照三产融合的发展思路，提出村庄产业发展类型、发展策略、空间布局等内容。资源条件优越、旅游地位突出的村庄应重点研究旅游发展策略与游线、景点布局等内容。除上级国土空间规划确定的工业用地布局和少量必需的农产品生产加工外，一般不在乡村地区新增工业用地。在优先使用存量用地基础上，可预留不超过5%的建设用地机动指标，用于保障村民居住、农村公共公益设施、零星分散的乡村文化旅游设施及农村新产业、新业态等用地需求。

### （四）国土空间用途管制

#### 1. 生态空间管控

落实生态保护红线划定成果及其管控措施，明确林地、河湖、湿地等生态空间，系统保护乡村自然风光和田园景观。以增加生态碳汇为导向，加强生态环境系统修复和整治，优化乡村水系、林网、绿道等生态空间格局，明确各类水体的水质要求，落实水质达标率指标要求。

#### 2. 农业空间管控

落实永久基本农田和永久基本农田储备区划定成果及其管控要求，将上级规划确定的耕地保有量、永久基本农田指标落实到图斑，确保图、数一致；统筹安排农、林、牧、渔等农业空间，完善农田水利配套设施布局，合理保障农业产业发展空间；合理确定农业设施建设用地规模，科学布局农业设施建设用地。

#### 3. 建设空间管控

依据上级国土空间总体规划确定的村庄建设区，基于村庄规模预测，充分尊重村民意见，避让生态保护红线、永久基本农田保护线和其他必要的管控底线，按照"整体减量，局部增量"和"培育中心居民点、保护文化居民点、收缩空心居民点、搬迁灾害居民点"的原则，结合道路、河湖、林地等实体边界，划定村庄建设边界。村庄建设边界是村庄规划中的刚性管控线，除依据规划明确的产业用地、基础设施用地以及零星机动指标落地之外，一般不得在村庄建设边界外新增建设用地。位于村庄建设边界外的现状零星建设用地，通过土地整理、宅基地置换等方式逐渐向村庄建设边界内集中。

#### 4. 其他管控边界

落实上级国土空间总体规划或相关专项规划确定的水体保护控制线、历史文化保护线等其他重要控制线。若缺少上级规划和相关规划指导，可按相关技术要求划定。

### （五）国土空间用地布局

按照《国土空间调查、规划、用途管制用地用海分类指南》（自然资发〔2023〕234号）（以下简称《分类指南》），统筹居民点布局、产业发展、基础设施和公共服务设施、安全和防灾减灾、资源保护等用地内容，优化村域用地结构，结合村庄规划不同深度的编制要求，完成村域国土空间用地布局，明确相应深度的各类用地类型、边界、规模。

具体包括合理布局各类农林用地，统筹安排村庄建设边界内各类建设用地，按需布局各类产业配套建设用地，落实区域性交通、公用设施用地，留白暂不明确用途的建设用地。

### （六）基础设施及公共服务设施

做好现场实地考察工作，全面掌握村庄居民社会人口情况、居民点分布情况、村庄公共服务圈半径与实际覆盖范围，现有公共服务设施种类、数量及使用情况。规划编制人员还需通过具体走访和基础资料判断村庄居民的日常生活需求是否得到有效满足、村庄公共服务单项质量与总体水平是否达标，了解分析当前实际存在的村庄基础设施、公共服务配套的问题，通过掌握的具体信息以及调研情况，通过需求测算建设规模；合理科学选择需要公共服务配套建设的位置，如村庄文化活动中心、农贸市场、卫生站、垃圾收集点、学校、公共厕所等；规范建设给排水管网、村庄巷道与内部主路、连村道路、通信基站、架空电网等市政基础设施；完善设施配套建设，满足村民生产生活需要和改善生活条件。

### （七）历史文化保护

对于历史文化资源丰富的村庄，应当根据实际情况增加历史文化遗产保护规划内容，划定乡村历史文化保护线，提出历史文化保护措施，加强各类建设的景观风貌规划和引导，保护村庄特色。各级历史文化名村以及列入中国传统村落名录的村，规划内容按国家现行有关规定执行。

### （八）安全与防灾减灾

落实上级国土空间总体规划和相关专项规划划定的灾害影响范围和安全防护范围。若缺少上位规划和相关规划指导，可依据相关技术要求，结合地质灾害易发区、矿产采空区、洪水淹没区、地震断裂带等自然灾害影响范围，提出综合防灾减灾的标准和措施。

针对位于灾害易发区的村庄，应当细化防灾减灾规划内容，分析地质灾害、洪涝等隐患，划定灾害影响范围和安全防护范围，明确设防标准，提出应对措施。人口密集或者邻近大型工矿企业、交通运输设施、文物古迹和风景区等防护对象的村庄应按就高不就低的原则明确设防标准。

### （九）国土综合整治和生态修复

落实上级规划确定的国土综合整治和生态修复目标或项目安排，按照相关专项规划开展相应类型的用地优化布局。农用地整治，明确各类农用地整治的类型、范围、新增耕地面积和新增高标准农田面积等。建设用地整治，提出规划期内建设用地保留、扩建、改建新建或拆除等处置方式，明确建设用地整治类型、范围、建设用地减量化指标等。生态修复，针对矿山、林地、河湖等各项生态要素存在的现状问题，明确各种生态修复类型、空间范围、修复方式和修复标准。

为打造高质量生态环境，实现人与自然的和谐发展，村庄规划人员应采取河流水域保护、村庄生态建设、提升自然环境质量的规划整治措施，加强生态建设，遵循生态保护原则，贯彻可持续发展战略。河流水域保护措施包括：在沿水岸线新建生态廊道，以优化水岸环境及扩大公共活动空间；保护现有水体环境及水塘，不得直接向河流水域中倾倒垃圾和排放生活污水，新建污水处理设施或改建、扩建原有的污水处理设施，如人工湿地、氧化塘等。村庄生态建设措施包括：打造全新村庄生态空间格局，沿河流水岸与道路两侧修建绿色长廊，在规划方案中制订零星闲置地块与宅基地的绿化改造计划，修建农村污水回用处理系统和生活垃圾无害化处埋系统；增加垃圾桶等公共服务设施的总体数量及分布密度，修建村民公园，以此来满足村民对体育锻炼、社交和日常休憩的需求。提升自然环境质量的措施包括：根据周边分布河流水系的自然走向来修筑生态驳岸、修建人工湿地与浅塘，为水生生物提供栖息地；定期疏浚河道；治理污染土壤。①

**（十）居民点建设规划**

严格执行"一户一宅"制度，合理确定宅基地规模，在村庄建设边界内划定宅基地建设范围，确定户均宅基地面积标准、高度等控制等内容。宅基地面积不得超过所在地县级人民政府规定的面积标准，禁止占用生态保护红线、永久基本农田和其他重要控制线建房，避让灾害危险隐患地段。因地制宜布局建筑、道路、绿地等空间，明确居民点内部道路流线和路面宽度。新建住房应当在村庄建设边界内集中选址，按照相关技术标准退让高压廊道、区域性交通廊道等。公共服务设施宜相对集中布置，并考虑混合使用、形成规模，成为村庄的公共活动和景观中心。

**（十一）居民点人居环境整治**

对有需求的村庄，可提出村庄人居环境整治方案，主要包括：

1. 建筑及风貌设计引导

根据区级农房建设图集提供新建住房的村民自建房通用图，明确建筑风貌管控要求，无新建住房的村庄提出现状农房风貌和乡土建筑修缮、人居环境整治引导建议。

2. 公共空间与绿化景观设计引导

应充分考虑现代化农业生产和农民生活习惯，形成具有地域文化气息的公共空间场所。提出适宜乡村环境绿化美化、村容村貌提升的景观整治措施；明确居民点内部道路材质铺装，特色元素、小品及便民设施配置，以及沟渠水塘、堤坝桥涵、石阶铺地、码头驳岸等的整治措施，提升乡村景观绿化环境。

3. 环境整治设计引导

明确农村生活垃圾、厕所粪污治理、生活污水、农业废弃物治理等方面的措施和方案，确定人居环境整治行动项目库，并将相应的管理维护要求纳入村规民约。

**（十二）近期项目建设**

明确规划年限和近期规划年限。近期推进的产业发展、农房建设、生态修复和国土综

---

① 庞国或，王秋敏，童磊.国土空间规划体系下实用性村庄规划编制模式研究——以崇左市保安村为例[J].西部人居环境学刊，2022，37（01）：87-93.

· 90 ·

合整治、人居环境整治、公共服务设施和基础设施建设、道路交通、历史文化保护等方面的工程项目，合理安排建设时序，明确近期项目的位置、范围、建设规模、实施时间、投资规模和资金筹措方式等内容，形成近期（3～5年）实施计划和项目库，指导乡村振兴相关建设。

## 二、村庄规划的编制流程

### （一）前期准备阶段

#### 1. 确定底图底数

以第三次全国国土调查成果及最新年度国土变更调查成果数据为基础，村域范围宜采用比例尺不小于1:2 000的地形图或数字正射影像图，农村居民点或各类产业项目详细设计宜采用1:1 000～1:500地形图，并以农村集体土地确权登记数据、地理国情普查、实地调查或监测数据作为补充。

按照《分类指南》要求，以规划编制范围为单元，统一采用2000国家大地坐标系和1985国家高程基准作为空间定位基础，形成坐标一致、边界吻合、上下贯通的规划底图。

#### 2. 开展基础调研

乡镇级人民政府组织协调，各行政村配合编制单位的基础开展调研工作。基础调研包括座谈会、资料收集和实地调研三部分。乡镇和各村针对相关的调查清单和表格统计、相关诉求意见等纸质版资料，须盖章后提供给村庄规划编制团队。相关规划、建设用地审批数据等电子版资料由乡镇人民政府收集整理后，提供给村庄规划编制团队。如需要保密的资料，村庄规划编制团队应按规定和乡镇人民政府签订保密协议。

### （二）规划编制阶段

#### 1. 基础研究

对调研情况进行梳理，客观评价村庄的社会经济、土地利用、自然资源、设施配套、产业发展、生态景观、居民点建设等内容，分析村庄在发展和保护中的优劣势，以及国土空间保护、开发、利用、修复中存在的主要问题。

#### 2. 方案阶段

充分尊重和考虑基层诉求，落实上位规划和相关专项规划要求，科学谋划村庄未来发展蓝图，完成"四图三表一则"（含各行政村"一村一图一表"）的初步方案。

#### 3. 阶段汇报

在调查研究、规划方案等阶段应广泛征求乡镇各直属部门、各行政村、重点企业及村民意见。乡镇各直属部门在听取规划编制团队各阶段规划成果汇报后，应整理汇总有关意见并形成书面意见。规划编制团队对修改和完善意见进行落实，对有关问题进行协商处理，不能落实的应予以说明。

### （三）方案咨询与审查阶段

1. 咨询论证阶段

召开初步方案意见征求会，听取各方意见，对初步方案进行修改；组织专家对规划方案的科学性、合理性和可操作性进行咨询论证，并将修改后的规划方案在村内进行公示，公示期不少于30日。

2. 审查审核阶段

由乡镇人民政府与村"两委"组织召开规划方案表决会，并通过表决；市县自然资源与规划局组织对方案进行审核比对工作，通过村庄规划数据质检软件检查，确保规划成果符合全省"一张图"数据入库标准要求以及上位规划约束性指标和强制性内容。

### （四）成果报审阶段

数据库成果审核比对通过后，由乡镇人民政府按照程序报上一级人民政府审批。村庄规划依法批准之日起30个工作日内，乡镇人民政府应当将村庄规划成果逐级汇交至省级自然资源主管部门，纳入国土空间规划"一张图"。

## 三、村庄规划的成果要求

### （一）内容层面

村庄规划基本成果应简洁易懂，宜采用"图、表、则"结合的形式，村庄规划必备成果包括"四图三表一则"。

四图：国土空间现状图、国土空间规划图、各村湾建设规划总平面图、村域建设项目布局规划图。

三表：村庄规划目标表、国土空间结构调整表、重点建设项目表。

一则：管制规则，包括生态用地、耕地、设施农用地、宅基地、产业用地、公益性公共服务设施用地的使用规则以及建设要求。

有条件的村庄，可根据需要丰富规划成果，细化管制规则，增加规划图件、表格和建立符合标准的村庄规划数据库。

以下列出村庄规划图纸参考目录，结合村庄实际进行选取：

（1）区位及村庄简介图

（2）村域国土空间现状图

（3）村域国土空间规划图

（4）村域生态空间修复与保护规划图（山、水等自然要素）

（5）村域农业空间保护规划图（基本农田及其他农用地）

（6）村域产业与建设空间规划图

（7）村域国土空间综合整治图

（8）村域道路交通规划图

（9）村庄基础设施规划图

（10）村庄公服设施规划图

（11）核心村湾（新建集中居民点）详细规划平面图

（12）各村湾建设规划总平面图

（13）新建民居户型设计参考图

（14）景观节点规划设计图

（15）建筑风貌改造设计图

（16）特色历史文化保护规划图

（17）村域综合防灾规划图

（18）乡村旅游规划图

（19）村域建设项目布局规划图（结合建设项目统计表）

**（二）实用层面**

为满足不同对象的实际需求，可根据实用层面推出村民公示版、评审论证版、报批备案版三个版本的村庄规划成果形式。

村民公示版面对的是村民端的需求，成果着重简明易懂，主要包括"三图一公约一清单"，即村域综合规划图（包括主要的公共服务设施、基础设施空间分布），主要控制线划定图（包含永久基本农田、生态保护红线、规划村庄建设边界范围等），自然村（组）规划布局图（规划宅基地的空间布局等），以及村庄规划管理公约和建设项目清单。同时，为使农民看懂村庄规划，在规划成果表达上以第三次全国国土调查高清影像图为底图，在上面直接标注出主要地物、拆除物、新增宅基地等，让规划内容更加形象、直观。

评审论证版则重点满足专家、专业部门的论证需求，主要体现规划编制的技术路线，佐证支撑规划结论的科学性，成果既包括规划结论，也包括分析论证过程，最为体现编制单位的专业性和能力。

报批备案版面对的是管理端需求，成果着重提供管理所需的内容，可快速查询规划结果，便于实施行政管理行为。依托市级国土空间基础信息平台和国土空间规划"一张图"实施监督信息系统，将村庄规划等各类数据成果及时纳入其中。建立村庄规划管理审查模块，强力支撑村庄空间治理现代化。

## 四、村庄规划的编制重点

《意见》中提出村庄规划工作的意见如下：第一，要统筹城乡发展，有序推进村庄规划编制。第二，要全域全要素编制村庄规划。第三，要尊重自然地理格局，彰显乡村特色优势。第四，要精准落实最严格的耕地保护制度。第五，要统筹县域城镇和村庄规划建设，优化功能布局。第六，要充分尊重农民意愿。第七，要加强村庄规划实施监督和评估。

### （一）有序推进村庄规划的编制

《意见》中要求结合考虑县、乡镇级国土空间规划工作节奏，根据不同类型村庄发展需要，有序推进村庄规划编制。集聚提升类等建设需求量大的村庄加快编制，城郊融合类的村庄可纳入城镇控制性详细规划统筹编制，搬迁撤并类的村庄原则上不单独编制。避免脱离实际追求村庄规划全覆盖。

为便于更加精准地对各类村庄进行规划管控和建设管理，须进一步细化四种村庄基本类型的具体空间管控要求与策略，同时为突出实际需求和资源特色导向，可因地制宜确定"分类菜单"编制村庄规划内容，做到按需点"菜"；通过村庄空间指引确定村庄规划建设空间的优化模式，做到分类管控（图5-3）。

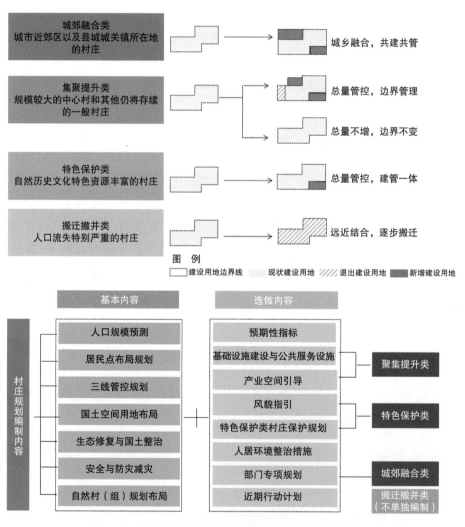

**图5-3　村庄分类空间管控指引及规划内容"菜单"**

对于集聚提升类村庄，内容上采用"基本内容+基础设施和公共服务设施规划+产业空间引导"的编制组合，因地制宜确定农村人居环境整治项目，布局产业空间，提出产业

发展措施。空间上重点提升类遵循"总量管控、边界管理"的原则，允许一定规模的新增
建设用地，并且不得突破建设用地的上限指标；一般提升类遵循"总量不增、边界不变"
的原则，不允许调整建设用地边界，村庄边界内允许原拆原建。

对于城郊融合类村庄，内容上采用"基本内容+部门专项计划"的编制组合，在形态
上保留乡村风貌，在治理上体现现代水平。空间上按照"城乡融合、共建共管"的原则，
推进城乡"空间融合、产业融合、设施融合"，综合考虑就地城镇化和村庄发展需求，允
许一定规模的新增建设用地。

对于特色保护类村庄，内容上采用"基本内容+特色保护类村庄"的编制组合，注重
整体保护村庄传统风貌格局、历史环境要素、自然景观等，明确不可移动文物、历史建筑
等各类保护性建筑。空间上遵循"保护优先、总量管控、建管一体"的原则，适当增加建
设用地，在划定建设用地边界内，允许通过空间整合进行建设用地范围的调整。

对于搬迁撤并类村庄，原则上是不单独编制。空间上遵循"近远结合、逐步搬迁"
的原则，不得以任何名义增加建设用地用量及突破现状建设用地边界，近期无法搬迁的村
庄，须保障村民生产生活所需的最基本的水、电、环卫等基础设施，以及急需的危房改造
需求。村庄搬迁原则上由政府主导，根据农民意愿，采用土地置换等多种方式和措施，逐
步引导村民向集中新建居民点或城镇搬迁、聚集。

**（二）全域全要素编制村庄规划**

《意见》中要求以全国第三次国土调查的行政村界线为规划范围，对村域内全部国土
空间要素作出规划安排。按照《分类指南》，细化现状调查和评估，统一底图底数，并根
据差异化管理需要，合理确定村庄规划内容和深度。

目前全要素、等深度的管控体系较为完善的为上海郊野单元片区规划，郊野单元总
体形成了"单元—功能区—地块"三级管控体系（图5-4）。其中，在单元层面强调整体
控制，规划内容包括明确开发建设容量、细化用途分区布局、落实"六线"控制要求、特
色景观意图区控制和重要廊道体系的引导与管控。在功能区层面注重分类引导，并对建设
主导功能区及非建设主导功能区提出差异化管控措施。建设主导功能区强调精细化引导，
对用地性质、开发强度、交通布局、"六线"控制、城市设计等方面进行规划部署，在容
量方面强调刚性，在景观方面强调弹性。非建设主导功能区重视生态保护，整体划分为一
级管控区及二级管控区，一级管控区包括森林生态控制区、湿地生态控制区等类型，按照
相关法律法规进行严格管控；二级管控区生态保护需结合不同功能类型提出差异化管控要
求，通过清单管控、总量管控、指标管控及边界管控四类管控手段满足非建设用地的保护
要求（图5-5）。尤其针对以往编制中相对弱化的边界管控，需结合二级用途分区的边界
传导细化进行落实。地块层面重视精细管控，以建设主导功能区划定，以现状景观评价为
基础，通过三维空间模拟，重点对生态廊道、视线视廊、临山、邻水临路等空间界面等各

类管控规则进行细化，保障建设效果最优。[①]

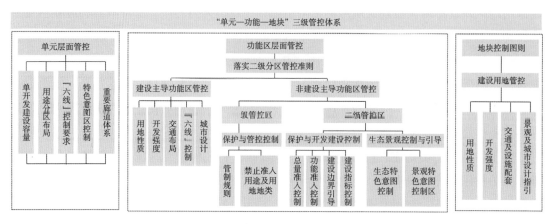

**图5-4 "单元一功能一地块"三级管控体系结构**

图片来源：刘维超，王合文，蔡健，等.国土空间规划体系下郊野单元详细规划编制实践[J].规划师，2022（7）：109-114.

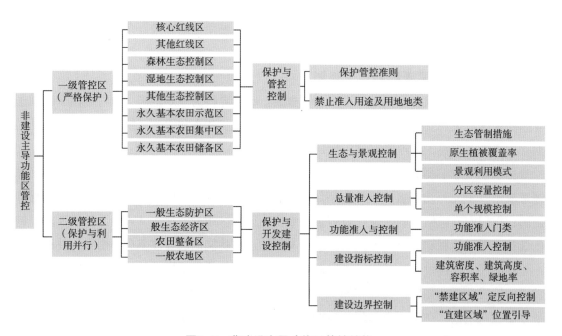

**图5-5 非建设主导功能区管控结构**

图片来源：刘维超，王合文，蔡健，等.国土空间规划体系下郊野单元详细规划编制实践[J].规划师，2022（7）：109-114.

---

① 刘维超，王合文，蔡健，等.国土空间规划体系下郊野单元详细规划编制实践[J].规划师，2022（7）：109-114.

### （三）彰显乡村特色优势

从实践的角度看，要切实贯彻因地制宜的原则，准确把握地域特色、民俗风情、文化传承和历史脉络，既充分借鉴成功经验又不拘泥于此，总结成效显著的发展模式，提炼出乡村振兴的共性规律，概括出多样化的乡村振兴路径，走各具特色的乡村振兴之路。对于经济比较发达、区位优势明显的乡村，可优先发展休闲农业、民宿经济等产业，推进城镇基础设施和公共服务向农村延伸。对于历史文化资源丰富的村庄，要统筹兼顾保护与开发，可优先发展文化旅游、乡村旅游等产业。

从空间形态管控看，要求在落实县、乡镇级国土空间总体规划确定的生态保护红线、永久基本农田基础上，不挖山、不填湖、不毁林，因地制宜划定历史文化保护线、地质灾害和洪涝灾害风险控制线等管控边界，以第三次国土调查为基础划好村庄建设边界，明确建筑高度、建筑体量、建筑色彩等，保护历史文化和乡村风貌。

#### 1. 乡土文化、建筑和景观

乡村振兴，既要塑形，也要铸魂，如果说乡土文化是乡村的"魂"，那么乡土建筑和景观就是乡村的"形"，将乡土文化、建筑、景观有机融合，是传承与创新乡村文化与风貌的关键，是践行"新乡土建造"的重要内容。

首先，传承与创新乡土文化，必须深入挖掘农耕、民俗、非遗、家风、家训等乡土文化；其次，传承与创新乡土建筑，须保护传统村落和建筑，采用新的建造工艺和节能环保技术，推广地方材料，限制建筑体量，建筑宜采用坡屋顶，同时适应现代生活需求；最后，传承与创新乡土景观，应就地取材、旧物利用，可使用农具、陶罐、石磨、猪槽等元素造景，体现景观的乡土性、趣味性和艺术性。

#### 2. 村庄风貌引导策略

村庄设计体系中的总体风貌格局分为生产空间、生态空间和生活空间，是对田、水、路、林、聚落、村居、建筑等要素治理的设计引导（图5-6）。

田要素从地块规整、田坎降低、有效耕地面积增加、水利设施完善等方面优化，发展多种形式的适度规模经营，提升生产效率。水要素从面源污染生态治理、塘渠田系统完善、排灌便利、田相优美等方面改善，提高灌溉效率和保证度。路要素从主干路网绿化黑化美化、村组路和田间路体系连通等方面优化，增加村域路网密度，提高田间路利用效率。林要素以生态林、经济林为主，建设为有特色、有规模的经济林区，增强景观观赏性；完善路渠田防护林体系，提升防灾能力提升，景观美化。

村落常以"斑块规模小、户均占地大、分布零散均匀"的特征分布，公共设施配套水平和效率低；以功能分区为基础，结合居民点分布现状、耕地资源、交通条件等，按照"规模集中、适度分散"结合方式布局居民点。村居以延续村落肌理，将零星散落的村庄居民点进行整治，重构乡村聚落空间网络，营造承载乡土文化的公共活力空间，并结合文化旅游、生态旅游项目打造村落特色文化节点，丰富村落景观风貌，有效提高村庄人居环境水平。建筑要素以地方住建部门的农房建筑图集为基础，结合地方特质，针对民居的院落、建筑材质、风格、色彩、装饰元素等进行管控，避免乡村建筑风格与城市趋同，提升乡村特色风貌。

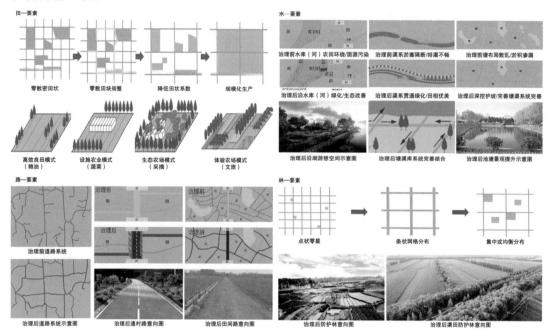

图5-6 村庄"田水路林"要素治理指引

## （四）精准落实耕地保护制度

将上位规划确定的耕地保有量、永久基本农田指标细化落实到图斑地块，确保图、数、实地相一致。落实永久基本农田特殊保护要求，严禁违法批准占用和擅自调整永久基本农田；进一步规范耕地占补平衡，强调应当依据国土空间规划和生态环境保护要求实施补充耕地项目；要稳妥有序落实耕地进出平衡，要求各地有计划、有节奏、分类别、分区域逐步推动耕地调入。

依托国土空间基础信息平台和国土空间规划"一张图"实施监督信息系统，将耕地保护的目标、指标、空间布局落实到"一张图"上，将耕地转用审批、占补平衡管理等纳入自然资源调查、国土空间规划、建设用地审批和供应、执法监管全链条，实现全流程信息化管理，加强耕地保护信息化管理。同时通过智慧农田监控预警系统为生态文明建设提供及时、准确、详细的土壤污染跟踪监测数据，科学的评价预警结果为确保人民生产生活和农业产品生态质量安全奠定坚实基础。构建"智慧耕地平台+规划信息一张图"，实现疑似污染地块、污染地块空间信息与国土空间规划"一张图"无缝对接。

## （五）优化村庄功能布局

工业布局要围绕县域经济发展，原则上安排在县、乡镇的产业园区；对利用本地资源、不侵占永久基本农田、不破坏自然环境和历史风貌的乡村旅游、农村电商、农产品分拣、冷链、初加工等农村产业业态可根据实际条件就近布局；严格落实"一户一宅"，引导农村宅基地集中布局；强化县城综合服务能力，把乡镇建成服务农民的区域中心，统筹布局乡村基础设施、公益事业设施和公共设施，促进设施共建共享，提高资源利用节约集约水平。

1. 完善公共设施，构建乡村社区生活服务圈

乡村社区是实现乡村振兴战略的基础空间载体，相比于城市社区集中式、标准化、品质化的配套需求，乡村社区具有生产生活一体化、服务群体分散、差异化巨大等特征。

因此，需遵循多元、灵活、均衡的配套原则，更加注重乡村社区在生产、生活、生态、文化、旅游等方面的有机融合。

（1）以构建"五宜"乡村社区综合体为愿景。乡村社区生活圈充分考虑当地乡村空间、功能和未来面临进一步优化的趋势，引导村庄服务设施进行针对性、差异化配置，以村民们的幸福感、获得感为衡量标准，打造"宜居、宜业、宜游、宜养、宜学"的乡村生活共同体。

（2）强化四大维度的规划引领作用。规划的目的在于围绕多彩睦邻的怡然生活、活力多元的创新生产、乡野逸趣的自然生态、多方共治的有效治理的"三生一治"四大维度，强化规划对于乡村发展的系统性引导。

图5-7　乡村公共服务设施分级配置

图片来源：《上海乡村社区生活圈规划导则》。

（3）高标准配置现代化乡村设施体系。按照以"复合共享、弹性配置"的原则，将乡村划分为行政村层级（乡村便民中心，服务半径800～1 000米）、自然村层级（乡村邻里中心，服务半径300～500米）两大圈层，健全全民覆盖、普惠共享、城乡一体的乡村基本公共服务体系，实现行政服务、养老幼托、生产培训、文化体育、医疗卫生、商业服务、市政交通七大分类设施的均等化配置，满足乡村基层治理、全年龄段人群基本生产生活需求和精神文化需求（图5-7）。

2. 引导产业融合，促进区域特色经济发展

推进农村一二三产业融合发展，是深化农业供给侧结构性改革、推动乡村产业振兴的重要抓手，是促进农民持续增收、实现全面建成小康社会的有效途径，其重点在于因地、因时制宜，发展新兴产业和业态，尤其是结合地方优势资源形成乡村品牌，走富有地方特色、产业深度融合发展的农业农村现代化道路。

借助村域内的良好的农业基础和生态人文资源，以格局网络化、节点特色化、品质均等化为理念，构建"山水林田路"网络化的发展结构，将资源条件相似、空间相邻的村庄联动发展，并串联形成乡村产业集聚带、乡村旅游发展带和三产融合示范带。重点聚焦产业提质增效，着力发展现代粮食、优质蔬菜、高效园艺、特色农产品加工和休闲农业等优势主导产业，依托"一镇一主业""一村一品"战略，因地制宜发展区域特色经济、进行产业高效整合。

### （六）充分尊重农民意愿

规划编制和实施要充分听取村民意见，反映村民诉求；规划批准后，组织编制机关应通过"上墙、上网"等多种方式及时公布并长期公开，方便村民了解和查询规划及管控要求。拟搬迁撤并的村庄，要合理把握规划实施节奏，充分尊重农民的意愿，不得强迫农民"上楼"。

### （七）强化村庄规划实施监督和评估

村庄规划批准后，应及时纳入国土空间规划"一张图"实施监督信息系统，作为用地审批和核发乡村建设规划许可证的依据。不单独编制村庄规划的，可依据县、乡镇级国土空间规划的相关要求，进行用地审批和核发乡村建设规划许可证。村庄规划原则上以五年为周期开展实施评估，评估后确需调整的，按法定程序进行调整。上位规划调整的，村庄规划可按法定程序同步更新。在不突破约束性指标和管控底线的前提下，鼓励各地探索村庄规划动态维护机制。

1. 多方参与，搭建乡村规划建设共同体

以"共谋、共建、共治、共享"方式，由村民、村委会、地方政府、设计师、社会力量五方联动，搭建乡村规划建设共同体（图5-8）。

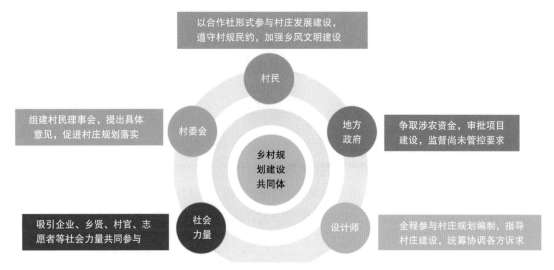

图5-8 乡村规划建设共同体模式

以问题为导向，发挥村民和村委会的主体作用，以村庄规划为引领，将主要内容融入村规民约中，推广乡村规划师制度，积极引入乡贤、企业等社会力量，激发乡村地区建设与发展的内生动力，共同推动乡村振兴。

2.全面深化，引导村民参与乡村规划建设

从组织农民参与村庄规划编制、乡村基础设施和公共服务设施建设与管护等工作方面，提出具体工作举措。

（1）组织农民参与。健全党组织领导下的村民自治机制，坚持和完善"四议两公开"制度，涉及村庄规划、建设、管护等乡村建设重要事项，应由村党组织提议，经村"两委"会议商议、党员大会审议、村民会议或村民代表会议决议，并及时公开决议和实施结果。引导农民参与村庄规划：充分尊重农民意愿，围绕"建设什么样的村庄、怎样建设村庄"，引导农民献计献策、共商共议，积极参与村庄规划。

（2）带动农民实施建设。项目分三级体系管理，一是农民自主开展建设，行业主管部门提供规划引导、技术指导和政策支持的建设。二是由村民委员会、农村集体经济组织承接，组织有能力、有意愿的农民开展建设。三是由符合资质的主体承接，优先聘用本地农民或通过村民委员会、农村集体经济组织带动农民参与建设。

（3）支持农民参与管护。采用党员责任区、街巷长制、文明户评选、"信用+"、积分制、有偿使用等方式，引导农民积极参与管护。

（4）强化农民参与保障。用好驻村第一书记和工作队，提高组织动员农民能力，保障农民参与权益，建立乡村建设辅导制度、加强农民参与乡村建设理念教育和技能培训、创新乡村建设政府投入机制、定期调查评估农民参与乡村建设情况、健全投诉举报机制，深入总结农民参与乡村建设经验，推广可复制、可借鉴的典型案例，重视发挥乡村"邻里效应"。

# 第三节　村庄规划的编制难点

## 一、"多规合一"的技术融合

### （一）"城规"和"土规"的技术融合

乡村地区的"多规合一"难点是解决村庄建设规划与村土地利用规划的技术冲突和差异问题，前者突出了村庄建设空间的精细管理，注重村庄设施建设、环境整治，但缺少对生态空间、农业空间的有效管控；后者强调全过程、全空间的刚性管控，注重计划与指标，可动态调整，但其建设指导性不强。

要想实现"城规"与"土规"真正意义上的融合，其关键是要处理好保护与建设的关系。

首先，要融入土地利用规划对耕地保护、生态修复、土地整治等方面的管控要求；其次，要融合村庄建设规划在居民点用地布局、农居环境整治、基础设施布局、产业发展引导、乡村文化传承等方面的建设需求；最后，要整合多源数据，确保成果与底图底数保持一致，真正实现"一本规划、一张蓝图管到底"。

### （二）"三调"数据与"空间规划"用地标准统一

统一标准、统一底数是国土空间规划体系下村庄规划的基本要求。依据第三次全国国土调查（以下简称"三调"）工作方案，"三调"将用地分类分为13个一级地类、73个二级地类。2019年5月自然资源部《市县国土空间规划基本分区与用途分类指南（试行）》（以下称"老国标"）的送审稿，国土空间规划将用途分类分为28个一级地类、102个二级地类、24个三级地类。鉴于村庄规划编制须以"三调"成果作为基础底图，两者底数和标准不一致。

2020年11月自然资源部印发《国土空间调查、规划、用途管制用地用海分类指南（试行）》（自然资源办发〔2020〕51号）（以下称"新国标"），为实现"三调"与"空间规划"的用地分类基数转换提供了依据。"新国标"中用地用海分类为三级体系，设置24个一级地类、106个二级地类、39个三级地类。2023年11月发布的《分类指南》中用地用海分类设置24个一级地类、113个二级地类、140个三级地类。以下是《分类指南》中的用地用海分类表，对比可见，"三调"与现状、规划用地之间的对应类型（表5-2）。

表5-2 与"三调"工作分类对接情况（简表）

| "三调"工作方案用地分类 | | | 国土空间调查、规划、用途管制用地用海分类 | | |
|---|---|---|---|---|---|
| 一级类 | 二级类 | | 三级类 | 二级类 | 一级类 |
| 05 商业服务业用地 | 05H1 商业服务业设施用地 | | 090101零售商业用地 | 0901商业用地 | 09商业服务业用地 |
| | | | 090102批发市场用地 | | |
| | | | 090103餐饮用地 | | |
| | | | 090104旅馆用地 | | |
| | | | 090105公用设施营业网点用地 | | |
| | | | — | 0902商务金融用地 | |
| | | | — | 0903娱乐用地 | |
| | | | — | 0904其他商业服务业用地 | |
| 08 公共管理与公共服务用地 | 08H1 | 机关团体新闻出版用地 | — | 0801机关团体用地 | 08公共管理与公共服务用地 |
| | 08H2 | 科教文卫用地 | — | 0802科研用地 | |
| | | | 080301图书与展览用地 | 0803文化用地 | |
| | | | 080302文化活动用地 | | |
| | | | 080401高等教育用地 | 0804教育用地 | |
| | | | 080402中等职业教育用地 | | |
| | | | 080403中小学用地 | | |
| | | | 080404幼儿园用地 | | |
| | | | 080405其他教育用地 | | |
| | | | 080501体育场馆用地 | 0805体育用地 | |
| | | | 080502体育训练用地 | | |
| | | | 080601医院用地 | 0806医疗卫生用地 | |
| | | | 080602基层医疗卫生设施用地 | | |

| "三调"工作方案用地分类 | | 国土空间调查、规划、用途管制用地用海分类 | | |
|---|---|---|---|---|
| 一级类 | 二级类 | 三级类 | 二级类 | 一级类 |
| 08 公共管理与公共服务用地 | 08H2 科教文卫用地 | 080603公共卫生用地 | 0806医疗卫生用地 | 08公共管理与公共服务用地 |
| | | 080701老年人社会福利用地 | 0807社会福利用地 | |
| | | 080702儿童社会福利用地 | | |
| | | 080703残疾人社会福利用地 | | |
| | | 080704其他社会福利用地 | | |
| | | — | 0702城镇社区服务设施用地 | 07居住用地 |
| | | — | 0704农村社区服务设施用地 | |
| | 0809 公用设施用地 | — | 1301供水用地 | 13公用设施用地 |
| | | — | 1302排水用地 | |
| | | — | 1303供电用地 | |
| | | — | 1304供燃气用地 | |
| | | — | 1305供热用地 | |
| | | — | 1306通信用地 | |
| | | — | 1307邮政用地 | |
| | | — | 1308广播电视设施用地 | |
| | | — | 1309环卫用地 | |
| | | — | 1310消防用地 | |
| | | — | 1312其他公用设施用地 | |
| | 0810 公园与绿地 | — | 1401公园绿地 | 14绿地与开敞空间用地 |
| | | — | 1402防护绿地 | |
| | | — | 1403广场用地 | |
| 09 特殊用地 | | — | 1503宗教用地 | 15特殊用地 |
| | | — | 1504文物古迹用地 | |
| | | — | 1505监教场所用地 | |
| | | — | 1506殡葬用地 | |
| | | — | 1507其他特殊用地 | |

（续表）

| "三调"工作方案用地分类 | | | 国土空间调查、规划、用途管制用地用海分类 | | |
|---|---|---|---|---|---|
| 一级类 | 二级类 | | 三级类 | 二级类 | 一级类 |
| 10 交通运输用地 | 1001 | 铁路用地 | — | 1201铁路用地 | 12交通运输用地 |
| | | | 120801对外交通场站用地 | 1208交通场站用地 | |
| | 1003 | 公路用地 | — | 1202公路用地 | |
| | 1004 | 城镇村道路用地 | — | 1207城镇村道路用地 | |
| | 1005 | 交通服务场站用地 | 120801对外交通场站用地 | 1208交通场站用地 | |
| | | | 120802公共交通场站用地 | | |
| | | | 120803社会停车场用地 | | |
| | | | — | 1209其他交通设施用地 | |
| | 1006 | 农村道路 | 060101村道用地 | 0601农村道路 | 06农业设施建设用地 |
| | | | 060102田间道 | | |
| 12 其他土地 | 1201 | 空闲地 | — | 2301空闲地 | 23其他土地 |
| | 1202 | 设施农用地 | 060201种植设施建设用地 | 0602设施农用地 | 06农业设施建设用地 |
| | | | 060202畜禽养殖设施建设用地 | | |
| | | | 060203水产养殖设施建设用地 | | |
| 无此用地用海分类 | | | — | — | 16留白用地 |
| | | | — | 2101风景旅游用海 | 21游憩用海 |
| | | | — | 2102文体休闲娱乐用海 | |

资料来源：《国土空间调查、规划、用途管制用地用海分类指南》。

与"三调"工作对接情况表现为四种类型：一是一一对应型，即在"三调"用地分类中有唯一对应的国土空间规划用地分类，可以直接转换；二是一对多型，即一个"三调"用地分类可以转换成多个国土空间规划用地分类；三是多对一型，即多个"三调"用地分类可共同转换为一个国土空间规划用地分类；四是无对应型，主要为国土空间规划用途分类中无相对应的"三调"用地分类，包括留白用地、渔业用海、交通运输用海等。结合现状实地调研情况、规划建设需求等，可进一步确定用地的性质。

　　根据整理的全国25个省级行政区的用地标准（不含直辖市、特别行政区、新疆、西藏、台湾），大部分省份都采用了新国标或类新国标，广西、云南、内蒙古、贵州、福建、辽宁、四川完全采用了2020版新国标，安徽、海南、山东、江西、甘肃、山西、河南、吉林、湖南、湖北、河北、陕西、宁夏则是以新国标为基础，根据本省特色进行优化删减。如有的省份删除了0203橡胶园、0507红树林地、各类用海等用地。广东与青海则是采用2019年之前的用地分类标准，黑龙江采用的是老国标，江苏是基于老国标做一定的优化调整，浙江采用的是自己省份编制的省标，与新国标有一定的差异（表5-3）。

表5-3　各省用地分类标准汇总

| 序号 | 省份 | 用地标准 | 发布时间 | 标准类别 |
|---|---|---|---|---|
| 1 | 广西 | 《广西壮族自治区低成本实用性简易型村庄规划编制技术导则（试行）》 | 2023.11 | 2023版《分类指南》，2020版新国标 |
| 2 | 云南 | 《云南省"多规合一"实用性村庄规划编制指南（试行）（修订版）》 | 2023.03 | 2020版用地用海分类指南（新国标） |
| 3 | 内蒙古 | 《村庄规划编制规程》（DB15/T 2131—2021） | 2021.03 | |
| 4 | 贵州 | 《贵州省村庄规划编制技术指南（试行）》 | 2021.06 | |
| 5 | 福建 | 《村庄规划编制规程》（DB35/T 2061—2022） | 2022.09 | |
| 6 | 辽宁 | 《辽宁省村庄规划编制导则（试行）》 | 2021.09 | |
| 7 | 四川 | 《四川省村级规划编制指南（2021年修订版）》 | 2021.12 | |
| 8 | 安徽 | 《安徽省村庄规划编制技术指南2022年版》 | 2022.10 | 根据2020版用地用海分类指南删减（类新国标） |
| 9 | 海南 | 《海南省村庄规划编制技术导则（试行）》 | 2020.06 | |
| 10 | 山东 | 《山东省国土空间规划用地用海分类指南（试行）》 | 2020.12 | |
| 11 | 江西 | 《江西省"多规合一"实用性村庄规划编制技术规程（试行）》 | 2022.09 | |
| 12 | 甘肃 | 《甘肃省村庄规划编制导则》 | 2022.05 | |
| 13 | 山西 | 《山西省各级国土空间规划地类细化调查及底图底数转换技术要点（试行）》 | 2021.03 | |
| 14 | 河南 | 《河南省村庄规划导则（修订版）》 | 2021.06 | |
| 15 | 吉林 | 《吉林省村庄规划编制技术指南（试行）》 | 2021.06 | |
| 16 | 湖南 | 《湖南省村庄规划编制技术大纲（修订版）》 | 2021.07 | |

（续表）

| 序号 | 省份 | 用地标准 | 发布时间 | 标准类别 |
|---|---|---|---|---|
| 17 | 湖北 | 《湖北省村庄规划编制技术规程（试行）》 | 2021.09 | 根据2020版用地用海分类指南删减（类新国标） |
| 18 | 河北 | 《村庄规划技术规范》（DB13/T 5557—2022） | 2022.01 | |
| 19 | 陕西 | 《陕西省实用性村庄规划编制技术要点》 | 2023.02 | |
| 20 | 宁夏 | 《宁夏回族自治区村庄规划编制指南（2023年修订版）》 | 2023.04 | |
| 21 | 广东 | 《广东省村庄规划编制基本技术指南（试行）》 | 2019.05 | 《村土地利用规划编制技术导则》、《土地利用现状分类》（GB/T 21010—2017）、《乡（镇）土地利用总体规划用途分类》、《村庄规划用地分类指南》（建村〔2014〕98号） |
| 22 | 青海 | 《青海省村庄规划编制技术导则（试行）》 | 2020.07 | |
| 23 | 黑龙江 | 《村庄规划编制指南》（DB23/T 3595—2023） | 2023.06 | 2020版新国标 |
| 24 | 浙江 | 《浙江省村庄规划编制技术要点（试行）》 | 2021.05 | 省标 |
| 25 | 江苏 | 《江苏省村庄规划编制指南》 | 2023.10 | 《市级国土空间总体规划制图规范（试行）》 |

注：表格基于CSDN博主"规划酱"《这世界那么多村庄标准》一文中数据进行更新，原文链接为https://blog.csdn.net/fenfee/article/details/123561730.

关于用地转换，就是将现有的三调用地转换为各省现行标准下的用地分类，各省的转换大多数还是延续了新国标中的转换标准，分为一对一、一对多、多对一这三类。最为复杂的标准转换是浙江省，用地细分到五级，由三调转换为浙江标准，再转换为浙江村庄标准，转换工作任重道远（表5-4）。

表5-4 用地转换类别简表

| | "三调"工作方案用地分类 | | | 国土空间调查、规划、用途管制用地用海分类 | |
|---|---|---|---|---|---|
| | 一级类 | | 二级类 | 二级类 | 一级类 |
| 一对一 | 01 | 耕地 | 0101 水田 | 0101水田 | 01耕地 |
| | | | 0102 水浇地 | 0102水浇地 | |
| | | | 0103 旱地 | 0103旱地 | |

| | "三调"工作方案用地分类 | | 国土空间调查、规划、用途管制用地用海分类 | |
| --- | --- | --- | --- | --- |
| | 一级类 | 二级类 | 二级类 | 一级类 |
| 一对多 | 05 商业服务业用地 | 05H1 商业服备业设施用地 | 0901商业用地 | 09商业服务业用地 |
| | | | 0902商务金融用地 | |
| | | | 0903娱乐用地 | |
| | | | 0904其他商业服务业用地 | |
| | | 0508 物流仓储用地 | 1101物流仓储用地 | 11仓储用地 |
| | | | 1102储备库用地 | |
| 多对一 | 10 交通运输用地 | 1006 农村道路 | 0601乡镇道路 | 06农业设施建设用地 |
| | 12 其他土地 | 1202 设施农用地 | 0602设施农用地 | |

## 二、发挥村民主体作用

村庄规划的主体为乡镇及村，但由于种种原因，乡镇、村、村民对于村庄规划的信心不足，积极度不高，导致在村庄规划编制过程中，作为实行主体更多的是处于被动接受的地位，致使规划过程无法获得村民的认可，实行难度加大。通过"前期对接—中期协同—后期实施"等全过程的沟通对接，全流程发挥村民的主体作用。

现状调研：注重多形式收集、汇总、分析村民意愿，通过入户走访、座谈、问卷等调查方式，深入了解地方政府、村"两委"和村民在产业发展、住房建设、设施改善、环境提升等方面的发展诉求或意愿。

方案过程：充分吸纳合理建议、反复协商、达成共识，坚持多规融合、坚持城乡统筹、坚持彰显特色，积极构建政府统一领导、部门协调配合、群众参与监督的工作机制，方案编制过程中要综合考虑企业、政府、村民、村集体等多方意见，统筹编制规划方案。

规划编制：充分注重村民的主体地位，在项目编制初期听取村民诉求，获取村民支持，在方案征求意见中要广泛征求村民意见，规划文本形成后，应组织村民充分发表意见，参与集体决策。规划报送审批前，应经村民会议或者村民代表会议审议，并在村庄内公示，确保规划符合村民意愿，且愿意主动实施规划。

方案决策：依法依规、严格程序，在村庄规划编制过程中，强化村民主体和村党组织、村民委员会主导，积极参与调研访谈、方案比选、公告公示等各个环节，协商确定规划内容；村庄规划在报送审批前应在村内公示30日，报送审批时应附村民委员会审议意见和村民会议或村民代表会议讨论通过的决议；规划批准后，村民委员会要将规划主要内容纳入村规民约。

实施监督：成果转化为村规民约，便于村民监督实施，村民是村庄规划的直接受益者，通过规划，村民能够了解自己的房屋、承包地、公共服务设施在哪里，左邻右舍和宅前屋后什么样，村庄未来如何发展，等等。全面推行"共谋共编共用共管共享"工作机制。

## 三、村庄宅基地的有效管控

我国现状宅基地管理中问题比较突出，有六点：一是宅基地扩张与闲置长期并存，乡村空间资源利用存在较大浪费；二是"一户多宅"的情况普遍存在；三是农民建房面积大，"一宅超面积"的现象普遍；四是缺乏村庄规划布局，建设散乱无序；五是私下流转现象普遍；六是未批先建、擅自加层等违章建房现象比较严重。

《中华人民共和国土地管理法》（以下简称《土地管理法》）第六十二条规定："农村农民一户只能拥有一处宅基地，面积不得超过省、自治区、直辖市规定的标准，允许进城落户的村民依法自愿有偿退出宅基地，鼓励村庄集体经济组织及其成员盘活利用闲置宅基地和闲置住宅。"

2020年6月30日，中央全面深化改革委员会审议通过了《深化农村宅基地制度改革试点方案》，指出"深化农村宅基地制度改革，要积极探索落实宅基地集体所有权、保障宅基地农户资格权和农民房屋财产权、适度放活宅基地和农民房屋使用权的具体路径和办法"。

村庄规划作为乡村地区的详细规划，是宅基地建设与管理的法定依据。乡村地区的宅基地建设管控可遵循以下三点原则。

1. 遵循"一户一宅、面积法定"原则

可参考《义乌市农村更新改造实施细则（试行）》的文件精神，细化对于"一户一宅"的规定。村集体成员家庭中只有一个儿子的立一户，父母原则上与儿子合并一户，只能有一处宅基地；有两个儿子且均满22周岁的立两户，可拥有两处宅基地；出嫁的女儿原则上不能继承父母的宅基地，但若女婿入赘，女儿可拥有宅基地的继承权。

在保障村民居住需求的基础上，控制宅基地面积（如每户居住面积为120～140平方米），建新必须拆旧，引导原址改建。

2. 建立宅基地有偿使用制度

改变过去宅基地无偿使用的方式，探索建立阶梯式的征收标准，具体分两种情形进行实施。

一是现有"一户多宅"和"一宅超面积"，且不选择退出的。结合各自然村实际，协商确定起征面积标准，实行阶梯式累进制收取有偿使用费（例如超过标准面积50平方米，每年每平方米收取10元的有偿使用费，超过标准面积51～100平方米，每年每平方米收取15元的有偿使用费，以此类推，有偿使用费可采取逐年缴和几年累计缴的方式）。

二是申请增量宅基地建房的。根据宅基地区位、基础设施投入、收储成本等情况，实行"择位竞价"进行分配，按照地方相关标准定价，符合申请条件的村民都可以参与竞价。

### 3. 建立宅基地退出机制

根据不同情况，可采取三种宅基地退出方式：一是无偿退出，主要是针对闲置废弃的厕所、畜禽舍和倒塌无覆盖的建筑物或构筑物；二是有偿退出，适用于"一户多宅"的多宅部分，如住房、杂物房、厕所、厨房等辅助用房分等级补偿制度；三是流转退出，对"一户多宅"应退出"多宅"房屋完好的，鼓励其在集体经济组织内部成员间流转、置换、出租，但必须符合《土地管理法》和村庄规划的要求。

# 第四节　村庄规划的典型案例

## 一、《建德市寿昌镇西华（单元）村庄规划》①

【自然资源部国土空间局第一批国土空间规划优秀案例，村庄类型为聚集提升类和一般保留类】

### （一）村庄概况

规划范围为建德市寿昌镇西华单元，包含西华村、绿荷塘村、童家村及两个国有林场，总面积约41.54平方千米。

规划区内四面环山，山水林田相互交融，生态环境优良。现状建设用地总面积约2.3平方千米，以农村宅基地、采矿用地为主，其中农村宅基地沿交通主要道路集中分布，山地地区沿山谷呈带状布局。生态用地总面积约35.2平方千米，以乔木林地为主。农用地约3.97平方千米，以耕地为主。

### （二）规划定位

统筹西华单元现状特征、发展基础、潜力与机遇等要素，确定西华单元的发展定位从三个层面出发：第一，市域生态格局层面，突出对上位国土空间规划的传导，凸显西华单元重要的生态价值，"建德生态屏障的重要组成部分"；第二，城乡融合发展层面，探索

---

① 杭州规划和自然资源微信公众号. 建德市《寿昌镇西华（单元）村庄规划》入选自然资源部第一批国土空间规划优秀案例！[EB/OL]. 2022-03-25. https://mp.weixin.qq.com/s/dtQtkdBGFFb_QKqig1z8ow；建德新闻网. 建德市寿昌镇西华单元村庄规划（2020—2035）公示 [EB/OL]. 2022-10-08. www.jdnews.com.cn.

促进公共资源均等化享有，城乡要素自由流动、农业现代化程度提高的路径，"新型城乡关系标杆"；第三，单元自身发展层面，充分调动优势与潜力，打造农旅休闲示范区，推动单元乡村振兴，"以观光、科普、体验为特色的农旅休闲示范区"。

### （三）规划主要内容

#### 1. 空间格局

划定十类用途区，明确准入条件；构建"一主两副，一轴四片"的空间结构，形成保护与开发并举的总体空间格局。

#### 2. 全域土地整治

全域土地整治范围主要涉及童家村、西华村两个村，建设用地复垦总量约为9.96公顷，规划新增建设用地总指标0.49公顷。

#### 3. 道路交通规划

优化提升道路交通系统，提升单元内部生产、生活、乡村旅游与外部交通的衔接。

#### 4. 公共服务设施规划

完善西华单元内公共服务设施和基础设施的配套建设。

#### 5. 村庄近期建设

充分利用存量土地资源，保障必要的宅基地新增需求。

### （四）创新点及经验启示

#### 1. 优化管控机制

通过多部门协作，建立真实有效、全域覆盖的基础数据库。搭建"人—宅—地"对应的数据管控平台，构建责权清晰、动态可持续的管控体系（图5-9）。

#### 2. 精细谋划空间布局

从农村发展现实需求出发，统筹要素和设施布局。结合老龄化的严峻趋势，构建人口变化与空间需求的相互关系。结合村民养老意愿，利用原乡政府闲置空间规划一处老年之家。以人为本，从农村发展的客观规律和村民的现实需求出发，统筹要素和设施布局。帮助村民解决客观问题（如购物难、出行安全有隐患等），改善人居环境，提升生活品质。

#### 3. 创新实用性村庄规划成果

总结归纳村庄规划的实用性，在对内发展的资源藏宝图、对外吸引的产业招商图、公共财政的投放引导图、返乡青年的创业奋斗图、安居乐业的幸福生活图的"五张图景"中体现，使之成为解决问题、简明易懂、农民支持、易于实施的规划。以"全域全要素数据库+管控图则"的形式，构建乡村"三生空间"全覆盖的管控体系，传导上位规划刚性管控要求，并体现弹性引导内容。

图5-9 "人—宅—地"管控体系

## 二、双鸭山市四方台区太保镇山河村村庄规划①

【黑龙江省村庄规划优秀典型案例一等奖，村庄类型为特色保护类村庄规划】

### （一）村庄概况

山河村位于双鸭山市四方台区太保镇南部，距四方台区18千米，距双鸭山市区21千米，毗邻307省道和221国道，交通较为便利。下辖3个屯，常住户数197户，常住人口500人。2019年底，村域土地总面积569.02公顷，其中农用地面积443.28公顷，占比77.90%；建设用地面积23.49公顷，占比4.13%；其他用地面积102.25公顷，占比17.97%。山河村依托山河水库资源优势，发展乡村特色旅游产业，形成具有山河村特色的发展产业链，属于特色保护类村庄。

### （二）规划构思

本次村庄规划分"发现问题—解决问题—规划落实"三个步骤。发现问题阶段，通过前期现状调研、实地踏勘和座谈访谈等手段，深入了解村庄情况；通过梳理现状，分析其特征、存在问题以及村民、村庄的实际需求，以"村庄+村民"的现存问题及需求导向为规划抓手。解决问题阶段，结合村庄区位、现状资源、产业基础条件和村民、村庄需求，找准村庄定位并明确发展目标，提出切实可行的规划策略。规划落实阶段，结合村庄现存问题和发展需求，明确村庄发展方向，从土地利用、公共服务、基础设施、村屯撤并、产业发展等方面进行规划落实，指引村庄建设，实现发展目标（图5-10）。

图5-10 村庄规划的规划思路

① 黑龙江省自然资源厅微信公众号.黑龙江省村庄规划优秀典型案例（一等奖）展示之七——双鸭山市四方台区太保镇山河村村庄规划（2020—2035年）[EB/OL]. 2021-06-18.https://mp.weixin.qq.com/s/pRcYh0hnRiBsT5RCAOU0gw.

### （三）规划主要内容

现状分析：制定标准化的调研方式，从村庄现状、村民意愿等方面着手，重点收集村庄用地、人口、产业、民生等层面的相关信息，通过对现状资料的量化分析手段，进行现状分析。分析发现山河村存在人口老龄化较为严重、一产经济略有下滑、生态资源优势利用程度较低等问题，结合村民需求，明确村庄规划方向。

1. 定位目标及规划策略

（1）定位。依傍山河水库天然优势，打造特色旅游产业，盘活村庄经济产业链，带动村庄发展，是以休闲度假为主的旅游集散地兼农业种植业基地。

（2）目标。在"产业兴旺、生态宜居、乡风文明、治理有效、生活富裕"的乡村振兴战略的统领下，大力促进生态农业的发展，促进村庄经济建设与生态环境可持续发展。把山河村建设成为经济发展、特色突出、村容整洁、设施齐全、生态安全的绿色生态宜居型村庄。

（3）规划策略。山河村为特色保护类村庄，规划中要统筹保护、利用与发展的关系，保持村庄特色的完整性、真实性和延续性，尊重原住居民生活形态和传统习惯，加快改善村庄基础设施和公共环境，发展乡村旅游和特色产业。

2. 村庄规划

（1）村域综合规划。落实生态保护红线和永久基本农田，划定村庄建设边界线，优化村庄用地布局。

（2）公共服务设施与基础设施规划。根据《黑龙江省村庄规划编制技术指引》中的公共服务设施基本配置要求、村庄现状和村民需求，完善、提升村庄公共服务设施与基础设施。

（3）道路交通规划。结合地形地貌、村庄规模、村庄形态、河流走向等，确定村域生产和生活道路的走向、宽度及建设标准。不破坏院墙，对现有道路进行提档升级和维护。在村庄各屯主要道路上设置公交停靠点、停车场等。

（4）产业规划。结合山河村自身特点，坚持三产融合发展的原则，继续发展主导产业的同时，提出特色产业规划，在自身一产的基础上，大力推广二产三产融合项目，依托特色柞蚕养殖和富硒绿色大米打造精品农产品加工，依托山河水库依山傍水的生态优势，打造集观光、游玩、垂钓、餐饮于一身的乡村特色旅游产业链，优化村庄风貌的同时也提高村民的收入水平，提升村民幸福感。

（5）近期建设规划。从生态修复、土地整治、基础设施、公服设施、人居环境等方面落实近期建设项目。

### （四）创新点及经验启示

1. 创立标准化调研机制，深入了解村民真实需求

建立"五步调研法"，项目小组从资料收集、入户调研、调查问卷、现场踏勘、座谈

访谈都进行标准化的调研方式，对全体工作组成员进行前期培训，保障调研的科学性和准确性，同时充分做好村民访谈、调查工作，驻村了解村民实际需求，通过现场最直观感受切身了解村民关注点，了解各类项目实施落地阻力与现状问题。

2.利用ArcGIS进行数据处理，运用大数据分析现存问题

充分利用全国第三次国土调查数据成果，结合各专项规划与相关数据，通过ArcGIS软件进行叠加分析，构建各类功能区方案，避免主观因素影响客观性与准确性，在数据分析的基础上再引入其他限制因素进行校正，形成科学有效的分析结论。

3.立足"多规合一"，建立实用性村庄规划

在"三调"数据基础上，充分衔接永久基本农田、生态保护红线、村庄建设边界三条控制线，同时对农田整治、生态修复等相关规划资料进行空间叠加分析，提出全域范围内的保护与管控要求，坚持全村生态优先、绿色发展的规划原则。

4.针对不同使用主体，形成差异化规划成果

村庄规划成果应满足易懂、易用的基本要求，具有前瞻性和可实施性，能切实指导村庄建设，为便于政府部门管理和村民理解，村庄规划成果分报批备案版成果和村民公示版两套成果，以满足不同人群的使用需求。

# 第六章　乡村建设规划设计

## 第一节　"和美"乡村与"美丽"乡村

### 一、乡村建设的发展历程

改革开放以来，我国乡村建设的发展先后经历过起步、探索、发展、稳定和成熟五个阶段。

1978年进入"起步阶段"，为规范农村房屋建设，中央成立乡村建设管理局和城乡建设环境保护部①，开始依据中央相关政策文件进行村镇规划的编制工作，乡村建设逐渐步入有规可循的道路。

1992年进入"探索阶段"，2003年，党的十六届三中全会将"统筹城乡发展"摆在国家全面发展战略构想中"五个统筹"的首位，从国家到地方各级政府逐渐重视乡村建设工作，积极探索完善乡村基础设施的可行路径。

2005年进入"发展阶段"，政府相继提出"新农村建设"和"农村建设三大部署"，住建部颁布村庄整治工作技术法规方面的国家标准，推动深入展开村庄整治工作，各地乡村建设优秀典范越来越多地涌现出来。

2012年进入"稳定阶段"，中央提出"新型城镇化"概念。乡村建设工作中产业发展、生态环境和文化建设齐头并进，主要内容包括美丽乡村、人居环境和传统村落三大板块。

2018年乡村建设进入"成熟阶段"，党的十九大报告指出要加快推进农业农村现代化，实施乡村振兴战略。2022年中央印发《乡村建设行动实施方案》，指出要加强农村基础设施和公共服务体系建设，建设宜居宜业美丽乡村。②

2023年中央一号文件明确了建设"和美乡村"是全面推进乡村振兴的重点工作，说明

---

① 2018年改为生态环境部，全书同。

② 一文读懂！我国乡村建设发展历程、成就、今后重点[J].老区建设，2022（24）：4-7.

国家对乡村建设的重视与关注达到了新的高度，乡村振兴战略继续全面、持续深入发展。

### 二、和美乡村的内涵与变化

和美乡村是包含和谐、宜居、美丽的乡村环境和社会生活的理想乡村；是具有良好人居环境，能满足村民物质消费需求和精神生活追求，产业、人才、文化、生态、组织全面协调发展的乡村；是美丽乡村的"升级版"，它强调的是乡村地区的社会和谐、生态平衡、文化传承和人居环境的改善。

从"美丽乡村"到"和美乡村"，是对乡村建设内涵和目标的进一步丰富和拓展，突出强调乡村建设既要见物也要见人，既要塑形也要铸魂，既要抓物质文明也要抓精神文明。从农村人居环境整治提升、乡村基础设施建设到着力塑造人心和善、和睦安宁的乡村精神风貌，实现乡村由表及里、形神兼备的全面提升。"和美"概念的提出，是把中国传统的"和文化"纳入其中，"和"突出的是乡村文化内核及精神风貌，体现出和谐共生、和而不同、和睦相处；"美"更侧重于建设看得见、摸得着的现代化乡村，做到基本功能完备又保留乡味乡韵，是要放大原生态乡村魅力，致力留住乡风乡韵乡愁，要体现出乡村内在的和谐、内在的美，提升村民的生活品质和幸福感、满意感、获得感。[①]

总的来说，"和美乡村"的内涵和变化反映了乡村建设的新理念和新要求。它追求农村经济的繁荣、生态环境的健康、社会文化的丰富，同时注重农民的参与和自治，以实现乡村社会的和谐发展。

# 第二节　乡村建设指引

### 一、乡村建设的背景和意义

随着我国城市化进程的加快，城市的快速发展也带动了乡村经济的发展，乡村建设也是保持社会和谐稳定的重要组成部分。为了进一步深化和推进乡村振兴战略的实施，2023年中央一号文件指出要"扎实推进宜居宜业和美乡村建设"。"和美乡村"建设目标的提出有助于加强对乡村建设的投入和支持，提升乡村的生态环境和人居条件，促进乡村经济的繁荣发展。

现代化和美乡村建设具有重大的战略意义和现实意义，是实现经济社会发展、提高民生幸福感、推进乡村振兴战略的重要途径，同时关系到城乡发展协调、民生改善、文化保护、生态环境治理、乡村治理等多个方面，是当前中国的重要任务之一。

---

① 钱景童. 从"美丽乡村"到"和美乡村"，农业农村部解读一字之变[N]. 央视网，2023-02-14.

## 二、乡村建设的主要任务

### （一）科学合理编制村庄规划

村庄规划是乡村建设的基础和前提，科学合理的乡村规划既能有效组合各类要素投入，又能提高农民收入水平，还能展现出丰富多彩的地域文化。要让基层干部和农民参与，坚持县域统筹，根据各地经济社会发展水平、地域文化特色和不同类型村庄特点，紧密结合当地的资源禀赋，因地制宜、循序渐进推进村庄改造。要客观看待城乡格局变化和人口迁移情况，对村庄布局进行科学谋划。充分考虑到村庄格局风貌，顺应地理、气候、人文条件，进行科学长远规划，有效保护耕地资源，保障村民合法权益，留住乡韵乡愁，防止"有村无民"而造成建设的浪费。[①]

### （二）加强农村公共基础设施建设

要让农民就地过上现代文明生活，必须瞄准"农村基本具备现代生活条件"的目标，补上基础设施和公共服务的短板。近年来，虽然国家在农村基础设施和公共服务的投入上有很大提高，各部门、各地区的投资主要用于推进普惠性、基础性、兜底性民生建设，不断延链补网，但是与广大农民的需求、与城镇的条件、与乡村长远发展的需要相比都还存在较大差距。因此，需要进一步补上农村基础设施和公共服务的短板。加强农村公共基础设施和公共服务建设就是要从农民群众的身边事做起，加强养老、教育、医疗等方面的公共服务设施建设，补短板、强弱项、提水平，不断提高乡村基础设施完备度、公共服务便利度、人居环境舒适度。

### （三）实施农村人居环境整治提升

安居才能乐业，不仅要做到"居者有其屋"，还应尽可能做到"居者优其屋"，不断改善人居环境，在巩固成效基础上，强化长效机制建设，持续推进五年行动方案落实。农村厕所革命要聚焦"整改完善、稳进提质"；农村生活污水治理要聚焦"协同治理、分类推进"；农村生活垃圾治理要聚焦"补齐短板、提升水平"；村容村貌提升要聚焦"突出重点、全面推进"，持续开展村庄清洁行动和绿化美化行动，健全长效保洁机制。

### （四）加强农村精神文明建设

农村精神文明建设不仅是滋润人心、德化人心、凝聚人心的重要工作，而且是提高社会文明程度的重要手段，抓好农村思想道德建设、开展群众文化艺术活动等都是农村精神文明建设的重要内容，推进城乡精神文明建设融合发展是农业农村现代化建设的重要内容。加强农村精神文明建设是要通过理论宣讲、主题宣传等活动，把社会主义核心价值观融入农村发展的各个方面，把农村精神文明建设同传统优秀农耕文化结合起来，同农民群众的共同价值观念结合起来，帮助农民内化为精神追求，外化为自觉行动，树立良好的思想道德观念，弘扬敦亲睦邻、守望相助、诚信重礼的乡风民风，形成农村社会发展进步的

---

[①] 郭淞，李耀武.面向乡村建设行动的乡村规划编制探索[J].城市设计，2023（01）：40-49.

新风尚。坚持抓好农村移风易俗，创新用好村规民约等手段，倡导性和约束性措施并举，绵绵用力，成风化俗。

### （五）挖掘和传承乡村特色文化

乡村建设不是一项无言的工程，而是一个有声的文化产品。要实现"有韵味、有颜值、有气质"的"三有"乡村，应着重加大文创力度，在利用中保护乡土文化。一是培养一支乡村文化建设队伍。将乡村中的"乡土艺术家""乡村诗人"等聚集起来，为其搭建交流、互鉴、分享、传播平台，使其成为乡村文创工作的中坚力量。二是开展文化传承与保护行动。要开展空间与时间双重维度的信息收集工作，把历史文化、传说故事、民俗习惯等无形之物和古树古宅、作业器具等有形之物分类整理、精心加工，形成可感可亲可爱的文化素材并融入和美乡村建设之中。三是加大文化设施投入。要以"特色文化"为主线推进文化设施建设，把有价值的、有历史意义的文化保护成果固定下来，进一步继承和发扬，如设置传统农耕器具体验室，让人们在体验传统稻作生产中感悟先祖的智慧。

## 三、乡村建设的挑战与前景

### （一）面临的挑战

#### 1. 缺乏更深层的调研走访

由于乡村区域的多样性，乡村建设需要进行充分的前期调研和规划设计工作，以确保项目符合当地实际需求和发展方向，并且需要综合考虑村民意见，让村民能够更好地参与乡村建设过程中，切实地获得利益。然而，乡村地区往往面临地理位置偏僻、人口分散、交通不便等问题，这增加了设计单位调研走访的难度。在短期调研中并不能够对乡村进行充分了解，但在工作驱动下又需要快速得出成果，这导致调研未充分挖掘本村的特色文化、风俗等，无法因村施策、进行针对性的设计。在设计规划的过程中缺乏充分调研论证、发动村民参与等环节，无法达成乡村建设的初衷，规划设计也往往成为一纸空文被束之高阁。[①]

#### 2. 建设资金存在缺口

实施乡村建设需要大量的资金支持，包括基础设施建设、环境治理、产业发展、社会服务等方面的投入。然而，相对于城市地区，农村地区经济较为落后，建设资金往往来源有限。加上乡村建设中大多数属于公益性项目，没有回报收益导致难以吸引到企业来投资建设；即使是政策支持的农业产业、乡村旅游等项目，也因回收周期长、短期回报率低等原因致使企业投资兴趣不大。单纯依靠帮扶、捐赠、捐建以及其他社会资金的投入量非常有限，难以提供足够的资金支持，无法满足乡村全面发展的需求。如何尽快解决资金缺口问题，是当前乡村建设中迫切需要解决的。

---

① 肖庆玲.乡村振兴视角下美丽乡村建设路径探析——以W市为例[J].居舍，2023（08）：83-85.

### 3. 人口流失和劳动力短缺

随着城市化进程的加快，大城市呈现出强大的人才需求和吸附能力，许多年轻人选择离开农村进城务工，导致农村人口减少和劳动力短缺的现象日益加剧。乡村建设离不开一定的物质和人力资源的支持，而现阶段，留守在乡村的大都是老人、儿童和妇女，这些群体对于乡村建设作用也是有限的。大量的劳动力转移流失使得乡村建设步履维艰，也进一步制约了乡村的经济和产业发展，要想实现和美乡村的建设目标，首先要留住乡村中有能力的人才共同参与。

### 4. 传统文化和乡土特色的遗失

乡村文化是村庄的"灵魂"，但随着城市化进程加快，乡村传统文化面临丧失特色，甚至消失的风险。传统风貌破坏、乡土特色遗失以及历史文脉断裂等问题的出现，使得传统文化以及乡土特色的继承与发展问题日渐严峻。乡村在建设的过程中，不管是从规划设计阶段还是到施工阶段，对村庄文化和特色的挖掘保护的重视度不够，使乡村逐步"同质化"，乡村独特的传统文化和乡土特色渐渐看不见、摸不着。如何保护和传承乡村传统文化，提升农村文化吸引力，是一个重要挑战。[①]

## （二）发展的前景

乡村建设具有广阔的发展前景，通过乡村建设，可以实现农村地区的全面振兴和可持续发展，促进城乡协调发展，提高村民的生活质量和社会福祉。

### 1. 乡村振兴战略的实施

乡村振兴战略是当前中国发展的重要战略之一。通过加大对农村地区的支持和投入，推动农村经济的发展、社会的进步和生态的改善，乡村建设将成为推动乡村振兴的重要抓手和基础。

### 2. 农村经济发展的机遇

受到农村地区人口流动、产业转移等因素的影响，农村经济发展面临着机遇和挑战。乡村建设可以为农村经济提供更多的发展机会，通过培育新兴产业、发展乡村旅游、提升农产品附加值等，促进农民收入的增加和农村经济的繁荣。

### 3. 生态环境保护的需求

保护生态环境是当前全球共同面临的重要任务之一。乡村地区具有丰富的自然资源和低扰动的生态环境，保护和修复乡村生态环境对于实现可持续发展具有重要意义。乡村建设可以通过推动农田水利工程、生态农业发展等措施，提高乡村生态环境质量，为可持续发展提供有力支撑。

### 4. 农村社会发展的需求

随着农民素质的提升和生活水平的提高，农村社会发展的需求日益增长。乡村建设可

---

① 戚人杰，吕宙.美丽乡村建设的定位、误区及创新路径[J].居舍，2020（34）：5-6.

以通过改善农村教育条件、提供医疗卫生服务、加强社区管理等措施，提高农民的生活质量和社会福祉，促进城乡社会均衡发展。

5. 科技创新的驱动力

科技创新对于乡村建设具有重要推动作用。随着科技的发展，农业技术、信息技术等在乡村建设中的应用将为农村地区带来更多的机遇和变革。乡村建设可以借助科技创新，提高农业生产效率、改善农民生活条件，推动乡村经济的发展和社会进步。

## 四、乡村建设的工作路径

### （一）务实规划，推动乡村规划创新转型

通过调研深入了解乡村地区的实际情况和需求，为乡村建设提供科学依据，结合当地的资源禀赋、产业基础、环境条件等因素，制定科学合理的发展规划。在规划过程中，需要注重整体性、综合性和可持续性，充分考虑农村经济、社会、生态等方面的发展目标和要求。同时，推动乡村规划创新，根据不同地区的特点，制定灵活可行的规划方案，协调城乡之间的经济、社会和环境关系，合理布局农村产业、基础设施和公共服务设施，提高乡村的整体功能和服务水平。

### （二）理性建设，深入挖掘乡村多元价值

利用村庄的自然资源和人文资源，保护和传承乡村风貌及传统文化，开展文化活动，提升乡村的文化收益和吸引力。还可以通过农产品加工业、乡村旅游业、文化创意产业等方式，充分发挥农村地区的资源和优势，挖掘乡村特有的魅力和经济潜力，鼓励农民发展特色产业，积极发展乡村旅游，吸引游客，推动乡村经济的发展和繁荣，提高农民的收入水平、就业机会和生活质量，最终实现农村全面发展。

### （三）共同缔造，充分发挥农民主体作用

确保农民的主体地位，坚持乡村建设是为农民而建。在推进和美乡村建设的过程中，农民群众不仅是受益者，还是参与者、建设者、监督者。在实施乡村建设行动时，要注重提升农民的参与感、获得感和幸福感，促进农民生产生活方式现代化发展。鼓励农民与政府、社会组织、企业等各方加强合作，为其提供支持和帮助，形成多方共同参与、共同缔造的乡村建设格局。[①]

首先，要强化农民参与意识和能力。要尊重农民的意愿，在进行和美乡村建设前需加强相关的政策宣传，使农民能够感受到和美乡村是与生活息息相关的举措。通过农民培训和技能提升，提高农民专业素质和创新创业能力，增强农民参与意识和组织能力，促进农民在乡村建设中发挥积极主动作用。

其次，推动农民自治和乡村治理创新。加强农村基层组织建设，推动农民自治，充分

---

① 李丽君. 乡村振兴背景下我国乡村建设的实践及经验启示[J]. 当代农村财经，2023（07）：12-14

发挥村民委员会、议事会、合作社等组织的作用。同时，探索农村治理体制创新发展，探索长效农村治理模式。

最后，加强政府支持和政策引导。政府要提供必要的政策支持和资金保障，引导乡村建设朝可持续、高质量的方向发展。同时，建立乡村建设的监测评估机制，及时调整和完善工作路径。

通过务实规划、理性建设和共同缔造，充分发挥主体作用，形成政府、农民和社会各界的良好合作机制，推动乡村建设的顺利进行，实现乡村的全面振兴和可持续发展。

# 第三节　乡村景观设计

## 一、乡村景观概述

### （一）乡村景观的概念

乡村景观泛指城市景观以外，具有人类聚居及其相关行为的景观空间，是人文景观和自然景观的复合体。相较于城市景观而言，乡村景观所受人为干扰程度较低，景观的自然属性较强。而相对于纯自然景观来说，乡村景观又具有一定的人工气息。[①]从乡村建设视角来看，乡村景观是乡村地区范围内，经济、人文、社会、自然等多种现象的综合表现，是和美乡村建设的重要对象。

### （二）乡村景观的特点

1. 生产性

乡村景观与人们的生存、生活息息相关，使用者为了满足生产的需要对原有乡村地区的土地进行完善、修整和创造，这种行为本身以生产、使用为功能目的，因此，生产性是其最基本的特点。

2. 自发性

乡村景观并非"设计"出来的，也并非天然形成的，乡村景观的形成是"劳作"出来的，满足了一定条件下生产、生活和居住的需要。尽管某些局部的景观或许带有使用者的主观意愿，但最终形成的整体却是一种"集体无意识"的形态，因此，传统乡村景观的形成具有自发性。

3. 地域性

乡村景观是自发或半自发形成的，受所处地域影响较大。构成乡村景观的自然要素和人文要素都具有明显的地域性特征，因此乡村景观的最终呈现形态会随地域的自然地理特

---

① 王云才，刘滨谊.论中国乡村景观及乡村景观规划[J].中国园林，2003（01）：56-59.

点、人文特点的不同而差别较大。如今城镇化高速发展，城市的建设越来越趋同，因此乡村的地域性特点也就备受人们的关注。

4. 生态性

理想的乡村景观必然显示出良好的生态保护。注重因地制宜，充分尊重当地的特征，发展和自然环境相协调的土地利用方式，融入更多的自然因素，有助于提升景观的丰富性和各种要素的协调性。生物多样性、景观丰富性和多要素协调性三者共同构成了乡村景观的生态美。

5. 人文性

人是构成乡村的主体。乡村景观是适应环境而形成的直接结果，是社会与文化的直接载体，讲述着人与土地、人与人、人与社会的关系，反映了特定时段下当地社会文化的发展状况。乡村景观也记载着一个地方的历史，包括自然和社会的历史，包含着地域发展的历史信息[1]。

### （三）乡村景观的分类

乡村景观包括乡村自然景观和乡村人文景观两大类。乡村自然景观是指乡村地域范围的自然景观，反映乡村区域的自然条件和状况。乡村人文景观则反映了乡村区域的社会、文化发展的状况。

1. 自然景观

乡村自然景观是指基本维持自然状态、人类干扰较少的景观，由气候、地形地貌、土壤、水文、动植物等自然要素组成。自然景观为乡村人文景观的建立和发展提供了各种条件，是构成乡村人文景观的自然基底。乡村自然景观具有明显的地域性特征，云雾缠绕的山乡、水网交错的水乡、海阔天高的海乡、地势坦荡的牧乡，都反映出乡村地区范围内的自然地理景观和地域性特征[2]。

2. 人文景观

乡村人文景观是人类长期与自然界相互作用的产物，影响乡村人文景观形成的因素既包括有形的乡村聚落、村庄民居、民族服饰、交通工具、农作物、家畜家禽等，也包括无形的非物质因素，如思想意识、生活方式、风俗习惯、宗教信仰、审美观、道德观、政治因素、生产关系等。主要表现为乡村聚落景观和以农业为主的生产性景观。

（1）聚落景观。乡村聚落作为人们生产、生活及周围环境的综合体，是一种最直观的人文景观。乡村聚落与广大人民生活、生产息息相关，有着浓厚的生活基础和浓郁的乡土色彩；具有设计灵活、功能合理、构造经济、外观朴实等特点，主要包括房屋建筑物、街道、广场、公园、运动场等人们活动和休息场地，还包括供居民洗涤饮用的池塘、河

---

① 张晋石. 乡村景观在风景园林规划与设计中的意义[D]. 北京: 北京林业大学，2006.

② 常玺强，武继欣，王崑. 论乡村景观的旅游价值[J]. 黑龙江生态工程职业学院学报，2009，22（01）：30-32.

沟、井泉，以及聚落内部的空闲地、菜地、果园、林地等部分。

（2）生产景观。由农业生产活动形成的生产景观是乡村人文景观的重要组成，主要表现为乡村农业生产的景观风貌，并与当地的经济发展水平、土地条件、地域差异和生产内容等有着很大的关系。由于占地面积广阔，农业景观这类生产性景观决定了乡村景观的整体意象，也是决定大地景观面貌的重要方面。

## 二、乡村景观的设计理念

### （一）保护原始的乡村肌理

在乡村景观设计中，要尊重并依据原始的乡村肌理，因地制宜进行规划设计。以保护乡村原始形态肌理为前提，合理地选用已有资源，营造乡村的共享空间，从而构建起具有完整形态的乡村聚落格局。在梳理整合乡村原始肌理的基础上，依据原始的村庄结构，深入探索村庄的自然生态环境，结合设计与保护，营造生态宜居的乡村景观环境。

### （二）传承和保护乡村地域文化

乡村地域文化涵盖的不仅有乡村的民俗文化和习俗，还有村民的生产生活方式，将当地的地域文化特色有效地运用到景观设计中，可以更好地将村庄文化传承和保护下去。设计过程中宜将地域文化符号提炼出来，灵活运用到景观营造当中，比如选用本土植物、材质、铺装材料等进行乡村景观设计，构建具有当地特色的景观环境。

### （三）合理规划乡村公共空间

在乡村景观设计中，不能忽视乡村公共空间的合理规划与构建。通常情况下要考虑村民们生产生活的方式和习惯，依据其需求设计出不同尺度、不同功能的公共空间。通过增加公共服务设施、优化道路布局等手段提升乡村公共空间的景观质量。

## 三、乡村景观设计流程

### （一）设计前期

设计前期主要包括资料收集、实地调研、问卷访谈、汇总整理等环节。其中，资料来源主要为各级地方统计部门、经济信息部门、各行业协会和联合会以及研究机构、高等院校等。对相关文献资料、地方政策文件和上位规划文件进行详细解读，以形成对村庄现状的整体了解。

在前期资料收集的基础上，对村庄基本情况以及乡村建设发展现状进行系统性的实地调研，主要涉及村庄的区位条件、历史发展沿革、人文精神、经济发展条件、产业结构、人口规模等多个方面内容。

通过问卷和访谈等方法直接、全面地了解村庄现状情况以及各方的建设诉求与意愿。

综合汇总整理相关资料，根据乡村的生产生活现状、乡村景观格局及问题反馈等信息，明确乡村景观设计的目标及具体任务。

## （二）设计中期

设计中期是在前期资料收集的基础上推动设计方案的生成与落地，主要包括景观空间划分、主题设计、方案生成、实施落地等环节。

根据乡村景观格局分析、调研结果及现状发展问题合理划分生产、生态、生活景观空间，通过图纸将项目具象化表达并及时与相关各方进行沟通交流，共同推动设计方案的实施落地。

## （三）设计后期

设计后期任务主要包括项目的维护管理等环节，协助村委会及相关组织安排和推进乡村景观的维护活动。

必要时相关设计人员留驻乡村，指导村民进行景观建设及维护活动，帮助村民培养自组织自管理的乡村景观运营能力，在专业人员退出后，由乡村相关人员负责景观日常管理及运营。

## 四、乡村景观设计要点

### （一）乡村景观设计原则

1. 生态性原则

乡村景观规划设计必须遵循共生原则。人类的各种生活和经济活动都必须以景观生态特征为前提，设计目标和任务是寻求人与景观的协调稳定发展。在规划设计时，要充分尊重乡村原始的自然生态环境，合理保留原始乡村地势、建筑和植被，追求乡村的可持续发展。充分考虑生态、文化、经济的多样性问题，以整个乡村的整体系统为对象，建立完整统一的生态保护体系和机制。

2. 经济性原则

经济性原则是和美乡村建设背景下乡村景观设计的一个重要的原则，景观设计要在把握经济性原则的前提下提高使用率和景观质量，并且尝试通过景观打造给乡村带来额外的收益。乡村景观的设计要符合当下经济发展的方向和当地的经济状况，合理利用土地资源、建设资金和其他资源，在设计中将现代技术与传统工艺有效融合，打造实用性强、维护程度低、景观效果好的优质景观。

3. 地域性原则

每个地区都有其特有的乡村景观，这些景观反映了乡村特有的地域特点。从自然景观来讲，必须保持自然景观的完整性和多样性，景观规划设计以创造恬静、适宜、自然的生产生活环境为目标，充分尊重地域景观特性对于展现农村风貌所具有的极其重要的作用。从人文景观来讲，景观规划设计要深入结合乡村的文化资源，如当地的风土人情、民俗文化、名人典故等，通过多种形式加以开发利用，提升农村人文品位，以实现景观资源的可持续发展。

#### 4. 协调性原则

乡村景观包含因素较多,规划乡村景观时要注重各方面元素的整体协调性。在进行乡村景观设计和规划布局时要吸纳当地村落布局方式,建筑的设计要体现当地的风格,同时还要尊重村庄中现有的池塘、山坡以及植被状况,因地制宜设置人工景观,尽量保持原汁原味的乡村景观形态。乡村景观分化为多个景观,各个景观之间又是相互映衬、相互关联的。在开展乡村景观规划与设计时,需充分了解和掌握乡村周边和乡村范围内所有的自然环境条件,经过全面综合的分析,规划设计出适宜的景观建设方案,使乡村景观呈现协调统一的状态,从而有效促进乡村经济建设的发展。

#### 5. 参与性原则

乡村景观建设还要遵循全民参与规划原则,将乡村群众力量凝聚起来,充分利用乡村土地资源,共同提高乡村环境质量。同时,在全民参与规划时要进行合理管控,提高资源利用率,避免出现资源空置或者浪费的现象。因此要保证全民参与规划的科学性和合理性,更好地促进乡村景观的发展。

### (二)乡村景观设计要素构成

在乡村建设过程中,充分运用乡村特色景观要素,有利于打造出更能与乡村完美结合的特色景观。通过将乡村要素进行详细分类,可在打造特色景观时方便提取相关要素,使乡村特色景观呈现的效果更加符合当地居民的审美。

#### 1. 自然景观要素

自然要素构成了乡村景观的基底,是不用特殊加工便可利用的天然设计要素,进一步可依据要素类型进行细分,包括生态系统要素、植物景观要素、气象景观要素和农业生产景观要素。

生态系统要素,其代表性景观有山地、平原、丘陵、江河、湖泊、动植物等。该类要素是不同地区自然条件和环境基础长期作用下形成的,塑造了乡村基本"骨架",是地方特色和乡土风格的直接反映。特别是多数村落依水而居,水文因素很大程度上造就了乡土景观。应采用开发与保护相结合的模式,合理利用自然景观资源,提升乡村的自然美感。

气象景观要素,其代表性景观有雾凇、雨凇、云雾、蜃景等。不同的纬度地区,存在着巨大的气候条件差异,间接促使乡村生产习性、社会习惯差异化的形成,影响了乡村的景观布局。设计时应因地制宜,整合与发扬地方特色,善用气象景观资源。

植物景观要素,其代表性景观有自然生态林、防护林等。乡村的地形、气候决定着植物的类型和分布,塑造出独具当地特色的植物景观。大多情况下乡村中的植物品种单一、生长随意,营造景观时可适当增加植物品种,以起到点缀作用。整齐划一的植物能增加景观的统一感,形成震撼的视觉效果。

#### 2. 人文景观要素

乡村人文景观要素是人与自然相互碰撞的产物,是村民长期生产活动所产生具有地域性的场景，包括历史文化要素和聚落景观要素两类。

历史文化要素，因其形式不同可细分为物质景观要素和非物质景观要素两类，其中，物质景观要素有名胜古迹、文保单位、历史建筑等，也有蕴含乡村精神文化的祠堂、石碑、石墙、民族服饰等；非物质景观要素有民间文学、传统技艺、民俗活动等。将乡村精神文化内涵通过实物传达出来，贯穿于乡村景观设计的整个过程，是避免乡村同质化的重要手段。

聚落景观要素，其代表性景观有民房、房屋前后控制地、农用道路、水车、水井等。受到自然、社会、经济、文化多方面的影响，是乡村场所和地方精神的重要载体。在进行聚落景观设计时，应遵循聚落景观的自发性，延续原有的村庄聚落特征。

农业生产景观要素，种植业如稻田、垛田、茶田等；养殖业有水库、池塘、养殖场等；林业有苗圃、果园、经济林等；其他如盐田。这些在村民从事农业劳动时所产生的农业景观元素既有景观效益，又兼备经济、生态价值，具有更加显著的乡村特色。在实际规划中，除了保护农业要素的基本生产功能，更多通过景观设计引入互动、游览休验，打造乡村农业景观，使人们有机会感受乡村田园生活。

### （三）乡村景观设计方法与步骤

1. 保护和延续景观格局

规划设计应注重保护和延续乡村景观的原真性和独特性，在设计实践中，加强对乡村景观格局的梳理工作，在原始村庄结构基础上，通过结合设计和保护，建立起具有完整形态的乡村景观格局。

村庄原始聚落格局开合有致、道路宽窄不一，空间布局看似随意，实际是在当时的建造条件以及长期的村落社会关系中不断磨合而成的，呈现出乡村文化内涵和独特地理差异，在设计中应尊重原有道路格局，延续街巷肌理，避免大拆大建、盲目扩张。

2. 提取乡土景观符号

从地区传统文化、传统民俗、生活方式、产业发展和地区历史传统等方面来寻找乡土景观符号的原型，从而理解和梳理乡村的文化脉络，延续和建立独特的、具有地域特征的乡村景观。在乡村景观的设计实践中，形成具有地方特色的景观符号和文化表达，唤起人们对场所的归属感与认同感。具体手法如下。

直接借用：从传统乡村景观的原型之中，选取造型、图案、材质和肌理等，直接表现于设计之中。

解构重组：解构某个整体形象，根据需要选取其中某一部分符号内容进行重新组合和再次创作，形成新的关系和秩序。

材质装饰：从传统乡土景观构成中抽取具有代表性的元素或片段，结合不锈钢、镜面玻璃、霓虹灯管等现代化材料来表现。也可以回收当地的一些旧的建筑、生产材料来进行再设计，旧材料的参与让场所更具有再生的意义。

意境引申：将传统乡村人文背景所隐含的意义通过新的多种形式表现出来，唤起人们类似的空间感受，这种手法在空间里多为表现文化而设计。①

### 3.激活乡村文化创意

激活乡村文化创意与景观发展是在传统的乡村文化肌理上，通过跨界创意与组合，重新塑造乡村生活的审美体验，创造乡村未来生活发展的新趋势。立足村庄的基础条件和发展定位，做好文化氛围营造和乡村旅游发展之间的平衡与互动，实现共同促进的良性发展。

通过特色民俗体验、创意集市、地方文化表演、庙会灯会、非遗研学等途径，实现乡村传统文化的活态化发展；通过稻田画、茶海梯田、稻田迷宫等途径，实现农业景观为基础的艺术造景，将传统乡村与现代艺术结合，积极探索乡村景观的突破和创新。

### 4.促进村民参与共建

村民是乡村的主人，乡村景观建设是把当地村民的力量充分调动起来，激发每个人的创造力和主动性，使其亲身参与其中。发动群众、组织群众、充分发挥群众主体作用，探索决策共谋、发展共建、建设共管、效果共评、成果共享的方法和机制。

乡村景观初步方案完成之后，及时通过座谈会、屋场会等形式现场听取村领导和村民的意见，对反馈的意见作答，在达成统一认识之后对方案进行调整。反复征得意见是方案获得认可的必经之路，但在听取和整理过程中，设计者也要做好各方意见的权衡与协调。方案确定后，再进行深入设计，反复推敲和论证，方能制作最终的设计文件。

### （四）乡村景观细部设计与实践

#### 1.村标设计

村标位于村落入口，作为对外联系的交通节点，是村落对外联系的必经之地，也是村落的形象窗口。作为村落领域的标志，具有过渡空间的性质。村标的形式主要有牌坊、精神堡垒、大型标识牌、立柱等。村标设计应与当地的特色和文化密切结合，注意村标的整体体量和建设材料的选择、色彩的搭配等（图6-1）。

图6-1 五龙坪村南入口（左）北入口（右）效果

---

① 黄铮.乡村景观设计[M].北京：化学工业出版社，2018.

在五龙坪村的设计实践中，规划团队将具有地方文化特色的"烽火台"与"吊脚楼"形式进行提炼、化用，打造集入口标识、休憩场所、停车多种功能于一体的南入口驿站。北入口处村标的设计则源自土家族干栏式建筑的穿斗结构，展现了五龙坪村的土家风情。村标的设计不仅提高了场地的辨识度，还直观展现了乡村的良好风貌。

2. 公共空间设计

乡村公共空间是承担村民日常生活交往、休闲娱乐、组织集会等诸多活动的空间载体，与人们的生活密切相关。公共广场与公共绿地也是最能体现出乡村居民生活意向、精神追求和审美情趣的景观。

在乡村公共空间的规划设计中，要根据实际情况进行合理选址，选取便于大部分村民步行到达，且具有一定地方特色和代表性的典型空间。功能设计方面，不同于城市公共空间明确的功能划分，乡村公共空间追求多元化利用和功能的复合性，要对空间、功能、使用者之间的关系进行全面把握，以人的需求为核心，而不是以空间的功能性为核心。

具体设计要抓住具有鲜明地方特色或文化内涵的关键特征进行放大，比如村中古井、老树、晒场、老戏台等，都是承载乡村情怀和记忆，是易于建立情感连接的关键点。可以通过增设村民活动广场、文化广场等来满足村民活动需求，种植具有地域特色和观赏价值的乡土植被，设置具有乡村地域文化特点的小品景观，营造出田园气息浓郁、生态、自然、和谐的乡村休憩空间。

在实践中，规划团队围绕小箕铺村内一棵有百年历史的香椿古树进行了公共空间的重塑。在保护和不对古树生长造成影响的基础上，依托香椿古树建设村民休闲活动的文化小广场，划分活动空间、集会空间和历史文化展示空间，将古树景观融入村庄公共空间和村民的日常生活，形成能与本地村民产生深厚情感连接、独具特色的公共景观（图6-2）。

**图6-2　小箕铺村古树广场设计效果**

3. 庭院设计

乡村庭院是村民进行日常生活的最基本场所之一，其设计在注重实用性的基础上，可通过增加绿化、增设景观小品、优化铺装和围栏等形式，提升庭院景观的美感和品质。

在选择庭院植物时，应以乡土植物为主，所选用的植物要能够体现区域特色；或是种植瓜果蔬菜等作物，突出四季特色，打造富有乡趣的生产景观。

在乡村庭际景观设计时，应该注重景观小品的内涵与表达意义。如利用一些日常生活中的农具、水井、水缸、石碾、石磨等富有乡土生活韵味和气息的小品点缀庭院，增添院落景致。

庭院场地硬化设计时，宜采用一些具有乡村特色的常见材料，如青石、瓦片、鹅卵石、木质铺地等；或根据农居建筑的总体风格选择材料和铺筑的形式，用卵石、瓦片等铺筑有寓意的图案，以展现地方传统文化内涵。

围栏也是乡村庭院的常见元素，常见形式有围墙、栅栏等。围栏设计应注重美观、实用，体现乡土特色，可采用木质格栅、竹篱笆等乡土材料。在墙体设计中可融入当地文化元素，或增加镂空墙体来沟通庭院内外的空间，增加院落的景深。

彭晚村的"渔樵社"民宿设计中，规划团队对原有民居建筑庭院空间进行了重新梳理和打造：设置景墙划分空间，木质框架和瓦片的镂空设计增加了乡土风情和庭院空间的趣味性；庭院内木质廊架形式古朴自然，兼具美观性和实用性；绿化的增加美化了庭院环境，提升了空间品质（图6-3）。

**图6-3 彭晚村"渔樵社"民宿庭院设计效果**

4. 道路景观设计

乡村道路景观作为乡村环境建设的重要内容，要兼具基本的安全通行功能和景观艺术化表达，在满足基础通行需求和保障行车、行人安全的基础上，重点打造道路两旁的自然景观氛围。依据乡道实际需求和具体情况分级讨论修建和绿化方案，道路设计要合理融入乡村自然景观和独特的农业生产景观，同时注重对乡土文化的表达，通过对乡土元素的合理运用，增加乡村道路的可识别性和美观度。

街道巷弄在设计时要充分融合地域特色，注重与生活功能的结合。在街道两侧过渡地带种植蔬菜或者果树，春天开花，秋天结果，营造出乡村生活景观的和谐、有序、自由变化的视觉效果。在设计停车场的同时可在外围种植乔木，提升村庄生态环境和景观效果。规划完善道路亮化工程，对路灯建设进行查漏补缺。

洪湖市吴王庙村以三国文化闻名，规划团队在道路景观设计中，除了将路旁杂乱的坡地改为台阶式，种植花灌木，增设碎石砌成的护坡，还将三国人物画像及历史典故融入护坡的外立面设计，增加了文化氛围和地方特色（图6-4）。

图6-4 吴王庙村道路景观设计效果

## 5.农田景观设计

农田景观是乡村地区内范围最广泛的一种风貌形式，所呈现出的景观形态受到农作物轮作、农业生产组织形式以及耕作栽培技术运用等方面因素的影响，因此，不同的地域环境所形成的农田景观各异，农田景观具有多样性和地域特性。

农田在设计时应把握肌理的特征延续，在保持农田原貌的基础上进行现代景观设计形式的保护与改造，倡导自然生态美，营造和谐美丽的自然景观。此外，在景观设计中，应注重农田序列的重塑，将不同种类的农作物进行有机组合，利用地形、陡坎、田埂、水系等景观要素进行穿插、排列，使之构成一种承上启下的景观秩序，形成一个具有韵律、节奏的景观空间。通过增加景观步道、农业文化雕塑、举办农事节庆活动等方式提升生产区域的活力和景观品质，在农田里修建木栈道作为观赏通道，让人们可以近距离观赏、亲近农田景观；进而将农业生产与旅游规划相结合设置游览和体验空间，促进乡村产业的多元发展。

在黄陂前湾村农田景观设计中，规划团队在保护农田生产功能和生态环境不被破坏的基础上，将农田打造为农旅融合的特色节点。在设计上结合农田原始肌理设置木质栈道和观景眺望平台，同时在农田内加入乡土元素的景观小品和打卡点，增加农田景观的吸引力和趣味性（图6-5）。

图6-5 黄陂前湾村农田景观设计效果

6. 水体设计

在保障农田灌溉和村民日常生活需求的基础上，乡村水系景观兼具防洪排涝、休闲游憩等多方面的功能，是乡村生态环境的重要组成部分。

（1）河道景观。在乡村河道景观设计上，要避免盲目"渠道化"，设计时需要根据水文情况，合理利用河水的弯度与宽度来指导护坡的设计，对关键位置的河湾进行相应扩大，增加不同层次的水生植物栽植，丰富河道绿化景观（图6-6）。

植物和平台设计宜根据河道不同季节的水位的变化而定。树种的选择可以从水生植物，如鸢尾、菖蒲、芦苇等，以及喜湿耐水的乔木，如水杉、柳树、湿地松等入手，既能够美化河道又能够丰富保护堤岸。

图6-6 寿祠桥村河道景观设计效果

规划团队在寿祠桥村河道景观设计实践中，以生态性和实用性为基本原则，对现状环境和植物种植情况进行梳理，沿河补植柳树和开花小乔木，灌木层设计以现状植物和乡土植物为主，增加芦苇、菖蒲等水生植物，打造自然生态，规整中富有野趣的河道景观（图6-6）。

（2）水塘景观。水塘是乡村水系中较为普遍的一种静水形式，往往用于水产养殖、灌溉以及维持乡村生态环境，保护生物多样性等功能。因此，对于此类型的水塘应以自然维护为主，避免过重的人工痕迹。

在乡村水塘景观的设计上，要从以下两点进行把握：一是水塘绿化。水塘的绿化直接影响景观的视觉效果，在植物配置方面应以当地乡土树种为主，选用一些生命力强、耐水湿、易成活的树种，配置方面结合当地水岸线和周边的小道，营造富有变化和生命力的景观氛围；水面植物一般不应超过水面的三分之一，不然会影响水面的视觉效果，水生植物种类的选择应当简单明了。二是驳岸设计。乡村驳岸的设计应根据水塘与乡村的空间位置关系、水塘自身的属性和形态特征，选择采用不同的护岸类型、材质，要体现水岸生态性、安全性、亲水性、实用性以及防洪、灌溉的功能。居民生活必需的水岸设计要设置平台和水埠头等附属设施，让乡村居民可以在此洗衣、交流；用于游乐休闲的水岸设计要结合当地的历史文化，为当地居民提供一个优质的娱乐环境。

汉川市分水镇鲜鱼村水景资源丰富，分布有三条水渠和若干水塘，规划团队在对现状深入调研的基础上，分级分类对村内水系资源提出清污、连通和景观打造等具体措施。其中双谭湾水面较大、水质较好，且邻近村委会。在景观设计中，通过设置滨水步道和平台，为居民提供亲水活动场所；以石磨、青瓦为装饰，增加乡土风情；在岸边栽植垂柳、水杉、芦苇、荷花等水生植物，丰富驳岸景观，提升了水塘整体景观质量（图6-7）。

**图6-7 汉川市分水镇鲜鱼村水塘景观设计**

### 7. 植物设计

首先要考虑区域内生态格局的完整性、植物的多样性，留住自然生长的植物群落。适地适树、经济化、差异化种植是乡村景观设计的种植原则。本土植物在当地经过千百年来的验证，适合当地的环境生长，既可以保持良好的生长，能很好地表现当地的植物景观特色、整体乡村景观形象，提高景观辨识度，也可减少维护成本。

种植方式上，应以大型乡土乔木构建乡村景观骨架，尤其是已经存在的古树或成片的树林，通过整体布局、局部补种来营造整体效果，形成乡村视觉的背景景观；速生树和慢生树交替种植，以本地树种为主，将外来树种作为极少部分的补充。

在咸丰县朝阳寺镇五龙坪村种植设计实践中，规划团队对大部分现状植物进行了合理保留，自然、丰茂的原生植物形成了具有乡村特色的独特景观。沿迎客大道补充乡土乔木作为行道树，配以当地常见的果树或观花灌木、小乔木，丰富沿路植物景观（图6-8）。

**图6-8 五龙坪村迎宾大道植物设计效果**

# 第四节 乡村建筑设计

党的二十大报告中提出"全面推进乡村振兴""统筹乡村基础设施和公共服务布局，建设宜居宜业和美乡村"。乡村建筑是承载乡村文化重要载体，在提高村民生活水平、发展乡村旅游中发挥着重要作用。因此，解决传统乡村建筑中的问题、做好现代乡村建筑设计的传承与创新对于建设宜居宜业的和美乡村、全面推进乡村振兴都具有重要现实意义。

## 一、乡村建筑概述

### （一）乡村建筑的概念

乡村建筑指散落于村镇中的建筑，具有浓厚的乡土气息，包括农村的寺庙、祠堂、住宅、书院、商铺、桥梁等，它们是农村居民组织家庭生活，开展公共活动，从事农、工、副业生产等的场所，这些乡土建筑互相组合在一起，成为村民生活的聚落。

### （二）乡村建筑的特点

1. 文化地域性

不同的自然环境、气候环境与人文环境决定了地域的特殊性，而作为展现地域环境要素的建筑会伴随着时间的推进、历史的演变，呈现出不同的样貌和特点。

建筑的文化地域性主要表现在：一是建筑是否能满足当地气候的要求。面对不同的气候条件，建筑也呈现出不同的状态。例如在严寒地区，建筑的窗户比例不宜过大，这不利于建筑物的保温。二是建筑能否与环境融为一体。建筑与环境的关系不应该是分离的，而应该是紧密联系、和谐相处的。如在西北地区，建筑多为窑洞，当地居民利用黄土高原的自然地理优势，凿洞而居，窑洞只有洞口直接与外界接触，既不容易向外界传热，又不会直接向大气中散热。因此建筑保温性非常好，可以实现冬暖夏凉，舒适节能。三是建筑是否反映了当地文化。地域建筑的核心要与当地的文化内涵高度统一，能够体现当地的文化特色，表达当地居民的共识。[①]

2. 建造经济性

经济条件是建筑设计的制约因素，建造的经济性不仅是建设成本，更应该考虑如何将有效的社会资源综合、高效地加以利用。在乡村建筑的建造和使用过程中，建筑物不仅要"好看"，还要"好用"；用经济省时的建筑技术与方法，使乡村的建筑不仅"建得起"，还要"用得起"。

在乡村建筑的建造和使用过程中，要根据乡村的生产力发展水平、收入水平和建筑建造者的文化程度等因素，在满足建筑的使用功能空间以及建筑的结构、构件、形式的比例协调的基础上，力求减少空间跨度大、建筑层级高和结构复杂的建筑，以及避免过度关注建筑的墙体轮廓、门窗大小、虚实的变化和高档建材装饰的建筑。以最小的投入（人力、物力、技术、资金）获得最大的功能性空间的满足，这是建筑的经济性特征在乡村建筑的形式、空间结构上的基本要求，也是保障乡村建筑经济性功能的体现。

3. 功能复合性

与城市建筑相比，乡村建筑受到所处地理环境与村庄肌理的制约，体量一般不会太

---

① 董雅洁. 乡村现代建筑中材料的地域性表达[D]. 厦门：厦门大学，2017.

大，因此在空间上也会相对单一，但是考虑到建筑空间使用的高效性，这就要求有限的空间之内考虑增加功能的多样性与复合性，以此满足举办各类公共活动的需求。

因此，对于公共服务类的乡村公共建筑来说，功能的复合性是影响其使用率的主要因素。当有限的空间能够承载更多的活动种类时，此类建筑的空间使用效率也会大大增加。

### 4. 使用人群特殊性

与城市公共建筑相比，乡村公共建筑的使用主体为当地的村民，生活习惯、风土人情、物质生活条件、自我需求等方面的不同，导致对建筑空间、功能、形式、经济性等方面的要求不尽相同。对于使用主体为村民的乡村公共建筑来说，村民参与度越高，越容易获得较高的认可度，也越容易被接纳和使用。

### （三）乡村建筑的分类

#### 1. 公共建筑

公共建筑指的是"供人们进行各种公共活动的建筑"。乡村公共建筑对于推进乡村振兴具有重要意义，且乡村产业的发展和村民生产生活方式的转变，驱使乡村公共建筑演变、更迭。在文化层面，较民居而言，更能反映当地乡土人情，是当地乡土文化展示的窗口，更易获得媒体关注和资源支持。社会层面，乡村公共建筑是村民日常交往的平台，弥补乡村功能配套的不足。现实层面，乡村公共建筑是一种"触媒"，可以以点带面推动乡村建设。

目前，乡村公共建筑及设施不仅局限于村口、田间地头等，主要还有以下三类：①教育及配套设施类。例如乡村小学、图书室和祠堂等。②休闲设施类。例如民宿、游客服务中心、展览馆等。③基础配套设施类。例如党群服务中心、卫生站、敬老院等。[①]

#### 2. 住宅建筑

农村居民组织家庭生活和从事家庭副业生产的场所。它的形式和内容，一方面随自然条件、建设材料、经济水平和风俗习惯等的不同而千差万别；另一方面又因农村居民生产、生活基本要求的一致性而具有共同的特点。一般而言，中国农村住宅的功能要适应家庭生活和进行农副业生产的双重需要。除生活用房卧室、堂屋（家庭共同活动的房间）、厨房、贮藏间和卫生间等外，还应包括生产房间和辅助设施——饲养间、加工间、仓库、暖房、能源和取水装置等。在不同民族居住和从事不同专业生产的地区，对住宅的辅助设施常有不同的要求。

#### 3. 生产性建筑

乡村生产类建筑主要指农村个体和集体劳动者从事农、工、副业生产活动的场所。按其生产特点可分为两类：一类是为发展现代化农、牧、渔业生产而建立的各种厂房设施，主要有育种厂房、温室、塑料棚、畜禽舍、养殖场、种子库、粮库、果蔬贮藏库、农副产品

---

① 李秋子.基于"在地性"的乡村公共建筑设计研究[D].扬州：扬州大学，2022.

加工厂、农机具修配厂等生产性建筑；另一类是为城市工、商、外贸等服务的加工厂，主要包括机具修配厂、手工业工厂、城市某些工业的加工厂和轻工业工厂以及建筑材料厂等。

## 二、乡村建筑改造策略

### （一）突出乡村建筑的本土性特征

1. 运用本土材料

建筑材料的固有外观、物理性能、力学性质直接影响建筑本身的观瞻性、耐久性。就传统的乡村建筑而言，普遍的建造方式是由当地工匠基于长期的实践积累，就地取材、组织施工并相继传承延续。它们具有独特的质感与纹理，也伴随乡村历经了长时间的更替与演变，同时直观的构造方式也便于工匠的学习与推广，因此它们对于复现乡村传统文化具有重要的价值。

但是在乡村建筑的营建中，如果一味沿用传统建造技艺有着明显的劣势，最直接的就是建筑的物理性能相对单一、构造形式僵化固定，难以满足使用者的使用需求、审美需求等。因此，在实践过程中需要结合使用玻璃、混凝土等现代建筑材料，提升建筑整体的综合物理性能。

2. 结合乡村环境

建筑与地形环境是相互影响、相互作用的，不同类型的场地环境可以塑造不同的建筑形式，建筑的介入也对地形有着潜移默化的影响。我国较多的乡村地区拥有优美的自然风光、大片的农田景观，使得乡村地区成了环境优美、生活舒适的乐园，因此在建筑改造的过程中要尊重自然生态环境，保留民居建筑原生用地，包括建筑物的方向、位置和布局，妥善使用场地、气候以及利用山脉走向和植被生长趋势。

3. 尊重和发扬地域文化

乡村地区在过去的发展过程中，由于交通不便等原因，不少乡村在几千年的发展过程中形成了当地独特的文化，包括思想文化、乡村习俗、宗教礼仪及工艺文化等，这些文化体现在村民的日常生活中，同时对乡村传统建筑的建造活动也有一定的影响。因此，我们应该将乡村文化融合到乡村建筑改造的活动中，使改造后的建筑能够间接地体现出乡村文化的特色。

### （二）降低乡村建筑的建设成本

1. 结合乡土建筑智慧

考虑采用降低建筑能耗的技术，考虑"低投入"建设。尽可能减少建材能耗并提高效率，确保生物能源良性循环。

在建造时根据乡村环境和实际需求，选择合适的建筑类型和结构形式，设计合理的建筑布局，最大限度地节约建筑材料和空间，同时减少施工时间和成本。例如，可以优化建筑内部的平面布局，减少不必要的空间浪费。通过合理利用当地的资源，如当地的木材、石材等天然材料。提高建筑设计的可持续性可以降低建筑的使用成本和维修成本。如可以考虑使用节能设备、绿色材料等，提高建筑的保温性能和隔热性能，从而降低能源成本。

2. 废弃材料的循环再利用

在老旧建筑物拆除改造重建阶段，将废旧建筑材料进行再生再利用是一种建筑物自身的再生。一方面建筑材料作为一种资源实现了可再生，推进了资源可持续利用，建筑在废弃阶段能够重新创造价值；另一方面原有建筑的主体结构和对建筑材料的使用方法也能为旧建筑改造提供思路和建筑设计方法。利用废弃材料可以减少乡村中的建筑垃圾、避免建筑污染和资源浪费。

在进行废旧建筑材料再利用设计的过程中就应当根据不同建筑材料自身的特性进行设计。在拆除过程中，材料的性能不可避免地下滑，硬度、韧性、外观都可能发生磨损，例如地面花砖在拆除过程中难免有被打碎的砖块，但也有一部分完整的砖块，可以利用这些砖块对建筑物外部围栏或是绿化花坛等部分进行装饰，重新发挥建筑材料原有作用中的一部分功能，使建筑材料就地再生。①

**（三）提升乡村建筑的功能复合性**

伴随乡村的发展，产业的植入与功能的多样，使得乡村建筑由单一功能转变为包容多种行为活动的复合功能。在建筑设计中，空间设计是其核心环节，合理的建筑空间设计能够凸显出建筑的使用功能，提升建筑的利用率。只有设计好相应的空间结构，才能够有效地保障建筑整体设计的质量。

建筑都是由多个小空间所构成的，这些小空间可以自由地进行组合，从而可以形成单一空间或者是组合空间，在对这些空间进行设计的时候，主要根据建筑的实际使用功能来进行设计，从而突出空间设计的优势。对于空间较为单一的建筑单体来说，在空间有限的情况下，可以增加垂直方向上的层次，利用高差划分空间，增加内部空间功能的多样性。而对于体量稍大一些的建筑单体来说，通常可以将多个功能组织在一个建筑内。

**（四）提高乡村建设的村民参与度**

村民是乡村的建设者、维护者及乡村历史、文化的传承者。建筑师在建造过程中对乡村审美的引领不应该只是个人主观意识的强加，而应在对其进行改造的过程中，通过与村民交流来了解乡村的脉络、传统建筑的风貌及村民的生活方式，使改造活动更有针对性。只有在建造过程中充分调动村民的积极性，激发村民自主建设家园的能动性，唤起村民对自己家园的认同度与自豪感，才能使建筑真正融入村民的生活中去，真正变成村庄的一部分，被村民所接纳。同时建筑建造过程中还要充分挖掘工匠精神，帮助乡村匠人找回传统工艺，实现作为工匠的价值。

另外一方面通过建筑改造设计，不仅可以将先进的技术带到乡村，更能对村民审美

---

① 聂海波，唐靖，黄肖瑶.旧住宅区改造设计中废旧建筑材料的再利用研究[J].工程技术，2022（07）：182-185.

意识产生影响，通过每一次设计方案的交流，传达出正确的审美观念，改变村民的审美素养，引起村民的设计欲望。

鼓励村民参与可以让他们自己负起维护公共设施的责任，摆脱"等、靠、要"思想，摆脱"占便宜"心态，乡村建筑才能真正发挥它们的作用，服务于广大村民。

### 三、乡村建筑设计流程与方法

乡村建筑设计流程与方法是指从设计前期到设计后期的一系列工作流程，旨在确保设计方案的质量和实施效果。主要分为三个阶段：设计前期、设计中期和设计后期。

#### （一）设计前期

1. 调查研究

对乡村老旧建筑的历史背景、建筑结构、材料、功能等进行调查研究，了解其现状和存在的问题。

2. 需求分析

根据调查研究的结果，分析建筑的使用需求，确定改造的目标和方向。

3. 方案制定

在了解需求的基础上，制定初步的改造方案，包括建筑风格、布局、功能分区等。

#### （二）设计中期

在设计前期方案的基础上，进行深化设计，包括细化建筑布局、立面设计、材料选择等。并根据深化设计的结果，制定详细的施工图设计，包括建筑结构、设备安装等。在设计中期应注意以下方面。

1. 文化保护

在设计中期，应当重视乡村建筑的文化保护，保留乡村建筑的历史和文化价值，注重与当地文化和环境的融合，避免盲目的"现代化"改造。

2. 创新设计

通过借鉴国内外的优秀案例和设计理念，注重创新设计，提高乡村建筑的品质和形象，增强其吸引力和竞争力。

3. 产业带动

在设计时考虑乡村建筑改造的产业带动作用，如开发旅游资源、发展农业产业等，为当地居民提供更多的就业和发展机会。

#### （三）设计后期

1. 施工管理

在施工期间，进行现场管理，确保施工质量和进度。

2. 验收交付

施工完成后，进行验收，确保改造质量符合设计要求。

3. 建设效果评估阶段

对改造后的建筑进行评估，应当注重乡村建筑改造的可持续性，考虑建筑的节能、环保、耐久性等方面，减少资源浪费和对环境的负面影响，了解改造效果和社会效益，提出改进意见和建议，为下一步的乡村建筑改造提供借鉴和参考。

## 四、乡村建筑设计要点

### （一）整体风貌控制

乡村建筑整体风貌控制通过对乡村建筑外观、建筑形式等方面的管控，使得乡村建筑在整体上呈现出协调、统一和具有地域特色的风貌。旨在保护乡村的自然环境和传统文化，通过合理规划、材料选择和设计手法等，使乡村建筑在形式上与周围环境相融合，以营造宜居、美观的乡村风貌，保护乡村建筑的独特魅力和环境特色，实现乡村的可持续发展。

1. 建筑尺度控制

乡村建筑尺度控制旨在确保乡村建筑与周围环境的协调统一，并保护乡村的自然景观和人文特色。基于乡村的地域特点进行规划：乡村建筑的尺度应该符合场地的大小和形状，避免过度密集或过度扩展，以保持乡村的宜居性和舒适感。乡村建筑应该去适应周边环境，与周围的自然环境相协调，尺度上不应过于突兀或违和。同时建筑的高度、体量和比例应考虑与周围景观的关系，使建筑融入自然环境。

在咸丰县朝阳寺镇五龙坪村项目中，对村委会办公区、烤烟房进行改造，打造成为集政务服务、便民服务、农特产品销售服务、村民文体服务、游客接待服务等多功能于一体村级综合服务中心。建筑改造在适应周边环境的前提下，不同建筑设计高度不一，丰富了视觉的层次感（图6-9）。

**图6-9　五龙坪村综合服务中心改造效果**

2. 建筑风格控制

乡村建筑风格的管控是为了保护乡村环境、增强乡村特色和风貌、维护乡村文化的统一性和生态的完整性。针对乡村建筑的外观应符合乡村特色，尊重传统文化和建筑风格。可以制定相关管控机制，如建筑结构、外墙材料等，以确保新建外观与周围环境相协调。对于选用建筑材料和工艺上也有特定要求，应鼓励使用环保材料，如木、石等传统材料以保持乡村的自然风貌和可持续发展。

3. 建筑布局控制

通过科学规划、合理设计、审批控制和社会参与等方式，可以有效实现乡村建筑的可持续发展和乡村环境的整体协调。确保乡村建筑的合理布局和维护农村环境的整体和谐。合理控制村庄居住用地，通过控制用地的分布、布局和密度，避免过度开发和过度密集，保持乡村的宜居环境和人文氛围。

根据当地的自然环境、土地资源、农村人口分布和经济发展情况等因素，制定乡村规划方案，明确土地利用的功能区划和建设控制指标，规范乡村建设的布局。在乡村建设过程中，相关部门要对建设项目进行审批和监管，确保项目的合法性和符合乡村规划的要求，对违法违规建设行为进行处罚和整治。

在咸丰县朝阳寺镇五龙坪村项目中，针对现有废弃养猪场，建设"花间谷"，其主要为儿童和老年人活动康养的场所，分为入口接待区、康养区、餐饮区、参观游览区、研学区等五大功能区域。将废弃猪场建筑拆除合并进行重新组合，成为功能多样的一个综合区域，同时具备康养服务、儿童研学、餐饮服务等功能（图6-10）。

**图6-10 咸丰县朝阳寺镇五龙坪村花间谷建筑改造效果**

### （二）建筑风格

#### 1.传统风格

最具代表性的有四合院、土楼、木结构建筑等，它们更注重自然材料和手工艺的运用，以符合当地气候和环境条件。这类建筑常常采用简单朴素的风格，以适应农村环境和当地气候条件，材料选用上通常采用砖木结构，屋顶多为瓦片覆盖，外墙常常涂以石灰或黄土，给人一种平实而质朴的感觉。

咸丰县朝阳寺镇五龙坪村项目针对原有传统土家族建筑吊脚楼进行改造升级，设计中充分体现土家族建筑特点，整体以木结构为主，采用穿斗木构架，并用块石砌筑基础、台阶，屋顶为小青瓦屋面，且在门、窗、吊柱，局部雕刻简单图纹（图6-11）。

**图6-11　五龙坪村宏克湾茶香别院建筑改造效果**

#### 2.水乡风格

水乡地区的乡村建筑常常与水体结合在一起，形成独特的水乡风格。例如，中国南方地区的绍兴、桂林、太湖等地，建筑多依水而建，借用水景来增添建筑的美感和气氛，注重对水的利用与呈现，整体布局以及亭台楼阁等建筑自身都独具特色。

水乡建筑的布局常采用弄堂式布局，即建筑沿河道或水道依次排列，形成一条条曲线状的街巷。街巷两旁有一至数栋建筑，相互之间通过小桥连接，形成独特的水乡景观。通常与水景紧密结合，建筑外墙常沿河道或水道设置窗户或门洞，方便居民与水进行互动。建筑底部常使用石质或青砖墙体，以抵御水的侵蚀，同时创造出独特的画面效果，这也是水乡建筑的独有特色。

水乡建筑常注重防水设计，包括室内和室外。室内一般采取高出地面的架空设计，以预防水灾。室外常常设置护坡、排水系统等设施，以保证建筑在水乡环境中的耐久性和稳定性。

### 3.民族特色风格

民族特色建筑通常有独特的形式和结构，反映了当地民族的文化和生活方式。例如，中国的传统宫殿建筑常采用重檐歇山式屋顶和飞檐翘角的构造，日本的传统建筑则以简洁的木造结构和坡面屋顶为特色。对于建筑材料方面，常使用当地的建筑材料，例如土、石、木等，以适应当地的气候和环境条件。同时，这些材料也具有一定的文化象征意义，体现了民族的传统技艺和智慧。

民族特色建筑的装饰常以纹饰和图案为主，体现了民族的艺术风格和审美观念。这些装饰在建筑的门窗、梁柱、墙面等部位进行，常使用彩绘、雕刻等技法，独具民族特色。但往往极具特色的民族特色建筑通常也有一定社会功能，不仅用于居住或工作，还可能兼具宗教、政治或社交用途。例如，印度的宫殿建筑既是国家象征，也是举办仪式和活动的场所。

### 4.园林风格

中国乡村地区还有许多以园林为特色的建筑设计，如苏州的古典园林。这些建筑注重景观与建筑之间的结合，建筑与周围的自然景观相互呼应，以创造出一种和谐而舒适的氛围。随后通过布局和装饰来营造一种优美的人文环境。建筑师通常会采用天然材料，如木材、石材等，使建筑与自然环境更加融为一体。

园林风格乡村建筑注重人性化的布局设计，以满足人们的生活需求和社交活动。建筑常围合成院落，形成内外部的空间层次，为居民提供私密性和安全感。同时，功能区域的划分也会根据人们的需求进行合理布局，如厨房、起居室、花园、庭院等。在建筑色彩上，这类建筑通常采用与周围环境和谐一致的色彩，以营造出自然、温馨的氛围。常见的色彩选择包括黄色、米色、淡绿色等温暖而柔和的色调，与自然景观相互映衬，人感到放松和舒适。

### （三）建筑形态

#### 1.屋顶设计

斗拱式屋顶：这种屋顶形状呈弧形，下面可以挂上木梁和天花板。斗拱式屋顶适用于西南地区或有较多降雨的地区，可以有效地防止雨水渗透，并且防止雨水在屋顶上停留形成积水。

歇山式屋顶：歇山顶共有九条屋脊，即一条正脊、四条垂脊和四条戗脊，因此又称九脊顶。若加上山面的两条博脊，则共应该有脊十一条。由于其正脊两端到屋檐处中间折断了一次，分为垂脊和戗脊，好像"歇"了一歇，故名歇山顶。这种屋顶设计适用于北方、东北地区，可以有效地抵抗大雪和强风的侵袭。

硬山式屋顶：它具有两个或更多的倾斜面，每个倾斜面都是由类似于层状的石块或木板覆盖的。这种屋顶的构造相当牢固，能够保护房屋免受恶劣天气的侵害。硬山式屋顶的设计也具有良好的自然隔热性能，因为屋顶覆盖材料的厚度较大，可以有效地阻挡阳光和高温。

洋房式平顶：这种屋顶平坦，通常用于城市或新建的村庄。洋房式平顶在外观和结构上都比较简洁明了，适合现代化乡村建筑。

2. 立面设计

乡村建筑立面设计应该注重与周围自然环境和文化传统的融合，同时符合居住者的需要。与周围的自然环境相协调的同时，外立面应该尽可能避免过度修饰，要以简洁美观的设计元素为主，更多采用简洁的立面与周边的环境相互衬托的方式来体现建筑外立面的整体美感。

同时需要注意尺度与比例的平衡。建筑的高度、比例、线条和色彩应该与周边建筑相协调，避免过于显著或突兀。同时，考虑到人们在建筑周围的活动，立面设计需要提供舒适和宜人的视觉效果。

根据不同类型的建筑，如乡村住宅建筑、农业设施建筑、乡村公共建筑等，其立面设计可能有所不同。设计师应当根据建筑功能和使用要求，合理布局窗户、门廊、阳台等元素，同时保证室内采光和通风。

在梁子湖区现代农业产业园提升工程建设项目中，针对李正安湾美丽乡村进行建筑改造，主要内容有立面改造、屋顶及围墙；建筑改造风格为荆楚民居风格，对原有水泥墙面进行刷白处理，并在墙面添加胡柚元素墙绘，彰显区域特色（图6-12）。

**图6-12　李正安湾美丽乡村建设建筑改造效果**

**（四）建筑材料**

当代乡村建筑设计由于其具有不同于城市建筑的独特之处，尤其在材料运用中，乡村建筑与城市建筑有着更多的不同与差距。与现代建筑材料相比，材料多取自当地并且具有全生命周期循环、造价低廉等优点。同时，在当代乡村建设实践中采用传统材料有利于与周围已有乡村建筑相协调，对于表达当代乡村建筑的地域性特征也具有天然的优势。

乡土建筑材料不仅是传统建筑的重要构成要素，还是建筑场所精神中归属感和认同感的主要来源，在保留乡村传统语境方面发挥着重要作用[1]。竹、木、砖、石、土作为我国传统建筑材料中最为重要的五个组成部分，也是当代乡村建筑设计实践案例中运用最多的五种传统建筑材料。当代乡村建设实践中这些传统建筑材料的运用已经不是单纯模拟传统的构造方式与建造技术，而是从传统的沿革中解放出来，与新材料、新技术、新加工工艺结合，展示了传统建筑材料全新的艺术表现力与应用的可能性。

1. 当代乡村建筑中生土的应用

土是最能体现乡土材料新生、焕发活力的特征，甚至成为网红材料。在我国传统建筑中，生土材料与木材一样具有重要的地位，生土建筑类型丰富、工艺多样、历史悠久且使用广泛。近年来，"乡愁"意识使生土材料及建筑重新受到建筑师的青睐。[2]

传统的夯筑技艺是一种可持续的建造方式，土源就取自现场，或是平整场地或是开垦坡地的土方，但是传统生土材料物理性能较差、耐久性差，需要对其性能进行改善，主要有物理方式与化学方式两种，使其更加适用于现代建设活动。物理改性主要有改善生土材料颗粒级配与添加植物纤维两种方式。化学改性主要为利用传统胶凝材料、生产过程中产生的废料等加强生土材料的力学性能。生土材料改性之后，辅以新型的夯筑工具等，会使生土墙体具有更好的强度与耐久性能。此外，在部分生土建筑中，生土墙体建造过程中可以加入特殊的彩色材料或者特殊颜色的土体，赋予生土材料更多表现的可能性。

例如中国美术学院象山校区专家接待中心——瓦山就是将传统的夯土建筑应用到现代。瓦山中夯土墙体最为特别之处在于设计师在夯土墙上局部加入红色土体，形成了红色土体的装饰效果，有利于增加夯土墙的细节表现力。[3]

2. 当代乡村建筑中木材的应用

木材是人类文明史上最原始的建筑材料之一，具有温暖的材料感知、均衡的性能及特有的生态价值。木材由于质量轻、可组装的特点，从古至今都是构件加工，现场拼接的干法作业方式。木结构通过构件的相互拉结形成具有受力性能的整体，它不像混凝土需要湿作业浇筑养护，也不像石砌、砖砌需要抹灰黏结，木材适当的硬度使其借助一般工具即可开卯眼制作构件，并完成现场的快速搭建，可见预制加工装配是木结构与生俱来的

① 李明术，邹丹阳.地域文化在黔东南乡村建筑设计中的应用策略探析[J].艺术科技，2023.
② 谭刚毅.乡村建筑适宜技术体系和建造模式[M].武汉：华中科技大学出版社，2022.
③ 王澍，陆文宇.瓦山——中国美术学院象山校区专家接待中心[J].建筑学报，2014（01）：30-41.

属性。①

但是随着木材的减少，天然木材用于建设活动难以为继。现代建筑中，胶合木材获得了更为广泛的应用。胶合木材是将木板干燥、顺纹胶合而成。比起传统木材，胶合木材结构强度均匀，经过充分干燥与化学处理后具有了良好的防腐与耐火效果。同时，胶合木材的尺寸、形状更为自由，可以根据需要加工成各种形状。

例如竹里，它是由同济大学建筑与城市规划学院建筑系教授袁烽设计，在设计中充分运用胶合木材，结合数字化结构性能找形技术，形成了屋顶特殊的双曲面几何形。②

### 3. 当代乡村建筑中砖材的应用

以泥土为原材料经过高温煅烧便形成了砖材。砖材同样是我国传统建筑中表达建筑风格的经典材料，具有厚重的历史感，并且不同的砌筑样式可以产生不同的视觉效果与心理感受。正是砖材这种天然的易变特性、个体间的差异性，形成了砖材独特的表现方式。

砖材最早作为结构材料出现，但是随着建筑中空间跨度增大、结构要求增强，砖材已较少作为承重结构，更多的是作为围护材料出现。传统砖材在烧制过程中会消耗大量资源，同时产生较多的环境污染，因此现在多用更为生态环保的免烧砖。免烧砖以粉煤灰、煤渣等废弃材料作为主要材料，通过机械压实制造而成。免烧砖具有强度高、耐久性好的特点。③

例如由朱锫建筑设计事务所设计的御窑博物馆，建筑拱体的结构近似三明治，内外两层是砖，中间为混凝土。混凝土拱为主体结构，以抵御地震时的侧推力，外部采用新老窑砖混合砌筑，映射了当地传统建造方式。

### 4. 当代乡村建筑中石材的应用

石材与砖材物理性能相似，自重均较大，属于脆性材料。石材是抗压性材料，硬度较大。同时，石材的耐久性能极好，可以大量应用于纪念性建筑中。如今，同砖材、木材相同，石材也已不再作为主要的承重材料，而是多作为建筑表皮运用于当代乡村建设实践中。

石材主要有自然产生的石材与人工制造的石材两类。自然产生的未经加工的石材主要有大理石、片麻岩等。人工制造的石材则多利用天然石材的碎渣添加黏结剂，并通过一系列的工艺加工形成。当代乡村建筑设计实践中多使用天然石材来体现地域化特征，同时易于与周围环境相协调。

现代石材新型加工技术使石材的加工更为精细化。现代石材加工技术更为多样，常见的主要有抛光、烧毛、剁斧等，这些处理方式让原本厚重粗砺的石材有了更多的表现力。

例如玉山石柴，它是一处由建筑师马清运为自己的父亲在老家设计建造的住宅。建筑

① 马雨萌.现代木结构在乡村营建中的在地性应用研究[D].南京：东南大学，2020.

② 袁烽.竹里无限　四川崇州道明镇乡村社区文化中心[J].室内设计与装修，2018（02）：102-106.

③ 李楠.基于材料认知下当代乡村建筑设计策略研究[D].大连：大连理工大学，2018.

以钢筋混凝土框架为主构建了独特的网格系统，采用玉山当地盛产的鹅卵石填充外墙。[①]

5.当代乡村建筑中竹材的应用

竹子是中国南方境内最为常见的植物种类之一，也是中国古代房屋建设中最常用的传统材料之一。同时竹子是我国传统建筑材料中文化象征含义最为丰富的，形成了别具一格的中华竹文化。

与木材相比，竹材能够适应各个地区不同的气候条件，并且竹子生长速度快、周期短，通常生长五年即可作为建筑材料使用。竹了的物理性能良好，强度约是普通木材的一倍，同时韧性好、密度小、质量轻。在中国古代建设活动中竹材多用来搭建框架。由竹材加工而来的竹片具有透气性强、质量轻、价格低廉的特性，在当代乡村建筑设计实践中多作为表皮材料进行应用。

但未经加工的竹材大多粗细不一、难以连接，易开裂、防火性能差、易受腐蚀与虫蛀等缺陷。原竹直接运用于建设工程建设，多对其采用干燥、涂抹防虫蛀与防火保护层等方式来提升其耐久性。另外，还可将原竹与一种或者多种非竹制材料复合形成竹制复合材料进行应用。竹制复合材料主要有竹胶合板、重组竹、竹材定向刨花板等多种形式。

例如太阳公社中的猪舍、鸡舍、长亭三个建筑是由中国美术学院陈浩如教授设计，建筑采用了青竹、溪坑石、茅草等当地盛产的材料，运用青竹材料的性能特点设计了独特的青竹结构体系。[②]

---

① 玉山石柴[J]. 城市环境设计，2010（Z1）：35-37.
② 陈浩如.太阳公社竹构系列，杭州，浙江，中国[J].世界建筑，2015（02）：42-47，130.

# 第一节 畜牧场规划设计概述

## 一、畜牧业在乡村振兴中地位和作用

### （一）畜牧业是"产业兴旺"的重要支柱

产业兴旺，是乡村振兴的内源性动力支撑，只有产业兴旺，才能促进农民增收，农民才有盼头。畜牧业是农业产业的重要组成部分，上游连接着农业种植，下游连接着工业产业，向后连接着流通和服务业，向前承接广大农民群众，承农启工，是农村经济不可或缺的重要组成部分。畜禽养殖产业在我国有着悠久的历史，该产业在社会发展进程中也在不断发展和进步。特别是近年来，随着现代畜牧养殖理念的推广应用，一大批先进的科学养殖技术得以推广应用，真正发展和解放了生产力，将养殖者从繁重的劳作中解脱出来。集约化、规模化养殖产业得到了不同程度的发展。规模化畜牧养殖产业已经成为基层地区群众发家致富的主要来源。乡村振兴战略的实施，首先要求农村地区有完整的产业链条，而现代畜牧养殖产业就是这个产业链条的重要支柱，具有巨大的产业兴旺优势，在推动农村产业健康发展方面发挥着不可替代的重要支撑作用。随着畜牧业的发展，结合区域优势资源，发掘地方特色，精心谋划，发挥畜牧业的巨大优势，推动乡村经济发展。

### （二）畜牧业是"生活富裕"的有效途径

乡村振兴中，实现"生活富裕"是一项关键性的内容，而畜牧业在促进"生活富裕"方面发挥着不可替代的作用。相较于农作物种植，畜牧业受到自然条件的制约程度较低，其投资可少可多，养殖周期短，投资见效快，商品率高等，十分适合农民群众发展，是基层地区农民群众增产增收的主要渠道之一。近年来，随着人们生活条件的不断提升，对畜禽动物产品的需求量越来越大，对质量要求也越来越高，这赋予了畜牧业巨大的发展机遇。同时畜牧业具有较强的带动力及影响力，赋予农村经济发展动力。一方面，发展畜牧业可带动种植业、饲料加工业、动物保健等产业的发展，另一方面，发展畜牧业可推动畜产品加工业、肥料工业、交通运输业等产业的发展，这使得各个领域的就业岗位增多，缓解了就业难题，并且也促进了经济总量的增长，实现了经济效益与社会效益双赢。在乡村振兴工作的开展过程中，很多乡镇都将大力发展畜牧业作为打赢脱贫攻坚战的重要武器。如山西省的部分农村，通过精准脱贫资金，建立了标准化的养殖基地，可以对外租赁，不仅能吸纳贫困户就近就业，增加收入，还能壮大农村集体经济，稳定增收。在发展农村经济的过程中，畜牧业在促进农村绿色发展、规模化经营、品牌化营销、提高农产品的价值创造和市场竞争力方面起到了不可替代的作用。

**（三）畜牧业是"生态宜居"的关键环节**

乡村振兴战略中其中一个目标就是"坚持人与自然和谐共生，走乡村绿色发展之路"，近年来，以"绿色发展"为指导，大力发展"高效畜牧"＋"平安畜牧"＋"效益畜牧"，以提高农业的整体生产能力和农产品的市场竞争能力。以"原生态+观光"为主线，积极推行"特色原生态、绿色健康养殖"等经营方式，为乡村绿色发展提供了必要的支持。畜牧业养殖过程中，消耗大量的剩余粮食以及农作物的秸秆，大大促进粮食等农副产品的加工转化增值增效，促进了生态平衡。与此同时，可以为种植业提供大量的质优价廉的有机肥料，改善土壤环境，增强土壤肥力，降低种植业成本，提高农产品质量，起到增产增效的双重作用，促进整个大农业良性循环和可持续发展的实现，秸秆过腹还田，既生产了畜产品，又增加了土壤的有机质，还减少了因焚烧秸秆造成的环境污染，且畜禽排泄物也可以作为沼气来源，为人类健康的生活服务，从而实现畜牧业与生态、与环境的协调发展闭环，为高效、低碳、可持续农业发展提供有力支撑，推动了农村绿色生态建设的发展。

## 二、畜牧场规划设计的重要性

### （一）畜牧场是人们组织畜牧生产的场所

畜牧生产设备在这里安装和运行，畜牧经营管理的理论与方法在这里具体实施，饲养管理技术在这里贯彻执行，各项生产指标在这里完成，这一切，都与畜牧场设计和建设状况密不可分。设计、建设得合理，就可以使技术设备充分发挥作用，使各项经营管理技术和饲养管理措施的实施获得有利条件，使各项生产指标的全面实现成为可能。设计、建设得不合理，各种设想、计划都难以实现，甚至全部落空。

进行畜牧业生产，首先要合理组织畜群，恰当地安排各畜群间的周转更替。畜牧场的畜舍设计和全场布局，直接关系着畜群的组成和周转。设计得合理，畜群周转就很便当、顺利；设计得不合理，周转就很困难，甚至完全受阻。

畜牧场的总体布局和畜舍设计，必须同计划安装的各种设备相适应，使这些设备得到最恰当的位置和空间，不发生任何困难或浪费，为建成后正常运转和发挥效能创造良好条件。

**（二）畜禽生产潜力的发挥，在很大程度上受着外界环境的制约**

现代化畜牧场之所以能使畜禽比较充分地发挥其生产潜势，重要原因之一就是用人为方法给畜禽创造一个比较适宜的外部环境，使之在一定程度上摆脱自然气候的影响。在这方面，畜牧场设计和畜舍建造情况起着决定性的作用。

**（三）劳动力的组织是进行畜牧生产的重要环节**

畜舍设计应当同劳动力的定额管理和劳动效率密切适应，既能使工作人员有充分机会发挥自己的潜能，又不致造成窝工现象。

**（四）卫生防疫工作对畜牧场的存亡具有重要影响**

畜牧场设计合理，就使各项防疫制度的贯彻实施得到保证。设计不合理，常使防疫工作困难重重、事倍而功半，甚至使防疫工作成为空谈。

**（五）畜牧生产需要安全、合理且畅通的流通渠道**

畜牧生产需要大量物资，例如饲草、精料等，需要有计划地从外部输入，其产品又要及时输送给社会。所以畜牧场是一个完全开放的生态系统，同外部有着多方面的密切联系。畜牧场的设计，必须为内部与外部的能量、物质交换提供最大的方便，使畜牧场内部各生产环节之间、畜牧场同大农业生态系统的各组分之间，以及畜牧场同生态系统之外的有关部门之间的流通渠道安全合理且畅通，以保证畜牧业生产能够得到各有关方面的支持和配合，正常运转，并为维护和促进大农业生态系统的持续、稳定发展发挥重要作用。

**（六）畜牧生产需要关注环境保护**

各地工农业生产的发展，给社会带来了环境污染，这已成为人们普遍关注的问题。这种污染，也会给畜牧业造成威胁。畜牧场的设计必须能够有效地防止工农业产生的污染物对畜牧业生产带来不良影响。另一方面，畜牧场本身也会给周围环境造成污染。畜牧场的设计应当满足这两方面的要求：使畜牧场既不受外界污物的影响，又不致对外界造成污染。

可见，畜牧场规划设计是非常重要的工作，绝不是可有可无，也不是简单从事所能做好的。必须充分调查周围环境的各种情况，仔细分析研究场内生产的各个环节，综合运用多方面的知识和技术，才能做好设计工作，使畜牧生产在建场后迅速进入正常轨道，达到较高的管理和生产水平，获得良好的经济效益、社会效益和生态效益。

## 三、畜牧场规划设计的基本原则

（1）在防疫上能绝对保证人畜安全，避免外界的干扰和污染，同时也要避免污染和影响周围环境。

（2）畜牧场设计要结合国情和当地条件，尽量利用自然资源，就地取材，降低运行成本；畜牧场的产品营销方便，具有广阔的市场。

（3）场内各功能区的划分和布局合理，各生产性建筑物安置恰当，便于各相关单位之间的联系和配合，运作方便。

（4）采用科学的生产工艺与配套设备，畜牧场的畜舍、设备和设施设计，必须符合工艺设计要求；各单体建筑物的设计与建造，能够适合设备安装的要求，并且具有一定的超前性，便于先进饲养管理技术的运作。

（5）考虑畜禽生理、心理、行为习性、健康等要求，全场总体设计和畜舍单体设计相配合，为畜禽创造一个比较适宜的小气候环境，为保证畜禽健康和充分发挥其生产潜能提供有利条件，体现福利养殖。

（6）主建筑工程（土建工程和管道、线路等）应一次完成，配套工程（道路、排水、绿化等）应随之完成，不留尾巴。

（7）全场总体设计和畜舍单体设计都应体现节约原则，切忌贪大求洋、华而不实。使每一幢建筑物、每平方米地面、每一段管道和线路都能得到合理利用，充分发挥其效能。

（8）从总体规划到每一步具体设计，都以经济效益、社会效益和生态效益为指导原则，使畜牧场建成后能为当地的经济建设和大农业生态系统的正常运转发挥积极作用。

总之，畜牧场规划设计是一项复杂的任务，需要设计人员具有广泛的知识、技术和周密而细致的工作能力，使设计工作进行得科学、合理、有序，使筹建时所提出的意图和要求得到全面实现。

## 四、畜牧场规划设计的政策要求

坚持一张蓝图绘到底，巩固延续现有政策成果，深化拓展土地、财政、金融、市场调控等政策措施，推进畜牧业高质量发展。

### （一）落实用地政策

《中华人民共和国畜牧法》（以下简称《畜牧法》）已经十三届全国人大常委会第三十七次会议修订通过，自2023年3月1日起施行。该法在完善畜禽养殖用地政策，保护养殖户合法权益方面作出规定，对养殖场拆迁、禁养关停中简单片面"一刀切"，侵害养殖户合法权益的情况有一定约束。

（1）保障畜禽养殖用地合理需求，根据本地实际情况安排畜禽养殖生产及其直接关联的检验检疫、清洗消毒、畜禽粪污处理、病死畜禽无害化处理等农业设施用地。畜禽养殖用地按照农业用地管理，兴建永久性建筑涉及农用地转用的依《土地管理法》办理。

（2）畜禽养殖场的选址、建设应当符合国土空间规划，并遵守有关法律法规的规定；不得违反法律法规的规定，在禁养区域建设畜禽养殖场。

（3）保护养殖户合法权益，不得随意以行政手段强行清退。对于确需清退的养殖场户，完善相应的补偿机制。

## （二）加强财政保障

继续实施生猪（牛、羊）调出大县奖励政策和草原生态保护补助奖励政策，以及畜禽良种、优质高产苜蓿、粮改饲、肉牛肉羊提质增效等畜牧业发展支持项目。支持开展畜禽粪污资源化利用，对动物疫病强制免疫、强制扑杀和养殖环节无害化处理给予补助，鼓励通过政府购买服务方式支持动物防疫社会化服务发展。加大农机购置补贴对畜牧养殖机械装备的支持力度，重点向规模养殖场倾斜，实行应补尽补。落实畜禽规模养殖、畜产品初加工等环节用水、用电优惠政策。探索建立重大动物疫情应急处置基金，构建以财政投入为主、社会捐赠为辅的资金投入机制。

## （三）创新金融支持

积极推行活畜禽、养殖圈舍、大型机械设备抵押贷款试点。对符合产业发展政策的养殖主体给予贷款担保和贴息，鼓励地方政府产业基金及金融、担保机构加强与养殖主体对接，满足生产发展资金需求。大力推进畜禽养殖保险，落实中央财政保险保费补贴政策，对能繁母猪、奶牛、牦牛、藏系羊保险给予保费补贴支持。继续开展并扩大农业大灾保险试点，指导地方探索开展优势特色畜产品保险，支持纳入中央财政对地方优势特色农产品保险以奖代补试点。鼓励有条件的地方自主开展畜禽养殖收益险、畜产品价格险试点。鼓励社会资本设立畜牧业产业投资基金和畜牧业科技创业投资基金。稳妥推进猪肉、禽蛋等畜产品期货，为养殖等生产经营主体提供规避市场风险的工具。

# 第二节 畜牧场规划设计的主要内容

建设一个畜牧场，主要包括生产工艺设计和畜舍设计与建设。生产工艺设计是畜舍设计和建设的前提和基础，畜舍设计和建设则是生产工艺设计的必然要求。二者配合进行，才能提出完整设计方案。

## 一、生产工艺设计

畜牧场生产工艺是指人们利用动物和饲料生产畜产品的过程、组织形式和方法，主要是文字材料，是根据先期工作（包括立项——可行性报告、报批、调查研究等）所确定的畜牧场性质、规模、任务、要求等，具体制定畜牧场的生产计划方案等，如畜群的组成和周转、各项生产指标的确定、对环境的要求及控制措施、饲养管理方式、劳动力的组织安排、粪污处理利用工艺与设备选型配套、投资估算及效益分析等。畜牧场生产工艺设计是根据上级有关精神而制订的建场纲领，是进行畜牧场规划设计的最基本的依据，也是畜牧场建成后实施生产技术、组织经营管理、实现和完成预定生产任务的决策性文件。因此，生产工艺设计是保证畜牧场进行合理建设和正常生产运行的重要技术文件。

### （一）前言

主要阐述当地的自然、经济和社会条件；当地或国内外市场对拟建畜牧场产品的需求，建场目的、意义及经济效益、社会效益和生态效益。

### （二）牧场性质和规模

畜牧场性质按繁育体系分为选育场（育种场、原种场）、曾祖代场、祖代场、父母代场和商品场。按所有制不同分为全民所有制、集体所有制、私营、有限责任公司、农民专业合作社等。

畜牧场规模尚无规范的描述方法，有的按存栏头（只）数计，商品猪场和肉鸡、肉牛场常按年出栏商品畜禽数计，种猪场亦可按基础母猪数计，种鸡场则多按种鸡套数计，奶牛场则按基础母牛数计等。

畜牧场的性质和规模的确定必须根据市场需求，并要考虑技术水平、投资能力、环境污染和各方面条件等。

### （三）主要工艺参数

应根据选定的畜禽品种、牧场人员的素质及技术和管理水平、牧场可能提供的条件和机械化程度，并考虑当地的气候、社会和经济条件等因素，提出恰当的生产指标、耗料标准、畜群划分方式、饲养天数等工艺参数，作为牧场设计的依据。这些也是畜牧场投产后的生产指标和定额管理标准。

### （四）饲养管理方式

饲养管理方式关系到畜舍内部设计及设备的选型配套，也关系到生产的机械化程度、劳动效率和生产水平，主要包括饲养方式、饲喂方式、饮水方式、清粪方式等。

1. 饲养方式

是指为便于饲养管理而采用的不同设备、设施（栏圈、笼具等），或每圈（栏）容纳畜禽的多少，或畜禽管理的不同形式。按饲养管理设备和设施的不同，可分为笼养、网栅饲养、缝隙地板饲养、板条地面饲养或地面平养。按每圈（栏）饲养的头（只）数多少，各种畜禽均可分群养或个体单养。群养时每群的头数则因畜禽种类不同而差别很大，家畜多为几头至几十头，家禽可达上千只。按管理形式可分拴系（或限位栏）饲养、散放饲养、无垫草饲养或厚垫料饲养等。饲养方式的确定需考虑畜禽种类，投资能力和技术水平、劳动生产率、防疫卫生、当地气候和环境条件，饲养习惯等，要多方权衡、认真研究，必要时应进行论证。

2. 饲喂方式

是指不同的投料方式或饲喂设备，例如，采用弹簧式、塞盘式输料管或链环式料槽等机械喂饲（多用于猪和鸡），或不同方式的人工喂饲；采用定时限量饲喂或自由采食等。采用何种饲喂方式应根据畜禽种类和畜群种类、投资能力、机械化程度等因素确定。

### 3. 饮水方式

可分为定时饮水和自由饮水，所用设备有水槽和各式饮水器。水槽（长流水、定时给水、贮水）饮水可用于各种畜禽，但不卫生，管理麻烦。各种饮水器（杯式、鸭嘴式、乳头式、饮水碗等）可用于各种畜禽。

### 4. 清粪方式

传统的清粪方式一般采用带坡度的畜床和与之配套的粪尿沟，尿和水由粪尿沟、地漏和地下排出管系统排至污水池，粪便则每天一次或几次以人工或刮粪板清除，此方式可用于各种畜禽舍，用于鸡舍时可不设粪尿沟。随着缝隙地板和网床饲养工艺的推广应用，水冲清粪、水泡粪工艺已被普遍采用（特别是猪场），前种方式是利用水的流动将粪冲出舍外，可提高劳动效率，降低劳动强度，但却使粪污的无害化处理和合理利用难度加大，同时，由于粪中的可溶性营养物质溶于水中，降低了粪便的肥效，又加大了污水处理的有机负荷；水泡粪工艺虽用水量较小，但因粪水在沟中积存1~2个月才排放，除水冲粪的缺点外，常造成舍内潮湿和空气卫生状况恶化，冬季尤为严重。其实，采用网床和缝隙地板可以使尿和污水由地下排出系统排至污水处理场，固体粪便则用人工或机械清出舍外。采用何种清粪工艺，须综合考虑畜禽种类、投资和能耗、舍内环境卫生状况、粪污的处理和利用等。

### （五）牧场环境参数和建设标准

设计中应提供舍内环境参数和标准、牧场建设和畜舍建筑标准、牧场用水量和生活饮用水卫生标准，以及国家或地方的有关废弃物排放标准和粪污处理利用标准等。

舍内环境参数和标准，包括温度、湿度、通风量和气流速度、光照强度和时间、有害气体浓度、空气含尘量和微生物含量等，以为建筑热工、供暖降温、通风排污和排湿、光照等设计提供依据。

牧场建设和畜舍建筑标准包括牧场占地面积、场址选择、建筑物布局、圈舍面积、采食宽度、通道宽度、门窗尺寸、畜舍高度等，这些数据不仅是牧场建筑设计和技术设计的依据，也决定着牧场占地面积、畜舍建筑面积和土建投资额度。

### （六）畜群组成和周转流程

无论何种牧场，在确定了牧场性质、规模、饲养管理方式和主要工艺参数之后，即可确定畜群类别的划分及其饲养时间。根据各类畜禽的饲养时间和消毒空舍时间，分别计算出各类群畜禽的存栏头（只）数和各类畜舍的数量；根据畜群组成以及各畜群之间的功能关系，可制定出畜群的周转流程（生产工艺流程）计划。为清楚、直观地表达畜群组成和周转流程，可按照规定的工艺流程和繁殖节律，结合畜群类别、场地情况、管理定额、设备规格等确定本场畜舍的种类和幢数后，绘出工艺流程图。集约化畜牧场生产工艺应尽量采用"全进全出"的周转模式：一栋畜舍一般只饲养一类群的畜禽，并要求同时进舍，一次装满；到规定时间的，又同时出舍。畜舍和设备经彻底消毒、检修后空舍几天再接受新群，这样有利于卫生防疫，可防止疫病的交叉感染。

**（七）卫生防疫制度**

疫病是畜牧生产的最大威胁，积极有效的对策是贯彻"预防为主，防重于治"的方针，严格执行《中华人民共和国动物防疫法》，工艺设计应据此制定出严格的卫生防疫制度。此外，畜牧场规划设计还需从场址选择、场地规划，建筑物布局、绿化、生产工艺、环境管理、粪污处理利用等方面全面加强卫生防疫，并在工艺设计中逐项加以说明。经常性的卫生防疫工作，要求具备相应的设施、设备和相应的管理制度，在工艺设计中对此提出明确要求，如消毒更衣淋浴室、隔离舍、装车卸车台等。此外，工艺设计应明确规定设备、用具要分栋专用，场区、畜舍及舍内设备要有定期消毒制度。对病畜隔离、尸体剖检和处理等也应严格规定，并对有关的消毒设备和处理设施提出要求。

**（八）畜舍样式、构造的选择和设备选型**

畜舍样式、构造的选择，主要考虑当地气候和场地地方性小气候、牧场性质和规模、饲养畜禽的种类和畜群类别对环境的不同要求，当地的建筑习惯和常用建材、投资能力等。畜舍主要尺寸应根据畜群组成和周转计划以及劳动定额，确定畜舍种类和畜舍数量，再根据饲养方式和场地地形，确定每栋畜舍的跨度和长度。畜舍主要尺寸和全场布局须同时考虑，并反复调整，方能确定畜舍尺寸和全场布局方案。

畜舍设备包括饲养设备（栏圈、笼具、网床、地板等）、饲喂设备、饮水设备、清粪设备、通风设备、供暖和降温设备、照明设备等。设备的选型须根据工艺设计确定的饲养管理方式（饲养、饲喂、饮水、清粪等方式）、畜禽对环境的要求、舍内环境调控方式（通风、供暖、降温、照明等方式）、设备厂家提供的有关参数和价格等进行选择，必要时应对设备进行实际考察。各种设备选型配套确定之后，还应分别算出全场的设备投资及电力和燃煤等的消耗量。

**（九）管理定额及牧场人员组成**

管理定额的确定主要取决于牧场性质和规模、不同畜群的要求、饲养管理方式、生产过程的集约化及机械化程度、生产人员的技术水平和工作熟练程度等。管理定额应明确规定工作内容和职责，以及工作的数量（如饲养畜禽的头只数、畜禽应达到的生产力水平、死淘率、饲料消耗量等）和质量（如畜舍环境管理和卫生情况等）。管理定额是牧场实施岗位责任制和定额管理的依据，也是牧场设计的参数。一幢畜舍容纳畜禽的头（只）数，宜恰为一人或数人的定额数，以便分工和管理。做到分工明确，责任到人，落实定额与畜舍分栋配套，以群划分，以人定责，以舍定岗。由于影响管理定额的因素较多，而且其本身也并非严格固定的数值，故实践中需酌情确定并在执行中进行调整。

**（十）畜舍种类、幢数和尺寸的确定**

在完成了上述工艺设计步骤后，可根据畜群组成、畜舍种类、占栏天数和劳动定额，计算出各畜群所需栏圈数、各类畜舍的幢数；然后可按确定的饲养管理方式、设备选型、牧场建设标准和拟建场的场地尺寸，徒手绘出各种畜舍的平面简图，从而初步确定每幢畜舍的内部布置和尺寸；最后可按畜舍间的功能关系、气象条件和场地情况，作出全场总体布局方案。在建筑设计和施工图设计过程中，还要对畜舍的各种尺寸和总体布局进行修改和调整。

### （十一）粪污处理利用工艺及设备选型配套

根据当地自然、社会和经济条件及无害化处理和资源化利用的原则，与环保工程技术人员共同研究确定粪污利用的方式和选择相应的排放标准，并据此提出粪污处理利用工艺，继而进行处理单元的设计和设备的选型配套，并做出投资概算和效益分析。

### （十二）投资估算与效益分析

在牧场占地面积、畜舍及附属建筑种类和面积、畜舍饲养管理和环境调控设备以及饲料、运输、供水、供暖、粪污处理利用等设备的选型配套确定之后可根据当地的土地、土建和设备价格，粗略估算固定资产投资额。此外，根据牧场规模、种畜禽购置、人员组成及工资定额、饲料和能源消耗定额及价格，可粗略估算流动资金额。牧场总投资应包括固定资产投资和产出第一批产品前所需流动资金，并须计划出一定比例的不可预见费用。

按调查和估算的土建、设备投资及引种费、饲料费、医药费、工资、管理费、其他生产开支、税金和固定资产折旧费等，可估算生产成本，并按本场产品量和售价，估算本场经济效益和投资回收年限。社会效益可根据社会需求、本场产品销售、示范和技术推广等方面发挥的作用进行分析。环境和生态效益则可着重分析粪污处理利用、消除环境污染、促进农牧结合和农业良性循环等方面的意义。

## 二、畜舍设计和建设

畜舍设计和建设是根据生产工艺设计所提出的方案，对各类畜舍进行具体设计。分为三个步骤，初步设计、技术设计和施工图设计。

### （一）初步设计

初步设计时根据生产工艺设计所提出的各种要求和数据，综合考虑地形地势、土壤、水源、交通、电力、物资供应及与周围环境的配置关系等自然条件和社会条件对畜牧场的场址进行选择，并根据畜牧生产各环节之间的联系处理好场内各功能区乃至各建筑物之间的协调关系，在此基础上提出全场的总平面布局图。

1.场址选择

具有一定规模的畜牧场，在建场之前，必须对场址进行必要的选择，因为场址的好坏直接关系到投产后场区小气候状况、牧场的经营管理及环境保护状况。场址选择主要应从地形地势、土壤、水源、交通、电力、物资供应及与周围环境的配置关系等自然条件和社会条件进行综合考虑，确定畜牧场的位置。

（1）自然条件。

①地势地形。地势是指场地的高低起伏状况；地形是指场地的形状、范围以及地物（山岭河流、道路、草地、树林、居民点等）的相对平面位置状况。总体上，畜牧场的场地应选在地势较高、干燥平坦及排水良好的地方，要避开低洼潮湿的场地。地势要向阳背风，减少冬春季风雪的侵袭。

②水质水源。在畜牧生产过程中，畜禽饮用、饲料调制和畜舍、设施、畜体的清洗等都需要大量的水。所以必须要有可靠的水源，并符合以下要求：一是，水量充足，能满足场内人、动物的饮用和生产、管理用水需要，还需要考虑防火和远期发展需要。二是，水质良好，能满足人畜饮用和建筑施工要求。三是，便于防护，保证水源水质处于良好状态，不受周围环境污染。四是，取用方便，处理投资少。

③土壤土质。土壤的透气性、吸湿性、毛细管特性及土壤化学成分等不仅直接和间接影响畜牧场的空气、水质和地上植被等，还影响土壤的净化作用。透气性和透水性不良、吸湿性大的土壤，当受到粪尿等有机物污染以后，往往在厌氧条件下进行分解，产生氨和硫化氢等有害气体，使场区空气受到污染。此外土壤中的污染物还易于通过土壤孔隙或毛细管而被带到浅层地下水中，或被降水冲刷到地面水源里，从而使水源受到污染。吸湿性强、含水量大的土壤，因抗压性低，易使建筑物的基础变形，缩短建筑物的使用寿命，同时也降低畜舍的保温隔热性能。因此，适于建立畜牧场的土壤，应该是透气透水性强、毛细管作用弱、吸湿性和导热性小、质地均匀、抗压性强的土壤。

④气候因素。气候因素主要指与建筑设计有关和造成畜牧场小气候的气候气象资料，如气温、风力、风向及灾害性天气的情况。拟建地区常年气象变化包括平均气温、绝对最高与最低气温、土壤冻结深度、降水量与积雪深度、最大风力、常年主导风向、风频率、日照情况等。气温资料不但在畜舍热工设计时需要，而且对畜牧场防暑、防寒日程安排及畜舍朝向、防寒与遮阳设施的设置等均有意义。风向、风力、日照情况与畜舍的建筑方位、朝向、间距、排列次序均有关系。

（2）社会条件。

①城乡建设规划。目前及在今后很长的一段时间内，我国的城乡建设出现和保持迅猛的发展态势。因此，畜牧场选址应考虑城镇和乡村居民点的长远发展，不要在城镇建设发展方向上选址，以免造成频繁的搬迁和重建。

②畜牧场与居民点的关系。畜牧场场址的选择，必须遵循社会公共卫生准则，使畜牧场不致成为周围社会的污染源，同时也应注意不受周围环境的污染。因此，畜牧场的位置应选择在居民点的下风处，地势低于居民点，但要离开居民点污水排出口，更不应选在化工厂、屠宰场、制药厂等容易造成环境污染企业的下风处或附近。

③交通运输条件。畜牧场场址应尽可能接近饲料产地和加工地，靠近产品销售地，确保其有合理的运输半径。大型集约化商品场，其物资需求和产品供销量极大，对外联系密

切，故应保证交通方便，场外应通有公路，但应与交通干线保持适当距离。

④水电供应情况。供水与排水要统一考虑，拟建场区附近如有地方自来水公司供水系统，可以尽量引用，但需要了解水量能否保证；也可本场打井修建水塔，采用深层水作为主要供水来源。

畜牧场生产、生活用电都要求有可靠的供电条件，一些畜牧生产环节如孵化、育雏、机械通风等的电力供应必须绝对保证。因此，需了解供电源的位置，与畜牧场的距离，最大供电允许量，是否经常停电，有无可能双路供电等。通常建设畜牧场要求有Ⅱ级供电电源。属于Ⅲ级以下电源供电时，则需自备发电机，以保证场内供电的稳定可靠。为了减少供电投资，应靠近输电线路，尽量缩短新线的铺设距离。

⑤土地征用需要。场址选择必须符合本地区农牧业生产发展总体规划、土地利用发展规划和城乡建设发展规划的用地要求；必须遵守珍惜和合理利用土地的原则，不得占用基本农田，尽量利用荒地和劣地建场。

⑥畜牧场饲料供应条件的选择。饲料是畜牧生产的物质基础，饲料费一般可占饲养成本的75%左右。因此，选择场址时还应考虑饲料的就近供应，草食家畜的青饲料应尽量由当地供应，或本场计划出饲料地自行种植，以避免因大量粗饲料长途运输而提高成本。

⑦协调的周边环境。选择和利用树林或自然山丘作建筑背景，外加修整良好的草坪和车道会给人美化环境的感觉。畜牧场的辅助设施，特别是蓄粪池，应尽可能远离周围住宅区，并要采取防范措施，建立良好的邻里关系。可能的话，利用树木等将其遮挡起来，建设安全护栏，防止儿童进入。

⑧其他社会条件的选择。场址选择还应考虑产品的就近销售，以缩短距离、降低成本和减少产品损耗。禁止在旅游区、病畜区建场。不同畜牧场，尤其是畜种可感染共患传染病的畜牧场，两场间必须保持安全距离。

2. 总平面图设计

总平面设计是在工艺设计初步确定的畜舍种类、幢数、平面尺寸和全场总平面布局的基础上，根据各种畜舍实际设计的结果对建筑物布局进行调整，绘制总平面图的过程。

（1）场区区划。在确定场地规划前首先要了解当地的气象条件、场地的地形地势及其与周围地物（村庄、工厂、路、水面、山丘等）的关系等资料，按照牧场建设标准，对生活管理区、生产区、辅助生产区、隔离区、绿化带、排水方向等做出大体规划，确定他们的位置及卫生间距。

①生活管理区。生活管理区是牧场从事经营管理活动的功能区，与社会具有极为密切的联系，主要包括办公室、接待室、会议室、技术资料室、化验室、食堂餐厅、职工值班宿舍、厕所、传达室、警卫值班室、围墙和大门，以及外来人员第一次更衣消毒室和车辆消毒设施等办公管理用房和生活用房。生活管理区应在靠近场区大门内侧集中布置。有家属宿舍时，应单设生活区。生活管理区位置的确定，除考虑风向、地势外，还应考虑将其

设在与外界联系方便的位置。

②生产区。主要布置不同类型的畜舍及蛋库、孵化出雏间、挤奶厅、乳品处理间、羊剪毛间、家畜采精室、人工授精室等，是畜牧场的核心。各类畜舍的幢数、尺寸确定之后，应根据畜舍间的功能关系、防疫卫生要求、牧场建设标准及当地主风向等，安排每幢畜舍的位置，确定畜舍间的卫生间距、山墙间的距离和山墙与场围墙间的距离。

③辅助生产区。主要由饲料库、饲料加工车间和供水、供电、供热、维修、仓库等组成。这些设施要紧靠生产区布置，与生活管理区没有严格的界线要求。对于饲料库，则要求仓库的卸料口开在辅助生产区内，仓库的取料口开在生产区内，杜绝外来车辆进入生产区，保证生产区内外运料车互不交叉使用。

④隔离区。隔离区包括兽医诊疗室、隔离舍以及尸体、粪便污水处理设施等。隔离区应设在全场常年主导风向的下风区和全场场区最低处，并应与生产区之间设置适当距离的卫生间距，其周围应密植隔离林，有条件的地方可以建隔离场。

（2）畜牧场建筑设施布局。畜牧场建筑设施的规划布局，就是合理设计各种房舍建筑物及设施的排列方式和次序，确定每栋建筑物和每种设施的位置、朝向和相互之间的间距。畜牧场建筑物一般横向成排（东西），竖向成列（南北）。排列的合理与否，关系到场区小气候、畜舍的光照、通风、道路和管线铺设的长短、场地的利用率等。应根据当地气候场地地形、地势、建筑物种类和数量，因地制宜地合理安排，尽量做到整齐、紧凑、美观。一般来说畜舍应平行整齐排列，4栋以内，宜呈单列布置，单列布置使场区的净道、污道明确；超过4栋时呈双列布置或多列布置，双列式净道居中，污道在畜舍两边。

**（二）技术设计**

技术设计是根据初步设计所提出的要求，对防寒保暖、防暑降温、采光照明、通风换气等技术问题提出设计方案。

1. 畜舍防寒保暖设计

在我国东北、西北、华北等寒冷地区，冬季气温低，持续期长（建筑设计的计算温度一般在-25～-15℃，黑龙江省甚至在-30℃左右）；四季及昼夜气温变化大。低温寒冷会对畜牧业产生极为不良的影响。因此，寒冷是制约我国北方地区畜牧业发展的主要限制因素。在寒冷地区修建隔热性能良好的畜舍，是确保畜禽安全越冬并进行正常生产的重要措施。对于产仔舍和幼畜舍，除确保畜舍隔热性能良好之外，还需通过采暖以保证幼畜所要求的适宜温度。

加强畜舍的保温设计与施工以提高畜舍的保温能力，较之畜禽大量消耗饲料能量以维持体温或通过采暖保证生产进行更为经济和有利。在畜舍设计时应从以下几个方面考虑。

（1）畜舍外围护结构的保温。畜舍的保温设计，要根据地区气候差异和畜种气候生理的要求选择适当的建筑材料和合理的畜舍外围护结构，使围护结构总热阻值达到基本要求，这是畜舍防寒保温的根本措施。为了技术可行、经济合理，在建筑热工设计中，根据冬季低限热阻来确定围护结构的构造方案，所谓冬季低限热阻（$R^d_{o,min}$）是指畜舍在冬季正常使用并在必要时供暖的情况下，保证围护结构非透明部分的内表面温度不低于允许值的总热阻。经计算确定的围护结构构造方案的总热阻，必须大于或等于其冬季低限热阻。

（2）选择适宜防寒的畜舍样式。选择畜舍样式应考虑当地冬季寒冷程度和饲养畜禽的种类与饲养阶段。例如，严寒地区宜选择有窗或无窗密闭式畜舍，冬冷夏热地区的成年畜舍可以考虑选用半开放式，但冬季须搭设塑料棚或设塑料薄膜窗保温。成年乳牛较耐寒而不耐热，故可采用半钟楼式或钟楼式，以利夏季防暑。

（3）畜舍的朝向。由于冬季太阳高度角小，故朝向宜选择南向、南偏东或偏西15~30°，可使南纵墙接受较多的太阳辐射热。另外，由于冬季主导风向对畜舍迎风面所造成的压力，使墙体细孔不断由外向内渗透寒气，是冬季畜舍的冷源，在设计畜舍朝向时，宜选择畜舍纵墙与冬季主风向平行或形成0~45°角的朝向，以减少冷风渗透，有利于保温。

（4）减小外围护结构的面积。畜舍单位时间的失热量与外围护结构面积成正比，在允许情况下，减小畜舍高度，以减少外墙面积；此外，畜舍跨度与外墙面积有关，相同面积和高度的畜舍，加大跨度亦可减小外墙长度和面积，故均有利于防寒保暖。

（5）门、窗设计。在寒冷地区，在受寒风侵袭的北侧、西侧墙应少设窗、门，并注意对北墙和西墙加强保温，以及在外门加门斗、设双层窗或临时加塑料薄膜、窗帘等，对加强畜舍冬季保温均有重要作用。

（6）地面的保温隔热设计。畜舍地面的保温、隔热性能，直接影响地面平养畜禽的体热调节，也关系到舍内热量的散失，因此畜舍地面保温很重要。为提高地面保温性能，可在地面中铺设导热系数小于1.16瓦/（米·开）的保温层。水泥地面具有坚固、耐久和不透水等优良特点，但水泥地面又冷又硬，在寒冷地区使用水泥地面时，可采用橡皮或塑质的厩垫，克服水泥地面凉和硬的缺点，提高地面的隔热性能。

（7）供暖设备选型。在严寒冬季，仅靠建筑保温难以保障畜禽要求的适宜温度，因此，必须采取供暖设备，尤其是幼畜禽舍。当畜舍保温不好或舍内过于潮湿，空气污浊时，为保持适宜温度和通风换气，必须对畜舍供暖。畜舍采暖分集中采暖和局部采暖，集中采暖和局部采暖都可以用于降低低温季节内畜舍的寒冷程度，但适用场景不同。集中采暖适用于较大型的畜舍或畜禽养殖场，局部采暖适用于小型畜舍或特定畜体区域。

2. 畜舍防暑降温设计

近年来，在畜牧生产中，国内外均采取措施消除或缓和高温对畜禽健康和生产力所产生的有害影响，以减少由此而造成的严重的经济损失。我国由于受东亚季风气候的影响，夏季南方、北方普遍炎热，尤其是在南方，高气温持续期长、太阳辐射强、湿度大、日夜温差小，对畜禽的健康和生产极为不利。因此，在南方炎热地区或北方夏季，解决夏季防暑降温问题，对于提高畜牧业生产水平具有重要意义。

（1）畜舍外围护结构的隔热。通过加强屋顶、墙壁等外围护结构的隔热设计，可以有效防止或减弱太阳辐射热和高气温综合效应所引起的舍内温度升高，适当加大衰减度和延迟时间。畜舍外围护结构的隔热性能由夏季低限热阻、低限总衰减度和总延迟时间来衡量。一般以夏季低限热阻控制围护结构内表面昼夜平均温度不超过允许值，以防止舍内过热；以低限总衰减度控制围护结构内表面温度的峰值不致过高、振幅不致太大，防止较强的热辐射和温度剧烈波动对人畜引起不适；以总延迟时间，控制内表面温度峰值出现的时间。因畜舍昼夜使用，一般希望总延迟时间长些，使内表面温度峰值出现在舍外综合温度已经较低的夜间，防止两者出现时间重合或接近而产生共同作用，加剧动物热应激。

（2）通风间层屋顶。将屋顶修成双层及夹层屋顶，空气可从中间流通。面层接受的太阳辐射热使间层空气升温、相对密度小，由间层排放口排出，并将传入的热量带走，相对密度较大的外界空气由进风口不断流入间层，如此不断流动，可大大减少通过间层传入舍内的热量。为了保证通风间层隔热良好，要求间层内壁必须光滑，以减少空气阻力，同时进风口尽量与夏季主风方向一致，排风口应设在高处，以充分利用风压与热压。

（3）浅色、光平围护结构外表面。外围护结构外表面的颜色深浅和光平程度，决定其对太阳辐射热的吸收和反射能力。色浅而光平的表面对太阳辐射热吸收少而反射多，深色粗糙的表面则吸收多而反射少。因此，屋面和外墙面采用浅色光平表面，可增加其反射太阳辐射的作用，减少太阳辐射热向舍内传入，是有效的隔热措施之一。

（4）遮阳与绿化。遮阳是阻挡阳光直接射进舍内的措施。遮阳的方式有挡板遮阳、水平遮阳、综合式遮阳等，此外，加宽畜舍挑檐、挂竹帘、搭凉棚、悬挂遮阳网以及种草种树和搭架种植攀缘植物等绿化措施都是简单易行、经济实用的遮阳方法。树草可遮挡80%的阳光，可使建筑物和地表面温度降低，另外，植物根部所保持的水分，从地面吸收大量热能而使地面降温；叶片通过蒸腾作用和光合作用，大量吸收太阳辐射热，从而可显著降低空气温度。

（5）降温设备选型。在炎热条件下，在建筑隔热防暑措施不能满足畜禽的要求时，可采取必要的防暑设备与设施，从而避免或缓和因热应激而引起的健康状况的异常和生产力的下降。除采用机械通风设备增加通风换气量，促进对流散热外，还可采用加大水分蒸发或直接的制冷设备降低畜舍空气或畜体的温度。常用的降温设备有：①喷雾降温设备；②湿帘降温设备；③水冷式空气冷却器。

### 3. 畜舍通风换气设计

畜舍通风换气是改善畜舍小气候环境的重要手段之一。通风是指在气温高的情况下，通过加大气流使动物感到舒适，以缓解高温对畜禽的不良影响；换气是指在畜舍密闭的情况下，引进舍外新鲜空气，排除舍内的污浊空气，以改善畜舍空气环境状况。畜舍的通风换气在任何季节都是必要的，它的效果直接影响畜舍空气的温度、湿度及空气质量等，特别是大规模集约化畜牧场更是如此。

根据气流形成的动力不同，可将畜舍通风换气分为自然通风与机械通风两种。在实际应用中，开放舍和半开放舍以自然通风为主，在密闭式畜舍，则以机械通风为主。

（1）自然通风。自然通风是利用自然界的风压和舍内外温度不同所形成的热压差进行的通风。自然通风分为两种，一种是无专门进气管和排气管，依靠门窗进行的通风换气，适用于温暖地区或寒冷地区的温暖季节使用。另一种是设置有专门的进气管和排气管，通过专门通风管道调节进行通风换气，适用于寒冷地区或温暖地区的寒冷季节使用。

①进气管：通常均匀或交错地安装在纵墙上，在炎热地区，进气管设置在墙的下部有利于在畜禽生活活动区形成对流，以缓和高气温的不良影响。在寒冷地区，则在冬季尽量避免冷气流直接吹到畜体，故进气管应设在墙的上部。

②排气管：应保持一定高度（4～6米），如高度不够，应加大排气管横断面积。在北方地区，为防止空气中水汽在管壁凝结，可在总断面积不变情况下，适当增加每个排气管的面积，而减少排气管数量。

③风帽：排气管上端的附属装置，作用是防止雨雪降落和利用风压加强通风效果。

自然通风实际是风压和热压共同作用的结果，但风压的作用一般大于热压。为提高畜舍自然通风效果，畜舍跨度不宜过大，9米以下较为适宜；门、窗、进排风口等密闭性要好。另外，合理的建筑朝向、进气口方位、舍内设施设备布置等对自然通风效果也有很大影响，设计时应加以充分考虑。

（2）机械通风。机械通风也叫强制通风或人工通风，它与自然通风不同，不受气温和风压变动的影响，能够经常而均衡地发挥作用。根据通风造成的畜舍内气压变化，将机械通风分为负压通风、正压通风、正负压联合通风3种方式。

①负压通风：也称排风式通风或排风，是指用风机把舍内污浊的空气抽到舍外，使舍内压力相对小于舍外，而新鲜空气通过进气口或进气管流入舍内而形成舍内外气体交换。采用负压通风，具有设备简单、投资少、管理费用低优点。根据风机安装的位置，可分为屋顶排风式、侧壁排风形式、穿堂风式排风等。

屋顶排风式：风机安装于屋顶，将舍内的污浊空气、灰尘从屋顶上部排出，新鲜空气由侧墙风管或风口自然进入。这种通风方式适用于温暖和较热地区、跨度在12～18米以内的畜舍或2～3排多层笼鸡舍使用，且在停电时可进行自然通风。

双侧壁排风式：风机装在两侧纵墙上，新鲜空气从屋顶或山墙上的进气口进入，经管道均匀分送到舍内两侧。这种通风方式适用于跨度20米以内的畜舍或舍内有5排笼架的鸡舍，对两侧有粪沟的双列猪舍最适用，不适宜多风地区。

穿堂风式排风：风机装在一侧纵墙上，新鲜空气从另一侧进入舍内，形成穿堂风。这种通风方式适宜跨度小于12米的猪舍，若采用两山墙对流通风，通风距离不应超过20米，并且要求畜舍密闭性要好。不适用于多风、寒冷地区。

②正压通风：也称进风式通风或送风，是指利用风机向封闭畜舍送风，从而使舍内气压大于舍外，舍内污浊气体经排气管（口）排出舍外。其优点在于可对进入空气进行各种处理，保证舍内有适宜的温湿状况和清洁的空气环境。这种通风方式比较复杂、投资和管理费用大。根据风机安装的位置，可分为侧壁送风形式（单侧壁和双侧壁）、屋顶送风形式、屋脊水平管道送风等。

侧壁送风：分一侧送风及两侧送风。前者为穿堂风形式，适宜炎热地区，跨度小于10米的畜舍。两侧送风适宜大跨度畜舍。

屋顶送风：将风机安装在屋顶，通过管道送风，使舍内污浊气体经由两侧壁风口排出。这种通风方式适用于多风或气候极冷或极热地区。

屋脊水平管道送风是一种安装在山墙上的风机先将空气送入水平铺设在屋顶下的送风管道，然后通过送风管道上的等距圆孔分送到舍内。新鲜空气会从屋顶上方通过水平管道进入室内。这种设计方式可以有效地将新鲜空气均匀地分布到整个室内空间，提高室内空气质量。畜舍跨度在9米以内时设一条风管，超过9米时设两条。这种通风方式适用于多风或极冷极热地区。

③正负压联合通风：也称混合式通风，是一种同时采用机械送风和机械排风的通风方式，因可保持舍内外压差接近于零，故又称为等压通风。大型封闭舍，尤其是无窗封闭畜舍，单靠机械排风或机械送风往往达不到通风换气的效果，故需采用联合式机械通风。联合通风系统风机安装形式，分为进气口设在下部和进气口设在上部两种形式。

进气口装设送风机，且安装在畜舍纵墙较低处，将舍外新鲜空气送到畜舍下部；排风机安装在屋顶处，将舍内污浊空气抽走。该种方式有助于通风降温，适宜温暖和较热地区。

进气口设置送风机，且安装在屋顶处，将舍外新鲜空气送到畜舍；排风机安装在畜舍纵墙较低处，将舍内下部污浊空气抽走。该种方式既可避免在寒冷季节冷空气直接吹向猪体，也便于预热、冷却和过滤空气，对寒冷地区和炎热地区都适用。

④机械通风：也可按畜舍内气流的流动方向分为横向通风、纵向通风两种形式。横向通风是指舍内气流方向与畜舍长轴垂直的机械通风。不足在于舍内气流分布不均，气流速度偏低，死角多，换气质量不高。纵向通风是指舍内气流方向与畜舍长轴平行的机械通风。克服了横向通风气流分布不均，气流速度偏低，死角多，换气质量不高等缺陷，可确保畜舍内获得新鲜空气。

4.畜舍采光照明设计

光照对于畜禽的生理机能和生产性能具有重要的调节作用。畜舍能保持一定强度的光照，除了满足家畜生产需要外，还为人的工作和畜禽的活动（采食、起卧、走动等）提供了方便。畜舍的光照根据光源的不同，分为自然光照和人工照明。

（1）自然光照。自然光照是让太阳的直射光或散射光通过畜舍的开露部分或窗户进入舍内以达到采光的目的。夏季为了避免舍内温度升高,应防止直射阳光进入畜舍;冬季为了提高舍内温度,并使地面保持干燥,应让阳光直射在畜床上。而进入舍内的光量与畜舍朝向、舍外情况、窗户的面积、入射角、透光角、舍内反光面、舍内设置与布局等多种因素有关。

①畜舍的方位:畜舍的方位直接影响畜舍的采光及防寒防暑,为增加舍内自然光照强度,畜舍的长轴方向应尽量与纬度平行。

②舍外状况:一般要求其他建筑物与畜舍的距离,应不小于建筑物本身高度的2倍。为了防暑而在畜舍旁边种植树时,应选用主干高大的落叶乔木,而且要妥善确定位置,尽量减少遮光。舍外地面反射阳光的能力,对舍内的照度也有影响。

③玻璃:玻璃对畜舍的采光也有很大影响,一般玻璃可以阻止大部分的紫外线,脏污的玻璃可以阻止15%~50%可见光,结冰的玻璃可以阻止80%的可见光。

④采光系数:指窗户的有效采光面积与畜舍地面面积之比。采光系数愈大,则舍内光照度愈大。畜舍的采光系数,因畜禽种类不同而要求不同。

⑤入射角:指畜舍地面中央一点到窗户上缘(或屋檐)所引直线与地面水平线之间的夹角。入射角愈大,愈有利于采光。为保证舍内得到适宜的光照,入射角应不小于25°。

⑥透光角:指畜舍地面中央一点向窗户上缘(或屋檐)和下缘引出两条直线所形成的夹角。如果窗外有树或其他建筑物等遮挡时,引向窗户下缘的直线应改向遮挡物的最高点,透光角大,透光性好。为保证舍内有适宜的光照强度,透光角应不小于5°。

⑦舍内反光面:畜舍内物体的反射情况对进入舍内的光线有很大影响。当反射率低时,光线大部分被吸收,舍内就比较暗;当反射率高时,光线大部分被反射出来,舍内就比较明亮。可见,舍内的表面(主要是墙壁和天棚)应当平坦,粉刷成白色,并经常保持清洁,以利于提高畜舍内的光照强度。

⑧舍内设施及畜栏构造与布局:舍内设施如笼养鸡、兔的笼体与笼架以及饲槽,猪栏栏壁构造和排列方式等对舍内光照强度影响很大,故应给予充分考虑。

(2)人工照明。利用人工光源发出的可见光进行的采光称为人工照明。人工照明除无窗封闭畜舍必须采用外,一般作为畜舍自然采光的补充。

①光源:畜禽一般可以看见400~700微米的光线。在不同种类家禽的养殖过程中,CCFL和LED均能提供冷暖光色的不同选择,若能结合这两种光源能耗低,体积小,适应频繁点亮,可根据养殖阶段不同调整光亮度等特点,将其接入精准的控制系统,这无疑是为现代化蛋鸡密闭式鸡舍的光照控制提供了一个良好的选择。

②光照强度:各种畜禽需要的光照强度,因其种类、品种、地理与畜舍条件不同而有所差异。一般认为,幼雏光照偏弱易引起生长不良、死亡率增高,故其光照强度应适当提高;生长阶段光照较弱可以使性成熟推迟,使禽类保持安静并减少恶癖。肉用畜禽育肥阶段光照弱,可使其活动减少,有利于提高增重和饲料转化率。

③光色：光色对畜禽生产具有重要的影响。如鸡在绿色和蓝色下能够缩短性成熟年龄、促进生产、提高雄性繁殖力；在红色、橙色和黄色下能够延长性成熟年龄；在红色和橙色下能够增加产蛋量等。

（3）照明设备的安装。

确定灯的高度：灯高度直接影响地面的光照度。光源一定时，灯愈高，地面照度就愈小。

确定灯的数量：灯数量＝畜舍地面面积×a÷b÷c，其中a为畜舍所需的照度，b为1瓦光源为每平方米地面积所提供的照度，c为每只灯的功率。

灯的分布：为使舍内的光照比较均匀，应适当降低每个灯的瓦数，增加舍内的总灯数。灯距应以灯泡距离地面高度的1.5倍为宜。舍内如果装设两排以上灯泡，应交错排列，靠墙的灯泡，与墙的距离应为灯泡间距的一半。灯泡不可使用软线吊挂，以防被风吹动而使畜群受惊。

### （三）施工图设计

施工图设计是将初步设计、技术设计方案，全部转化为施工图纸，便于施工。施工图文件包括建筑施工图、结构施工图和设备施工图等。

建筑施工图，简称"建施"，包括房舍平面图、立面图和剖面图、门窗裱、装修做法、施工说明以及表示牧场建筑物和设施布局的总平面图。

结构施工图：简称"结施"，一般包括结构设计说明、结构平面图（如基础平面图、屋面和楼层结构平面图等）和结构详图（如基础、梁、板、柱详图以及楼梯、屋架、过梁、雨罩、天沟等结构详图）。

设备施工图，简称"设施"，包括给水排水施工图、电器照明施工图和采暖降温通风施工图等。

# 第三节　畜牧场规划设计的典型案例

## 一、万头智能、生态型猪场规划设计

该项目总体规划用地200亩，养殖区占地100亩，种植区占地100亩，其中水稻田60亩，柑橘树40亩。项目总投资1 330.93万元，拥有基础母猪存栏规模402头，进行自繁自养循环批次化生产，并围绕猪群由外到内建立了外围防御区、场外防御区、场内防御区和生产防御区四级生物安全防疫圈，结合垂直通风系统，做好场区生物安全防控（图7-1）。使用智能化猪舍监控客户端系统，实时查看各种数据，控制猪舍环境参数，接收预警消息推送；通过大数据分析，实现生产资料的增、删、改、查，实现健康节能、节本增效。项目达产后，年出栏"杜长大"商品猪10 000头、产肉1 100吨；柑橘年产量可达10万千克，水稻年产量36 000千克。本项目投产满负荷运行年可创总产值1 677.2万元、获利352.5万元，投资利润率26.5%，产值利润率21.0%，静态投资回收期为3.78年（不含建设期）。该项目建设规模较大、设备设施齐全。

积极践行"绿水青山就是金山银山"的生态文明建设理念，采用"生猪+沼气+堆肥+稻田+果树"的种养结合模式，充分利用猪场的各种资源及当地的有利条件，建设了规模为1 000立方米的大型沼气工程，年处理废水6 500吨以上，年产沼气约6 000立方米，解决了企业环境治理问题，同时沼气还可以进行内部消化和对外供应。沼渣沼液经成分分析与适当处理后，通过管网输送到水稻田和柑橘树种植区及免费输送下游农田和蔬菜基地使用，种植蔬菜近1 000亩，每年可为他们节约化学用肥20多万元，实现种养循环、绿色生态有机发展。

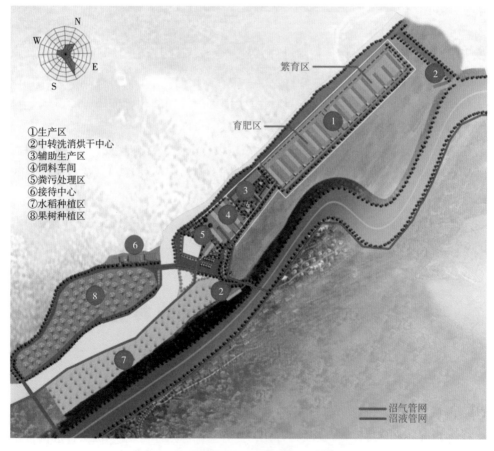

**图7-1　万头智能、生态型猪场总平面图**

## 二、肉牛产业园规划设计

项目建设区规划占地面积约5 000亩，立足园区资源优势，依据园区环境承载力和养殖废弃物消纳范围，搭建肉牛养殖为核心、粮经饲统筹、种养加一体、农牧渔结合的现代循环农业构架。坚持"种养结合，为养而种"，延伸产业链，推动肉牛产业种养内循环与休闲农旅深度融合发展，打造高质量的现代农业综合园区。肉牛产业区依据相应规模配置标准，建设牛舍和配套设施，规划建筑占地面积111.44亩；农旅研学区分别建设国际学术交流中心、职工楼、沼气温泉康养中心、科研中心、耕耘农家乐、民宿客栈及一犁居茶舍，规划建筑面积22.3亩（图7-2）。

采用"以养带种""以种促养"为发展思路，通过养殖业规模调整种植业结构，大力推进园区生态茶园、四季果园、有机蔬菜等特色种植；大力发展林下特色小经济，开展蚯蚓、土鸡、黑山羊和土猪养殖；推进园区多元化产业协调、差异化发展，推动特色水产和生物园林建设。探索并建立"农作物/水稻—肉牛—有机肥—果蔬茶"模式，栽培优质农作物、有机稻、有机蔬菜、优质茶叶，养殖肉牛和小家畜（禽）；建立"肉牛+甜玉米种植、肉牛饲养+苜蓿种植+生态观赏"等种养结合模式。种养内循环区规划用地面积约为4 866亩。建立生态、环保、循环的可持续发展农牧业，形成人与家畜、作物、土壤的良好循环互作关系。

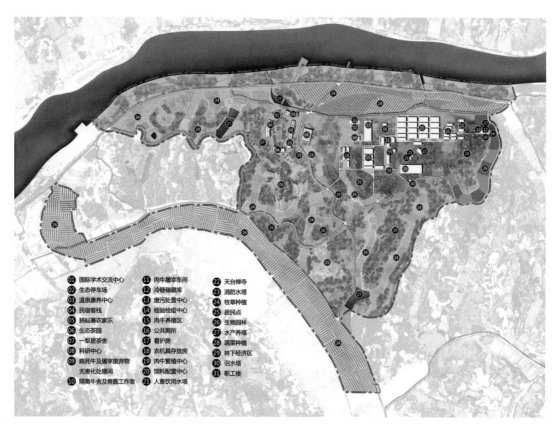

图7-2 浠水天台州现代农业（肉牛）绿色生态循环产业园总体布局图

# 第一节 乡村旅游概述

## 一、乡村旅游发展概述

世界旅游组织将乡村旅游（rural tourism）定义为旅游者在乡村（通常是偏远地区的传统乡村）及其附近逗留、学习、体验乡村生活模式的活动[①]。乡村旅游最早起源于19世纪中叶的西方国家，20世纪80年代开始在我国一些经济发展较快的城市郊区和著名风景区的边缘地带起步。我国乡村旅游是在农业结构变迁、城市化进程、居民收入增加、消费结构改变、道路交通改善等背景下发展起来，并受到发达国家的影响以及我国一些特殊的旅游扶贫政策的引导，对促进城乡一体化、带动乡村地区经济发展起到非常重要的作用。我国乡村旅游经历了初步发展、快速发展、全面发展、提质升级四个阶段。

### （一）初步发展阶段（1980—1989年）

我国现代乡村旅游的发展，可以追溯到20世纪80年代初，随着城市化进程的加快，城市居民经济收入和闲暇时间的增加，推动了国内旅游需求的蓬勃发展，一部分城市居民开始在闲暇时间前往乡村进行旅游活动。这一阶段的乡村旅游接待多是由农村居民自发开展，一些对市场机会敏感的村落开始以乡村独有的景观和体验吸引游客，在探索中形成了第一批乡村旅游目的地。1982年，贵州黄果树瀑布景区周边的布依族村落石头寨开始发展乡村民族风情旅游。1986年，"中国第一家农家乐"徐家大院在成都市郫县（今郫都区）友爱镇农科村诞生，拉开了以农家乐旅游模式为代表的中国乡村旅游发展序幕，时至今日，农家乐依然是乡村旅游发展的核心业态。1989年，"中国农民旅游协会"正式更名为"中国乡村旅游协会"，乡村旅游开始作为一个独立的名词和概念进入大众视野。

---

① 国家旅游局计划统计司.旅游业可持续发展——地方旅游规划指南[M].北京：旅游教育出版社，1997.

### （二）快速发展阶段（1990—1999年）

进入20世纪90年代，在国家政策和市场需求的共同推动下，乡村旅游发展迎来了黄金时期。1994年，"1+2"休假制度颁布并实施。1995年5月1日起，我国休假制度迎来重大调整，开始实行双休日制度，居民闲暇时间进一步增加。1999年，又将春节、"五一"和"十一"调整为7天长假。假期的延长，极大地刺激了人们旅游的需求，乡村旅游得到了快速发展。1995年"中国民俗风情游"旅游主题与"中国：56个民族的家"宣传口号带游客深入少数民族风情区。1998年"中国华夏城乡游"旅游主题与"现代城乡，多彩生活"宣传口号吸引大批旅游者涌入乡村。到20世纪末，我国乡村旅游者规模超过1亿人次，乡村成为重要的旅游目的地之一，"看农家景，尝农家饭，干农家活，享农家乐"为主要活动的乡村旅游模式逐步形成。

### （三）全面发展阶段（2000—2009年）

进入21世纪，乡村旅游在产业体系中的地位进一步提升。2002年，我国颁布了《全国工农业旅游示范点检查标准（试行）》，标志着我国乡村旅游开始走上规范化、高质化的发展道路。2006年，明确提出"中国乡村旅游年"，乡村旅游的地位进一步提高，"新农村、新旅游、新体验、新时尚"推动乡村旅游全面发展。同年，国家旅游局[①]发布了《关于促进农村旅游发展的指导意见》，提出乡村旅游是"以工促农，以城带乡"的重要途径。2007年，"中国和谐城乡游"和"魅力乡村、活力城市、和谐中国"的提出带动了农村风貌大变样。2007年，国家旅游局和农业部联合发布了《关于大力推进全国乡村旅游发展的通知》，共同组织实施乡村旅游"百千万工程"。2008年，三次长假调整为"两长五短"模式及带薪休假制度法治化。2008年，《中共中央关于推进农村改革发展若干重大问题的决定》使乡村旅游的经营模式更加科学化、合理化和多样化。2009年，国家旅游局出台了《全国乡村旅游业发展纲要（2009—2015年）》，明确了大力发展乡村旅游，是社会主义新农村建设的重要组成部分，赋予了乡村旅游市场经济之外的使命与功能。

### （四）提质升级阶段（2010年至今）

进入新时代，随着人民生活水平的不断提高，广大游客的需求开始从简单的观光游览转向深层次的休闲度假，传统粗放型的乡村旅游产品已经不能适应市场发展需求，乡村旅游发展亟须转型升级。2011年，全国休闲农业与乡村旅游示范县和全国休闲农业示范点创建活动全面启动，我国乡村旅游发展步入提质升级阶段，全国共成功创建388个全国休闲农业与乡村旅游示范县，636个全国休闲农业示范点。2018年，中共中央、国务院发布了《关于实施乡村振兴战略的意见》和《乡村振兴战略规划（2018—2022年）》，乡村旅游成为乡村振兴战略的重要一环，大力推进乡村旅游高质量发展。2018年，文化和旅游部等17个部门联合印发了《关于促进乡村旅游可持续发展的指导意见》，有力地推动了乡村旅游的转型升级

---

① 2018年改为文化和旅游部，全书同。

和可持续发展，全国乡村旅游重点村、中国美丽休闲乡村等建设工作全面开展。2021年，农业农村部又启动了全国休闲农业重点县建设工作，打造休闲农业与乡村旅游的升级版，截至2023年底，全国已认证3批次共180个县（市、区）。该阶段，乡村旅游业态和服务品质不断升级，一些更富特色的乡村民宿、乡村度假酒店等新产品、新业态开始出现，乡村旅游成为国内旅游的主要类型。中国乡村旅游接待量已超过30亿人次，乡村旅游总人次约占国内旅游总人次一半以上，乡村旅游年总收入超1.8万亿元，约占国内旅游年总收入的三分之一。

## 二、乡村旅游发展模式

目前，我国乡村旅游发展主要有农家乐、田园农业、民俗风情、村落乡镇、生态度假、科普教育等六种模式①。

### （一）农家乐旅游模式

农民利用自家庭院、自己生产的农产品及周围的田园风光、自然景点，以低廉的价格吸引游客前来吃、住、游、娱、购等旅游活动。农家乐是发展最早的一类乡村旅游产品，基本特点包括三个方面，一是"农"的特征，置身于"农"的环境中，居农家屋、吃农家饭、干农家活、观农家景。二是"家"的感受，表现为吃家常菜、家庭化休闲、家人聚会。三是"乐"的体验，学习识别农作物，参加耕地、采摘、畜禽养殖等农事体验。主要旅游产品类型包括农业观光型、民俗文化型、民居型、休闲娱乐型、食宿接待型和农事参与型等，代表性案例有成都郫都区徐家大院、成都锦江区三圣花乡农家乐集群等。

### （二）田园农业旅游模式

以农村田园景观、农业生产活动和特色农产品为旅游吸引物，开发农业游、林果游、花卉游、渔业游、牧业游等不同特色的主题旅游活动，满足游客体验农业、回归自然的心理需求。主要旅游产品类型包括田园农业游、园林观光游、乡村生态游、务农体验游等，代表性案例有江苏无锡田园东方、山东兰陵国家农业公园等。

### （三）民俗风情旅游模式

以农村风土人情、民俗文化为旅游吸引物，充分突出农耕文化、乡土文化和民俗文化特色，开发农耕展示、民间技艺、时令民俗、节庆活动、民间歌舞等旅游活动，增加乡村旅游的文化内涵。主要旅游产品类型包括农耕文化游、民俗文化游、乡土文化游、民族文化游等，代表性案例有新疆吐鲁番坎儿井民俗园、西藏拉萨娘热民俗风情园等。

### （四）村落乡镇旅游模式

以古村镇宅院建筑和新农村格局为旅游吸引物，开发观光旅游。主要旅游产品类型包括古民居和古宅院游、民族村寨游、古镇建筑游、新村风貌游等，代表性案例有皖南古村落（西递、宏村）、江南水乡古镇（周庄、乌镇、西塘）、江西婺源、陕西袁家村、江苏

---

① 郭焕成，韩非.中国乡村旅游发展综述[J].地理科学进展，2010，29（12）：1597-1605.

华西村等。

### （五）生态度假旅游模式

依托自然优美的乡野风景、舒适宜人的清新气候、独特的地热温泉、环保生态的绿色空间，结合周围的田园景观和民俗文化，兴建一些休闲、娱乐设施，为游客提供休憩、度假、娱乐、餐饮、健身等服务。主要旅游产品类型包括休闲度假村、休闲农庄、乡村酒店、乡村俱乐部、乡村康养社区等，代表性案例有浙江德清莫干山洋家乐、浙江安吉国家乡村旅游度假实验区等。

### （六）科普教育旅游模式

利用农业观光园、农业科技生态园、农业产品展览馆、农业博览园或博物馆，为游客提供了解农业历史、学习农业技术、增长农业知识的旅游活动。主要旅游产品类型包括现代农业科技园区、主题农业园、乡村博物馆等，代表性案例有山东寿光市蔬菜高科技示范园、陕西杨凌现代农业示范园区创新园、中国茶叶博物馆等。

## 典型案例：关中民俗第一村——陕西袁家村

陕西省礼泉县袁家村乡村旅游发展，是我国乡村旅游发展的典型成功案例。袁家村作为一个拥有1300多年历史的古村落，具有浓厚的关中历史文化遗存和较强的地域特色。曾经袁家村是陕西关中平原一个很小的村子，全村只有62户286人，经济极其落后。2007年至今，袁家村通过发展乡村旅游，旅游接待总人数从2007年的3万人次增长到2019年的580万人次，旅游总收入超10亿元，村民年人均收入10万元，农村居民实现脱贫致富。近年来，袁家村先后获评全国生态示范村、中国最具魅力休闲乡村、国家特色景观旅游名村、中国十大美丽乡村、国家AAAA级旅游景区荣誉称号。

### 一、袁家村的乡村旅游发展阶段

1. 2007—2011年为发展初期：村委选派部分干部外出学习乡村旅游服务业，动员村民利用村庄原有房屋及古建筑打造了以展示面制品、豆腐、辣子等传统手工工艺为代表的康庄老街，以油、辣子、醪糟、豆腐、面粉、醋、粉条、酸奶为代表的八大作坊街、小吃街和农家乐街。村民一开始参与旅游的积极性并不高，农家乐模式得到了市场的认可并取得成功后，越来越多的村民参与到农家乐的经营中，村民收入不断增加。

2. 2011—2015年为发展中期：在袁家村村委领导的倡导下，八大作坊的股东开始退股让利，让更多后进村民持股加入。2015年，袁家村又成立了小吃街合作社，进一步吸纳剩余村民入股分红，共享发展成果。

3. 2015年至今为发展后期：袁家村相继开发了酒吧街、关中古镇、回民街、艺术长廊、书院街、祠堂街等6条街区，形成了具有自身特色的一二三产业融合发展模式，并打造了一批市场认可度高的商标品牌。

### 二、袁家村的乡村旅游开发模式[①]

1. 乡村旅游规划建设：村委会作为领导总揽乡村旅游规划建设的各项事宜，驻村工匠作为规划建设的关键部分，补充袁家村在设计、建造等技术方面的空缺；村民作为乡村旅游发展的最大受益者，也是主要使用者，参与规划制定和实施过程，并通过多项措施为村民提供多途径参与，平台将规划项目的各个步骤随时通报给村民，包括规划的方向、进展程度、有关成果等，让村民实时了解具体情况；乡村精英及民间组织负责协调，在商户中成立民间组织，按期组织村民和经营者开展学习、相互交流。

2. 乡村旅游运营管理：在商户管理方面采用自治方式，村干部自愿为村民服务，为村民解决问题并对商铺进行定期监督检查；经营管理制度上，不向商铺收取地租，通过这种扣点提成的方式来抵用地租和房租，并在商户中提倡全面股份制的管理方式，经营规模逐渐扩大；在商业模式上，实行免票免租，不断完善配套设施，共享收益、共同富裕为发展理念，积极招商引资、招募人才。

3. 乡村旅游社区参与：袁家村注重村民角色的转化，建立了专门的培训学校，设置"明理堂"，由具有权威的人主持，各组织代表参加，各种问题都可以提出来，讲明白，共同商量解决。

4. 乡村旅游利益分配：村委会是非实体经济体，不参与各类经营主体的经营收入分成，也不占有各类股份合作社股份；原住居民可通过经营农家乐、入股分红以及房屋出租三种形式获得收入；新居民可通过资金入股合作社取得股利以及通过经营商铺获得营业收入；外来投资公司是通过承包袁家村后续开发的街区获得投资报酬；外来务工人员通过打工报酬获取经济收入。

5. 乡村旅游产业融合：袁家村现阶段的乡村产业主要有民俗旅游、农业观光度假、农副产品的加工生产三个方面，通过先树立品牌形象再进行生产加工的方式，保障了生产与需求的相对平衡，有利于产业链的逐渐延伸。

6. 乡村旅游市场营销：不仅通过电视、报纸、广告等传统媒体进行宣传，还借助微博、微信、QQ等现代互联网媒体进行宣传营销；打造袁家村品牌形象，将袁家村开发模式借鉴到其他地区，扩大品牌影响力。

---

① 郭士军.袁家村乡村旅游发展模式研究[D].西安：西北师范大学，2020.

### 三、案例总结

乡村旅游的成功要做到以下几个方面：一是乡村旅游要因势利导，因地制宜，始终坚持市场决定发展的原则；二是乡村旅游要有一个积累过程，不可能一蹴而就；三是乡村旅游不能抛弃本土特色，必须保留乡村内核；四是改革创新是可持续发展的不竭动力；五是把共享作为乡村旅游发展的重要保障；六是领导者必须赋予乡村灵魂和个性气质。

# 第二节 乡村旅游规划的类型

根据我国国家标准《旅游规划通则》（GB/T 18971—2003），旅游规划主要包括旅游发展规划和旅游区规划两大类型，结合乡村旅游规划编制的实际，本书将乡村旅游规划分为乡村旅游发展规划、乡村旅游区规划和乡村旅游专项规划三大类型。

## 一、乡村旅游发展规划

乡村旅游发展规划是根据乡村休闲旅游业的历史、现状和市场要素的变化所制定的目标体系，以及为实现目标体系在特定的发展条件下对乡村旅游发展的要素所做的安排。根据规划的范围和政府管理层次分为全国乡村旅游发展规划、区域乡村旅游发展规划和地方乡村旅游发展规划。地方乡村旅游发展规划又可分为省级乡村旅游发展规划、地市级乡村旅游发展规划、县级乡村旅游发展规划和乡（镇）级乡村旅游发展规划等。根据规划期限的不同，包括近期发展规划（3～5年）、中期发展规划（5～10年）或远期发展规划（10～20年）。

1. 主要任务

明确乡村休闲旅游业在国民经济和社会发展中的地位与作用，提出乡村休闲旅游业发展目标，优化乡村休闲旅游业发展的要素结构与空间布局，安排乡村休闲旅游业发展优先项目，促进乡村休闲旅游业持续、健康、稳定发展。

2. 主要内容

（1）全面分析规划区乡村休闲旅游业发展历史与现状、优势与制约因素，及与相关规划的衔接。

（2）分析规划区的乡村旅游客源市场需求总量、地域结构、消费结构及其他结构，预测规划期内乡村旅游客源市场需求总量、地域结构、消费结构及其他结构。

（3）提出规划区的乡村旅游主题形象和发展战略。

（4）提出乡村休闲旅游业发展目标及其依据。

（5）明确乡村旅游产品开发的方向、特色与主要内容。

（6）提出乡村旅游发展重点项目，对其空间及时序作出安排。

（7）提出要素结构、空间布局及供给要素的原则和办法。

（8）按照可持续发展原则，注重保护开发利用的关系，提出合理的措施。

（9）提出规划实施的保障措施。

（10）对规划实施的总体投资分析，主要包括乡村旅游设施建设、配套基础设施建设、乡村旅游市场开发、人力资源开发等方面的投入与产出方面的分析。

3. 成果要求

包括规划文本、规划图表及附件。规划图表包括区位分析图、乡村旅游资源分析图、乡村旅游客源市场分析图、乡村休闲旅游业发展目标图表、乡村旅游产业发展规划图等。附件包括规划说明和基础资料等。

## 二、乡村旅游区规划

乡村旅游区规划是指为了保护、开发、利用和经营管理乡村旅游区，使其发挥多种功能和作用而进行的各项旅游要素的统筹部署和具体安排。乡村旅游区规划按规划层次分总体规划、控制性详细规划、修建性详细规划等。

### （一）乡村旅游区总体规划

乡村旅游区在开发、建设之前，原则上应当编制总体规划。小型乡村旅游区可直接编制控制性详细规划。乡村旅游区总体规划的期限一般为10～20年，同时可根据需要对乡村旅游区的远景发展作出轮廓性的规划安排。对于乡村旅游区近期的发展布局和主要建设项目，亦应做出近期规划，期限一般为3～5年。

1. 主要任务

分析乡村旅游区客源市场，确定乡村旅游区的主体形象，划定乡村旅游区的用地范围及空间布局，安排乡村旅游区基础设施建设内容，提出开发措施。

2. 主要内容

（1）对乡村旅游区的客源市场的需求总量、地域结构、消费结构等情况进行全面分析与预测。

（2）界定乡村旅游区范围，进行现状调查和分析，对乡村旅游资源进行科学评价。

（3）确定乡村旅游区的性质和主题形象。

（4）确定规划乡村旅游区的功能分区和土地利用，提出规划期内的乡村旅游容量。

（5）规划乡村旅游区的对外交通系统的布局和主要交通设施的规模、位置；规划乡村旅游区内部的其他道路系统的走向、断面和交叉形式。

（6）规划乡村旅游区的景观系统和绿地系统的总体布局。

（7）规划乡村旅游区其他基础设施、服务设施和附属设施的总体布局。

（8）规划乡村旅游区的防灾系统和安全系统的总体布局。

（9）研究并确定乡村旅游区资源的保护范围和保护措施。

（10）规划乡村旅游区的环境卫生系统布局，提出防止和治理污染的措施。

（11）提出乡村旅游区近期建设规划，进行重点项目策划。

（12）提出总体规划的实施步骤、措施和方法，以及规划、建设、运营中的管理意见。

（13）对乡村旅游区开发建设进行总体投资分析。

3. 成果要求

包括规划文本、图件及附件。图件包括乡村旅游区区位图、综合现状图、乡村旅游市场分析图、乡村旅游资源评价图、总体规划图、道路交通规划图、功能分区图等其他专业规划图、近期建设规划图等。附件包括规划说明和其他基础资料等。

**（二）乡村旅游区控制性详细规划**

在乡村旅游区总体规划的指导下，为了近期建设的需要，可编制乡村旅游区控制性详细规划。控制性详细规划侧重于技术经济指标体系的控制，是对乡村旅游区地块性质、开发强度和综合环境提出规划控制要求，以指导地块的建设。

1. 主要任务

以总体规划为依据，详细规定乡村旅游区内建设用地的各项控制指标和其他规划管理要求，为乡村旅游区内一切开发建设活动提供指导。

2. 主要内容

（1）详细划定所规划范围内各类不同性质用地的界线。规定各类用地内适建、不适建或者有条件的允许建设的建筑类型。

（2）分地块规定建筑高度、建筑密度、容积率、绿地率等控制指标，并根据各类用地的性质增加其他必要的控制指标。

（3）规定交通出入口方位、停车泊位、建筑后退红线、建筑间距等要求。

（4）提出对各地块的建筑体量、尺度、色彩、风格等要求。

（5）确定各级道路的红线位置、控制点坐标和标高。

3. 成果要求

包括规划文本、图件及附件。图件包括乡村旅游区综合现状图，各地块的控制性详细规划图，各项工程管线规划图等。图纸比例一般为1∶2 000～1∶1 000。附件包括规划说明及基础资料。

**（三）乡村旅游区修建性详细规划**

对于乡村旅游区当前要建设的地段，应编制修建性详细规划。修建性详细规划侧重于在某一局部地区或地块内，在规划指标指导下，对该地区或地块的建设方案提出详细的布局和配套方案。

1. 主要任务

在总体规划或控制性详细规划的基础上，进一步深化和细化，用以指导各项建筑和工程设施的设计和施工。

2. 主要内容

（1）综合现状与建设条件分析。

（2）用地布局。

（3）景观系统规划设计。

（4）道路交通系统规划设计。

（5）绿地系统规划设计。

（6）乡村旅游服务设施及附属设施系统规划设计。

（7）工程管线系统规划设计。

（8）竖向规划设计。

（9）环境保护和环境卫生系统规划设计。

3. 成果要求

包括规划设计说明书和图件。图件包括综合现状图、修建性详细规划总图、道路及绿地系统规划设计图、工程管网综合规划设计图、竖向规划设计图、鸟瞰或透视等效果图等。图纸比例一般为1：2 000～1：500。

### 三、乡村旅游专项规划

针对乡村休闲旅游业或乡村旅游区特定课题的研究和规划安排。细分类型包括乡村旅游项目开发规划、乡村旅游线路规划、乡村旅游区建设规划、乡村旅游营销规划、乡村旅游区保护规划等，无固定成果要求，以解决实际问题为主。

# 第三节　乡村旅游规划设计的基础分析

## 一、乡村旅游资源调查与评价

### （一）乡村旅游资源分类

乡村旅游资源是在乡村地域范围内凡能对旅游者产生吸引力，以农业生产、农村生态、农民生活为主要内容，能满足旅游者审美、情感等需求，并可产生经济效益、社会效益和环境效益的各种事物和因素。参考国家标准《旅游资源分类、调查与评价》（GB/T 18972—2017），结合乡村旅游资源的禀赋性状，即现存状况、形态、特征，将乡村旅游资源分为5个主类，15个亚类，47个基本类型，详见表8-1。

第八章 乡村旅游规划

表8-1 乡村旅游资源分类体系

| 主类 | 亚类 | 基本类型 | 典型代表 |
|---|---|---|---|
| 乡村自然景观类 | 天文景观 | 日月星光 | 风霜雨露、阴晴雾霁、日出日落、夜空观星、天象观察地 |
| | | 天际轮廓线 | 天际线景观、地平线景观、山脊线景观 |
| | | 宜居宜游气候 | 避暑、避寒、避霾、舒适度较高的天气 |
| | 地文景观 | 山地丘陵 | 高山、丘陵、峰林、峡谷 |
| | | 独峰奇石 | 造型独特的山峰、岩石 |
| | | 特色地质地貌 | 丹霞、喀斯特、海蚀、洞穴、红土、矿石 |
| | | 岛屿岸滩 | 江心岛、沙滩、岩礁、围垦地 |
| | 水文景观 | 湿地 | 海滩、河流、沼泽、湖泊、水库、池塘、红树林 |
| | | 瀑布溪流 | 跌水、山涧、小溪 |
| | | 风景河段 | 景观优美的江河、一江两岸景观 |
| | | 温（冷）泉 | 温泉、冷泉、山泉、矿泉 |
| | | 海洋景观 | 海水、海岸线、潮汐、击浪 |
| | 生物景观 | 森林草地 | 天然林、次生林、人工林、生态公益林、经济林、草甸 |
| | | 古树名木 | 古榕树、古樟树、古荔枝树、见血封喉树、古银杏树 |
| | | 珍稀生物景观 | 娃娃鱼、红锥树林、红豆杉林等国家保护动植物 |
| | | 鸟兽鱼虫栖息地 | 白鹭、候鸟、穿山甲、弹跳鱼、招潮蟹等 |
| 乡村特色产业类 | 农工业生产地 | 农作物种植地 | 稻田、果园、菜园、茶园、桑蚕基地、南药基地 |
| | | 花卉苗木种植地 | 花木场、苗圃、油菜花田、向日葵田、藕田、兰花基地 |
| | | 水产畜牧养殖地 | 鱼、虾、蚝、海带、鸡、鸭、鹅、猪、牛、羊等养殖场 |
| | | 加工制造地 | 大米加工厂、榨油厂、传统手工技艺作坊、酿酒厂、米粉作坊 |
| | | 工业生产地 | 采矿厂、风能发电站、水力发电厂 |
| | 接待服务地 | 休闲农庄 | 农家乐、科普农园、家庭农场、观光采摘园、山庄、农科园、烧烤场 |
| | | 田园综合体 | 农业公园、现代农业庄园、农村产业融合示范园、文化创意园、创客基地 |
| | | 民宿酒店 | 民宿、宾馆、饭店、旅馆、旅社、客栈 |
| | | 露营地 | 野营地、宿营地、汽车营地、房车营地 |

（续表）

| 主类 | 亚类 | 基本类型 | 典型代表 |
|---|---|---|---|
| 乡村聚落建筑类 | 宗祠建筑 | 祠堂与祭祖场所 | 宗祠、祠堂、祖祠、宗庙、家庙 |
| | | 书院 | 私塾、社学、学校、乡校 |
| | 民居建筑 | 传统民居群 | 传统民居群、村寨、街区 |
| | | 名人故居 | 故居、旧宅、纪念馆 |
| | 特色建筑 | 宗教场所 | 佛教寺庙、道教寺庙、基督教堂 |
| | | 地标建筑 | 牌坊、门楼、塔、亭、台 |
| 乡村历史遗存类 | 历史遗址遗迹 | 文物古迹 | 摩崖题刻、楹联题刻、古井、古桥、古围墙、碉楼、炮楼、雕塑、墓葬地、农耕遗址、工业遗址、古人类活动遗迹 |
| | | 历史事件发生地 | 历史上发生过重要商贸、文化、科学、教育等事件的地方 |
| | 红色旅游地 | 革命人物和故事 | 政治家、军事家、思想家、革命烈士 |
| | | 革命事件发生地和重要机构旧址 | 革命战争、历史事件、重要会议的发生地及共产党各级重要机构旧址 |
| | 古驿道 | 古道 | 驿道、官道、民间古道 |
| | | 交通史迹 | 驿站、亭台、桥梁、码头、古客栈 |
| 乡村民俗文化类 | 乡村民俗文化展现公共场所 | 文体科教娱乐场地 | 文化广场、体育场、文化室、展览馆、美术馆、纪念馆、博物馆、村镇公园、游客服务中心、游赏步道、绿道、潮人径 |
| | | 农贸集市 | 土特产一条街、特产商店、传统集市、墟日 |
| | 饮食文化 | 特色饮食 | 特色菜肴、小吃、饮料、料理 |
| | | 乡土特产 | 土特产、旅游手信、手工艺品、纪念品 |
| | 乡村非物质文化 | 地方方言 | 广东话、上海话 |
| | | 传统艺术 | 传统歌舞、戏剧、曲艺、美术、书法、音乐、文学 |
| | | 传统技艺 | 制茶工艺、酿酒工艺、米粉制作工艺、糖果制作工艺、造船手工艺 |
| | | 节事活动 | 传统节日、丰收节庆、庙会 |
| | | 生活习俗 | 出生、成人、婚嫁、庆寿、丧葬 |
| | | 村落文化精神 | 崇宗敬祖文化、耕读文化、爱国精神、乡规乡约、风水堪舆 |

资料来源：广东省乡村休闲产业"十四五"规划：乡村休闲旅游资源普查分类参考。

### （二）乡村旅游资源调查

乡村旅游资源调查是指运用科学的方法和手段，有目的有系统地收集、记录、整理、分析和总结乡村旅游资源及其相关因素的信息资料，以确定乡村旅游资源的存量状况，并为乡村旅游经营管理者提供客观决策依据的活动。

乡村旅游资源调查的内容主要包括旅游资源环境、旅游资源存量、旅游服务设施和旅游客源市场四部分。旅游资源环境调查主要调查规划区域的地质地貌、水体、气象气候、动物植物资源等自然环境要素，以及历史沿革、经济环境、社会文化环境等人文环境要素。旅游资源存量调查主要调查乡村旅游资源的类型、特征、成因、规模、组合结构和开发现状。旅游服务设施调查主要调查交通、住宿、餐饮、购物、娱乐等服务设施的情况。旅游客源市场调查主要调查旅游者数量、旅游收入和旅游动机等方面。

乡村旅游资源调查通常分三步进行。第一，准备阶段：主要包括成立调查小组；制定调查工作计划；设计乡村旅游资源调查表及调查问卷等。第二，资料和数据收集阶段：调查方式主要有概查、普查和详查。调查方式有文献收集、野外实地考察、访问座谈、问卷调查等。第三，整理总结阶段：完成了资料和收集以后，对现有资料进行整理和分析，完成乡村旅游资源调查报告的编写和相关图件的绘制。

### （三）乡村旅游资源评价

乡村旅游资源评价是根据一定的要求选择评价指标和因子，运用一定的科学方法对乡村旅游资源价值进行评判和鉴定的过程，是乡村旅游资源调查的进一步深化与延伸，主要包括定性评价和定量评价两大类型。

根据乡村旅游资源特色，遵循国家标准《旅游资源分类、调查与评价》（GB/T 18972—2017），按照"资源要素价值""资源影响力""附加值"三个方面进行分值评价，其中"资源要素价值"项目含"观赏游憩使用价值""历史文化科学艺术价值""珍稀奇特程度""规模、丰度与概率""完整性"五项评价因子，"资源影响力"项目中含"知名度和影响力""适游期或使用范围"两项评价因子，"附加值"含"环境保护与环境安全（正分和负分）"一项评价因子（表8-2）。然后按照乡村旅游资源单体评价总分值将其划分为五个等级。

五级乡村旅游资源，得分区间90分以上。

四级乡村旅游资源，得分区间75～89分。

三级乡村旅游资源，得分区间60～74分。

二级乡村旅游资源，得分区间45～59分。

一级乡村旅游资源，得分区间30～44分。

乡村旅游资源评价是乡村旅游项目策划和产品设计的重要依据，等级越高的资源，开发利用的价值就越大。对于乡村规划师而言，要对乡村旅游资源价值进行科学合理的评价，准确地反映乡村旅游资源的真实价值，从而变资源为产品，实现旅游规划目标。

表8-2 乡村旅游资源评价赋分标准

| 评价项目 | 评价因子 | 评价依据 | 赋值 |
|---|---|---|---|
| 资源要素价值（85分） | 观赏游憩使用价值（30分） | 全部或其中一项有极高的观赏价值、游憩价值、使用价值 | 32~22 |
| | | 全部或其中一项有很高的观赏价值、游憩价值、使用价值 | 21~13 |
| | | 全部或其中一项具有较高的观赏价值、游憩价值、使用价值 | 12~6 |
| | | 全部或其中一项具有一般观赏价值、游憩价值、使用价值 | 5~1 |
| | 历史文化科学艺术价值（25分） | 同时或其中一项具有世界意义的历史价值、文化价值、科学价值、艺术价值 | 25~20 |
| | | 同时或其中一项具有全国意义的历史价值、文化价值、科学价值、艺术价值 | 19~13 |
| | | 同时或其中一项具有省级意义的历史价值、文化价值、科学价值、艺术价值 | 12~6 |
| | | 历史价值或文化价值，或科学价值，或艺术价值具有地区意义 | 5~1 |
| | 珍稀奇特程度（15分） | 有大量珍稀物种，或景观异常奇特，或此类现象在其他地区罕见 | 15~13 |
| | | 有较多珍稀物种，或景观奇特，或此类现象在其他地区很少见 | 12~9 |
| | | 有少量珍稀物种，或景观突出，或此类现象在其他地区少见 | 8~4 |
| | | 有个别珍稀物种，或景观比较突出，或此类现象在其他地区较多见 | 3~1 |
| | 规模、丰度与概率（10分） | 独立型旅游资源单体规模、体量巨大；集合型旅游资源单体结构完美、疏密度优良；自然景象和人文活动周期性发生或频率极高 | 10~8 |
| | | 独立型旅游资源单体规模、体量较大；集合型旅游资源单体结构很和谐、疏密度良好；自然景象和人文活动周期性发生或频率很高 | 7~5 |
| | | 独立型旅游资源单体规模、体量中等；集合型旅游资源单体结构和谐、疏密度较好；自然景象和人文活动周期性发生或频率较高 | 4~3 |
| | | 独立型旅游资源单体规模、体量一般；集合型旅游资源单体结构较和谐、疏密度一般；自然景象和人文活动周期性发生或频率较小 | 2~1 |
| | 完整性（5分） | 形态与结构保持完整 | 5~4 |
| | | 形态与结构有少量变化，但不明显 | 3 |
| | | 形态与结构有明显变化 | 2 |
| | | 形态与结构有重大变化 | 1 |

（续表）

| 评价项目 | 评价因子 | 评价依据 | 赋值 |
|---|---|---|---|
| 资源影响力（15分） | 知名度和影响力（10分） | 在世界范围内知名，或构成世界承认的名牌 | 10~8 |
| | | 在全国范围内知名，或构成全国性的名牌 | 7~5 |
| | | 在本省范围内知名，或构成省内的名牌 | 4~3 |
| | | 在本地区范围内知名，或构成本地区名牌 | 2~1 |
| | 适游期或使用范围（5分） | 适宜游览的日期每年超过300天，适宜于所有游客使用和参与 | 5~4 |
| | | 适宜游览的日期每年超过250天，或适宜于80%左右游客使用和参与 | 3 |
| | | 适宜游览的日期超过150天，或适宜于60%左右游客使用和参与 | 2 |
| | | 适宜游览的日期每年超过100天，或适宜于40%左右游客使用和参与 | 1 |
| 附加值 | 环境保护与环境安全 | 已受到严重污染，或存在严重安全隐患 | -5 |
| | | 已受到中度污染，或存在明显安全隐患 | -4 |
| | | 已受到轻度污染，或存在一定安全隐患 | -3 |
| | | 已有工程保护措施，环境安全得到保证 | 3 |

资料来源：文化和旅游部《旅游资源分类、调查与评价》（GB/T 18972—2017）。

## 二、乡村旅游市场分析与预测

### （一）乡村旅游市场分析

乡村旅游市场分析是在充分调查的基础上，对规划区域乡村旅游市场做出科学研判的过程，具体包括区域旅游市场趋势分析、旅游客源市场构成分析、区域旅游竞争与合作分析这三个方面的内容。

对区域旅游市场趋势的分析，可以帮助规划区明确乡村旅游市场发展的重点方向。从乡村旅游规划文本编制的角度来说，区域旅游市场趋势分析也是确定市场定位、明确目标体系的必要步骤。具体的分析方法是，从宏观或中观区域入手，以省—市—县—乡镇层层下落的方式，对规划区乡村旅游市场趋势做总体分析，重点分析乡村旅游市场的发展趋势，或从规划区旅游产品类型着手对专项市场做趋势分析。

旅游客源市场构成分析一般是对规划区及其所在上一级空间单元的现状游客市场构成进行分析，具体包括客源地空间结构分析与细分市场构成分析两个部分。客源地空间结构分析常用的方法是对现有游客市场做一级市场、二级市场和三级市场的区分。细分市场构成分析，则是要分析现实游客市场具体由哪些细分的人群构成。游客客源市场构成分析，可以为科学定位规划区目标市场提供信息支持。

科学处理规划区所在区域内的竞争与合作关系是乡村旅游发展的重要环节，尤其是在乡村旅游需求日益旺盛的背景下，资源同质或互补、交通便利程度是乡村旅游地之间竞争与合作的基础。通过竞争与合作分析，可以明确乡村旅游地未来发展的市场定位和策略，提升竞争力。

### （二）乡村旅游市场预测

在编制乡村旅游规划时，经过乡村旅游客源市场细分后，然后选择目标市场，并进行目标市场定位。目标市场定位要根据乡村旅游市场现状、乡村旅游资源及产品特征、国内游客来源统计及未来发展方向，确定基础客源市场、支撑客源市场、拓展客源市场以及海外客源市场。基础客源市场指离乡村旅游地较近、所占份额最大也是最稳定的市场，是以本地游客为主体的客源市场。支撑客源市场指离乡村旅游地中等距离、所占份额较大的市场。拓展客源市场指离乡村旅游地较远、所占份额较小的客源市场。国际级乡村旅游目的地还要分析东亚、西欧、北美等主要海外客源市场的情况，对未来的乡村旅游市场发展作出科学预测。

## 典型案例：黄冈市罗田县旅游市场发展分析

本案例节选自《罗田县全域旅游发展总体规划（2017—2030年）》，该规划为罗田县乡村旅游发展提供了战略指引，明确了市场拓展的方向。

### 一、客源市场现状分析

#### （一）黄冈市旅游市场分析

随着经济的发展以及人民生活水平的提高、政府对旅游业的大力扶持，黄冈市旅游业近些年取得了长足的发展。A级旅游景区建设成效显著，旅游项目投资不断增加，市场营销效果初步显现，旅游产品不断丰富，旅游交通大格局初步形成，"多情大别山、风流看黄冈"旅游品牌初步形成，旅游产业形成了一定的竞争力。2016年，黄冈市接待国内外游客达到2 465万人次，同比增长20.9%，实现旅游综合收入151.2亿元，同比增长24.3%（表1）。根据统计资料显示，黄冈市重要旅游指标包括旅游接待总人数、旅游总收入均保持了逐年稳定增长，黄冈市旅游业呈现了蓬勃发展的趋势。

表1　近年黄冈市旅游基本现状

| 年份 | 旅游接待人数总计/万人次 | 旅游总收入/亿元 |
|---|---|---|
| 2011 | 1 016.62 | 55.57 |
| 2012 | 1 362 | 75 |
| 2013 | 1 500 | 78.25 |
| 2014 | 1 800 | 100.42 |
| 2015 | 2 039 | 121.6 |
| 2016 | 2 465 | 151.2 |

（二）罗田县旅游市场分析

近年来，尤其是罗田县被评为"湖北省旅游标准化示范县"以来，罗田县委县政府全面贯彻实施"旅游兴县"战略，把旅游业作为全县新兴支柱产业重点推进，促进了全县旅游业的快速发展。2016年，罗田县接待国内旅游人数达到535万人次，同比增长15.1%，国内旅游综合收入29.6亿元，同比增长20.8%（表2）。根据统计资料显示，罗田县重要旅游指标包括旅游接待总人数、旅游总收入同样保持了逐年稳定增长，旅游人数和旅游总收入持续快速增加。

表2　近年罗田县旅游基本现状

| 年份 | 旅游接待人数总计/万人次 | 旅游总收入/亿元 |
|---|---|---|
| 2011 | 130 | 4.55 |
| 2012 | 286.5 | 13.7 |
| 2013 | 348 | 18 |
| 2014 | 385 | 19.95 |
| 2015 | 465 | 24.5 |
| 2016 | 535 | 29.6 |

（三）分析结论

黄冈市整体旅游市场发展及罗田县旅游市场发展形势越来越好，项目地位于武汉"1+8"城市圈旅游发展布局中，将有极其广阔的发展前景。但从项目地所处的罗田县旅游市场现状来看，客源结构单一、消费结构不合理等问题还是比较突出，因此罗田全域旅游既要把握良好的发展机遇，也要清楚认识到发展面临的挑战，从旅游项目策划到旅游景区开发都应该打造特色、追求差异、树立品牌，最终将罗田建设成全景化体验、全时化消费、全业化融合、全民化共享的全域旅游示范区。

## 二、目标市场分析预测

根据罗田县旅游市场现状、旅游资源及产品特征、国内游客来源统计及未来发展方向，将罗田全域旅游目标市场锁定：吴楚交会（西引大武汉、东拓皖江城市群、上联京津冀、南卜粤港澳）。

基础客源市场：武汉城市圈市场。

支撑客源市场：湖北省其他地区市场。

拓展客源市场：皖江城市群、京津冀、粤港澳等全国市场。

海外客源市场：东亚、西欧、北美等湖北主要入境客源市场。

## 三、旅游市场竞合分析

罗田县地处鄂豫皖三省交会的大别山地区，旅游区位得天独厚，同时又位于武汉城市圈的经济区位之中，旅游市场前景广阔。大别山地区周边旅游景点众多，特色多样，根据对大别山周边主要景区的梳理、对比和分析（表3），除天柱山、白马尖等少部分景区与罗田主要旅游景区具有一定的同质性，存在一定的竞争关系外，绝大多数景区与罗田主要旅游景区能合作互补、共同发展。面对周边竞争与合作并存的情况，一方面，罗田旅游要寻找体现自身特色的定位，通过差异化、精品化、品质化、产业化等优势占据市场，成为武汉城市圈大别山旅游首选市场，提高武汉城市圈旅游客源市场比例；另一方面，要充分利用与周边景区的合作机会，加强与金寨、麻城、英山等地的合作，共同营造大别山区域范围内的优质旅游氛围，共同把大别山旅游品牌做大、做强。

表3 大别山区主要旅游县市竞合分析

| | 麻城市 | 红安县 | 英山县 | 罗田县 | 金寨县 |
|---|---|---|---|---|---|
| 资源特色 | 杜鹃花海 红色旅游 | 将军县 （红色旅游） | 大别山主峰 （南武当） | 大别主峰 地标产品 | 大别主峰 5A天堂寨 |
| 旅游发展方向 | 休闲度假 | 红色文化：以大别山为特色的文化生态旅游区 | 生态养生 | 山地旅游乡村文化体验 | 山水旅游 |
| 竞合分析 | 罗田县重点合作对象，可联动开发 竞<合 | 与罗田县旅游资源同质性不高（红色旅游）竞<合 | 旅游资源同质性较高竞争与合作并存 竞>合 | 竞：英山 合：麻城、红安 | 资源同质性较高，竞争与合作并存 竞>合 |

# 第四节　乡村旅游规划设计的核心内容

## 一、乡村旅游总体定位和空间布局

### （一）乡村旅游总体定位

乡村旅游总体定位是在旅游资源调查评价与市场分析基础上，经过系统分析，用高度凝练的语言概括规划区主题、功能、形象、产业及产品，用于指导乡村旅游规划与设计的一项具体工作。乡村旅游总体定位是一种主题性定位，决定了建设乡村旅游景区景点的类型、提供乡村旅游产品的类型、吸引游客群体的类型。乡村旅游总体定位是乡村旅游地要展现给旅游者的一种理念或价值观念，其目的在于创造鲜明的个性和树立独特的形象，使其成为乡村旅游形象的建设方向。

乡村旅游形象定位的方法主要有领先定位法、比附定位法、逆向定位法和空隙定位法等。领先定位是在符合实际情况的前提下，以"第一""天下""最"等词来概括，最能引起人们的注意。比附定位并不去占据原有形象阶梯的最高阶，因为与原有处于领导地位的第一品牌进行正面竞争往往非常困难，而且失败为多，所以比附定位避开第一位，但是抢占第二位。逆向定位强调并宣传定位对象是消费者心中第一位形象的对立面和相反面，同时开辟了一个新的易于接受的心理形象阶梯。空隙定位的核心是树立一个与众不同、从未有过的主题形象。

以下几种情况需进行重新定位：进入衰退期阶段的乡村旅游地，原有乡村旅游形象的吸引力急剧下降，需要新的乡村旅游形象代替；不成功的乡村旅游形象需要重新定位；乡村旅游环境发生重大的改变，乡村旅游形象定位也要随之更改。

## 典型案例：宜昌市秭归县旅游定位

本案例节选自《秭归县全域旅游发展总体规划（2018—2030年）》。该规划为秭归县乡村旅游发展绘制一幅清晰的蓝图，明确了发展的方向。

## 一、总体定位

以脐橙产业为引领的国家全域旅游创新示范区

峡江特色休闲度假旅游目的地

三峡旅游集散中心

依忆峡江地区优良的自然生态坏境和日趋完善的区位交通条件，整合以高峡平湖为代表的自然资源，以屈原文化为代表的人文资源，全面推进旅游与文化融合发展、旅游与城乡一体化发展，构建旅游引领全域发展的理念，在规划期内把秭归县建设成为以脐橙产业为引领的国家全域旅游创新示范区、峡江特色休闲度假旅游目的地、三峡旅游集散中心，把旅游业培育成为全县国民经济的战略引领产业和全民幸福产业，突出旅游业在秭归县国民经济中战略性支柱产业地位，通过旅游业发展成果的主客共享提高本地居民的获得感、幸福感，实现旅游治理规范化、旅游发展全域化、旅游供给品质化、旅游参与全民化、旅游效益综合化的创建目标。

## 二、形象定位

**方案一：高峡出平湖、端午源秭归**

**诠释：**

高峡平湖是秭归最具有代表性的旅游资源，描绘出了刚性的高峡与柔美的平湖相互映衬的画面，给人以很强的旅游体验感受，能够使人展开想象，对游客具有极大的吸引力。

秭归作为伟大爱国主义诗人屈原的家乡，端午文化正是从秭归发源，走向世界，秭归可以说是端午之乡。秭归应充分利用端午节这一中国传统文化节日，形成"屈原—端午文化—秭归"的宣传模式，打响秭归旅游目的地品牌。

**方案二：长江新船说、屈原cheng秭归**

**诠释：**

"船说"与"传说"同音，秭归需要打好长江牌，以长江文化为支撑，将旅游发展的新方向导航至长江的峡江风光里，为旅游发展带来特色与活力，创造秭归旅游发展的新一轮的传说！

秭归是世界文化名人屈原的故乡，屈原在此留下了大量的诗词歌赋，秭归因此也享有"中国诗歌之乡""中国艺术之乡"的美誉，可以说是屈原成就了秭归，屈原承载着秭归的历史文化。而cheng是汉字中唯一没有负面含义的字，这也给了秭归"cheng"的无限解读。

### （二）乡村旅游空间布局与功能分区

乡村旅游空间布局是根据规划区内的自然空间、资源分布、道路系统、土地利用、项目设计等状况对规划区域空间进行系统划分的过程，是对规划区内自然要素、经济要素的统筹利用和安排。乡村旅游发展的空间布局受到旅游资源、客源市场、村落社区、委托方等多重因素影响，在规划时需要统筹考虑。

乡村旅游功能分区是根据规划区域地理空间的内部差异对规划范围内的各种土地分区制定目标来进行使用和管理的过程，它是乡村旅游开发战略向规划方向具体化的必要技术步骤，其根本目的在于借助地域定位、定性、定量、定界等一系列手段，来协调旅游者、旅游地、旅游企事业单位三者对乡村旅游规划地域范围的不同要求之间的矛盾。

乡村旅游功能分区和空间布局关系密切，在很多规划成果中，二者甚至难以区分。但空间布局更偏重规划区内部空间结构的梳理，而功能分区则侧重于规划层次空间单元的功能区分，不同的功能分区之间开发密度往往有所区别。

## 典型案例：湖州市安吉县旅游业空间布局

本案例节选自《安吉县旅游业发展"十四五"规划》。

安吉县作为习近平总书记两山理论的发源地，乡村旅游总体发展水平领跑全国。2013年，国家旅游局将安吉县列为"国家乡村旅游度假实验区"，全国仅有两个。2021年，安吉县余村成为首批联合国世界旅游组织评选的"世界最佳旅游乡村"，全国仅有八个。

### 一、总体布局

按照空间全域化、产业全域化要求，优化扩展全域旅游发展新空间，构建"五区一带"总体发展格局，形成中部高端康养度假区、南部山地休闲旅游区、北部历史文化休闲区、东部农旅生态旅游区、西部乡村旅居休闲区、西苕溪生态文化旅游带的全域发展新格局。

### 二、功能分区

1. 中部高端康养度假区。以灵峰国家级旅游度假区为龙头，包含灵峰街道、昌硕街道、递铺街道和孝源街道共471.2平方千米。全力推动中部地区公共服务、商务会务设施打造、提升城市综合消费，推动大健康、大夜游、大文旅在此集聚，打造产城融合一体化发展和旅游产业转型升级的重要平台，引领全县旅游。

2. 南部山地休闲旅游区。以安吉县天荒坪镇、山川乡为重点，辐射上墅乡，区块面积共243.72平方千米，以山地休闲度假为发展方向，加强余村、云上草原、江南天池等品牌的示范带动作用，联动打造长三角山地度假目的地。

3.北部历史文化休闲区。包括安吉县鄣吴镇、递铺街道北片区（囊括安城片区与安吉古城国家考古遗址公园）、安吉县天子湖镇。以昌硕艺术小镇为基础，加快昌硕国际艺术文化大平台构建，同时带动考古遗址公园和安城历史文化深度休验，开展古城遗址公园提档升级工程，启动安城城墙周边环境整治，打造城墙公园，整合推动安吉本土地域文化的升级打造。发挥高铁北枢纽优势，依托天子湖建设全域乡村旅游大景区，推动休闲旅游、农旅融合型项目落地，注重乡村传统文化和农耕文化的深度展示和特色体验。

4.东部农旅生态旅游区。包括安吉县溪龙乡、梅溪镇，总面积227.1平方千米。依托安吉农业高新技术产业园、中国·白茶小镇项目等重大产业项目，发挥农业+旅游的跨界创新优势，加快安吉白茶的创新体验与业态升级，打造以白茶文化为主题的全国引领性标杆农旅生态旅游区。

5.西部乡村旅居休闲区。以安吉县杭垓镇、章村镇和报福镇为主体，总面积509.4平方千米。充分利用黄浦江源头、龙王山、赋石水库、西苕溪等生态优势，引进美丽健康、高端康养、时尚疗愈等业态，成为安吉高端山地度假重要支撑。

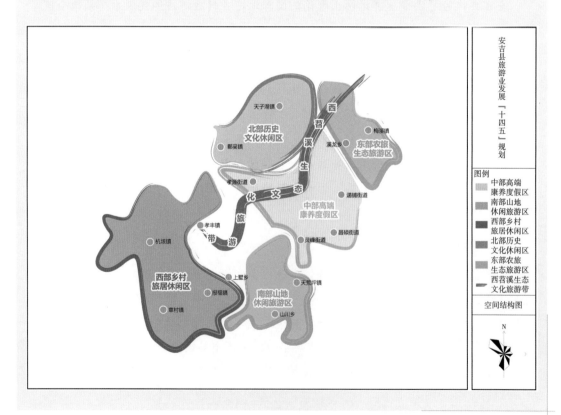

6. 西苕溪生态文化旅游带。西苕溪生态文化旅游带自安吉县孝丰镇南溪起，至东北安吉出水口结束，沿线涉及孝丰镇、递铺街道、溪龙和梅溪，总面积257.87平方千米。以西苕溪绿水经济带建设规划为指引，坚持文旅融合、农旅融合，引入水上观光、运动休闲、生态科普、田园游憩、主题度假等业态，打造安吉水上黄金旅游带。

资料来源：安吉县人民政府官网http://www.anji.gov.cn/

## 二、乡村旅游项目策划和产品设计

### （一）乡村旅游项目策划

一个完整的乡村旅游项目策划，一般由项目名称、项目主题、项目功能、项目选址和规模、项目投资估算等方面的内容组成。

1. 项目名称

项目名称是连接乡村旅游项目与旅游者之间的桥梁，给乡村旅游项目命名时，要深入了解旅游者的心理需求，争取通过一个有创意的名称来吸引广大旅游者。

2. 项目主题

项目主题是项目的灵魂，体现了乡村旅游地的特色。项目主题鲜明与否，影响着乡村旅游地的吸引力和竞争力，决定着项目开发的成败。确定项目主题必须深入研究乡村旅游地的发展目标、自身特色和优势，以及旅游者的需求特征和规律，才能保证项目主题明确、新颖、鲜明、形象化，获得旅游者的青睐，推动项目取得成功。

3. 项目功能

旅游者所能直接体验的是乡村旅游项目的功能，进而深层次体验乡村旅游项目的性质与主题。在规划编制过程中，乡村规划师应明确项目的主导功能是观光型、度假型项目，还是专项型、特殊型、复合型项目。

4. 项目选址和规模

为了保证项目的落地性和可操作性，乡村旅游项目应具有一定的空间特征，项目策划要明确每一个项目的具体位置和占地面积，同时考虑项目的整体布局、建筑风格等。

5. 项目投资估算

项目投资估算应根据项目的性质、规模，对项目建设所需的资金额进行估算，制定项目资金投入计划，设计合理的资金筹措渠道和方式，以保证项目资金按时、足额到位，使项目建设按照策划方案有序推进。

### （二）乡村旅游线路设计

乡村旅游线路是指在一定地域空间，乡村旅游经营主体针对目标市场的需求，凭借交通线路和交通工具，遵循一定原则，将若干乡村旅游地、旅游设施和旅游服务合理地贯穿起来，专为旅游者开展乡村旅游活动而设计的游览线路。乡村旅游线路规划设计主要由以下5个步骤组成。

### 1. 确定线路类型

根据功能目的、空间结构、时间跨度的不同，乡村旅游线路可以区分为多种不同的细分类型。根据功能目的可以划分为田园观光型、乡村度假型、乡村研学型、民俗体验型、生态康养型等多样化的专题旅游线路。根据空间结构可以划分为环状旅游线路和节点状旅游线路。根据时间跨度可以划分为一日游、两日游以及多日游线路。

### 2. 筛选沿途节点

乡村旅游线路的沿途节点包括两种类型：一类是开展乡村旅游活动的游览节点；另一类是满足旅游者基本需求的休憩、餐饮、住宿节点。确定沿途节点，要根据不同的线路主题、节点活动与功能的关系，综合考虑旅游者的需求，选择将哪些节点纳入具体线路之中。

### 3. 安排串联方式

基本确定了线路上的节点之后，要考虑用合适的方式将多个节点串联形成线路。乡村旅游线路多以公路交通实现节点串联，也有部分依托水上交通工具。

### 4. 确定线路名称

乡村旅游线路的名称从某种意义上反映了乡村旅游线路的性质、内容和设计的基本思路。因此，乡村旅游线路的名称应简短，同时应反映乡村旅游线路的主题，对旅游者产生吸引力。

### 5. 绘制线路示意图

完成前4个步骤后，乡村规划师应在规划区的总平面图上绘制乡村旅游线路示意图。一般而言，规划区会有多条主题不同、节点不同的乡村旅游线路，在绘图时，要用不同的颜色区分不同线路。

## 典型案例：襄阳市南漳县乡村旅游精品线路

本案例节选自《南漳县乡村休闲旅游发展规划（2020—2024年）》。

南漳县先后被评为全国休闲农业与乡村旅游示范县、全国休闲农业重点县，是湖北省乡村旅游总体发展水平较高的地区。

南漳县大力推进休闲农业和乡村旅游精品线路提升行动，以空间布局结构为依据，按照"串点成线、连片成带、集群成圈"的发展要求，集成休闲观光农园、美丽乡村建设以及农业资源、生态资源、文化资源等，打造两条乡村休闲旅游精品线路，为休闲农业与乡村旅游集聚化发展和乡村旅游目的地建设提供指引。

乡村自然风光精品线路：依托南漳县丰富的山水生态景观、田园生态景观，以山水观光、田园游憩、果蔬采摘等活动为核心，打造"樱桃谷—天池山—翡翠峡—印象老家—香水河—漳河源—龙王峡—四贤庄—八泉水乡"自然风光游线。

乡村人文风情精品线路：依托南漳县丰富的文化遗址遗迹资源，深入挖掘"三国文化""村寨文化"，以文化体验、民俗风情等活动为核心，打造"水镜庄—楚桑丝博园—春秋寨—卧牛寨—漫云村—青龙寨—峡口村"人文风情游线。

### 三、乡村旅游服务设施规划

#### （一）乡村旅游餐饮设施规划

品尝乡村特色美食，是乡村旅游体验的重要组成部分。相比于其他类型的旅游设施，餐饮设施具有灵活多样的特性，小到一个食品摊，大到一个美食城，都是餐饮设施。实践中，乡村旅游餐饮设施多由散落的市场经营主体，随旅游者消费需求变化而变化。乡村旅游餐饮设施规划要注意餐饮设施的布局与服务功能要根据旅游线路需要而安排，要能够满足游客游览途中对食物的需要，用餐点、补给点和游客在区域内的游览线路相匹配。其次要凸显地方特色，成为乡村旅游地新增的景观和观景场所，造型要新颖别致，给人耳目一新的感觉。同时还要协调好餐饮设施的类型与档次结构。不同的游客群体愿意在餐饮上支付的费用不同，乡村规划师要充分考虑各种类型的、各种档次的餐饮设施在乡村旅游地的配置。

#### （二）乡村旅游住宿设施规划

乡村旅游住宿设施在档次与规模结构上，显著不同于城市旅游住宿设施，乡村旅游标准化住宿设施占比较少。近年来，随着非标住宿设施的发展壮大，精品酒店、民宿客栈、露营地等个性化、主题化的住宿设施在乡村旅游地越来越多，有部分乡村旅游地甚至以主题化住宿作为核心业态，这也就对乡村规划师提出了更高的要求。其中，旅游民宿已经成为乡村地区的主流住宿业态。2022年7月，修改后的《旅游民宿基本要求与等级划分》（GB/T 41648—2022）公布，对旅游民宿的公共环境和配套、建筑和设施、卫生和服务、经营和管理、等级划分条件提出了比较具体的指导性意见，也是今后旅游民宿开展行业管理和等级评定的主要依据。在住宿设施规划中，乡村规划师应尽量参照该标准进行部署，以指导规划区旅游住宿业态规范、科学发展。

#### （三）乡村旅游交通设施规划

乡村旅游交通设施包括外部旅游交通和内部旅游交通两大类，外部旅游交通是指客源地与目的地之间的交通，主要的交通方式是乘坐火车、汽车、飞机和轮船四种，内部旅游交通是指旅游景点内部游览的交通，主要的交通方式是乘坐观光车、马车、缆车、游船等。两类交通设施的相互补充为乡村旅游活动的开展创造了便利的条件。乡村旅游交通设施规划要注意交通组织的可进入性，要做好连接乡村旅游景点和外部城镇的干线、支线公路的建设，它是吸引游客进入乡村旅游的基础。其次要注意交通建设的规范性，在交通道路的建设过程中需要注意道路的规范性、合理性，形成旅游和生活服务的乡村交通网络。公路建设要遵循交通运输部《农村公路建设标准指导意见》、住房和城乡建设部《绿道规划设计导则》等文件。同时还要注意交通开发的体验性，注重交通工具的体验化、交通设施的体验化，因地制宜扩展诸如索道、游船、滑竿、骑马等体验性活动项目，增加共享单车等类型的交通工具。

**（四）乡村旅游购物设施规划**

乡村地区在进行旅游开发前，原有的购物设施普遍都存在体量小、商品种类少、消费档次低的特点，难以满足旅游者的购物需求。因而在编制乡村旅游规划时，要立足乡村旅游地的定位、区域的特色产品，围绕更好地满足旅游者需求的目标来规划旅游购物设施，一般将以下3种设施纳入规划中：第一种是面向旅游者日用商品购物需求的设施，可依托乡村旅游地原有的商超、小卖部等发展提升；第二种是布局少而精的乡村旅游文创商品和纪念品售卖业态；第三种是规划一部分售卖乡村土特产的购物点。不同类型、不同档次的购物设施组合在一起，也可以形成乡土集市、商业街等集聚性的购物设施，为旅游者提供富有乡土特色的旅游购物体验。对于此类集聚型购物设施，规划中应提出相应的业态建议，以引导形成丰富多样的旅游购物环境。

**（五）乡村游览娱乐设施规划**

随着乡村休闲旅游业的快速发展，旅游者对各类游览娱乐设施的要求也越来越高，期望在旅途中体验到丰富时尚且充满趣味性的参与性活动，配备基本的游览娱乐设施是乡村旅游地实现观光旅游向休闲度假旅游转变的必要工作。乡村规划师应根据规划区的资源禀赋、发展定位和规模体量等，结合乡村旅游产品和项目的策划，设计多样化的乡村娱乐活动，以吸引更多的旅游者，延长游客的逗留时间。游览娱乐设施坚持"动静结合"的原则，动态设施一般包括采摘、农事活动、徒步、攀岩、漂流等各类拓展竞技类设施；静态设施一般包括露营、各类特色研学体验、非遗项目体验、艺术写生等设施（表8-3）。游览娱乐设施的布局按照全域统筹、分散布局的原则，让游客走在不同的区域内均有不同的项目可参与体验。

表8-3　乡村旅游娱乐设施

| 项目名称 | 具体项目 |
|---|---|
| 做一天牧民或渔民 | 马术表演、马球比赛、绕木桶、马上篮球赛，狩猎、放牧、手工挤奶，骑骆驼、开越野车、滑沙、异域风情、歌舞表演、滩涂船速滑、挖沙蛤、打紫菜、潜水、堆沙、水上射击、摇橹接力、沙滩自行车、爬顶桅杆、船头拔河、跳伞、渔家垂钓、锦鲤喂养，游泳、划龙舟、踩龙骨车、采菱角、剥莲子比赛，龟、鳖、鳟鱼等水产品饮食、荷花全席，摸鸭子，篝火烤全羊等 |

（续表）

| 项目名称 | 具体项目 |
|---|---|
| 冒险旅游和体育健身项目 | 定向越野、寻幽探险漂流、冲浪、空中滑翔帆伞运动、喷汽船、游泳比赛、赛马、露营、水上高尔夫、网球、溪降、穿越、溜索、打木球、练武术、骑山地自行车、滩涂滑泥滑草、桑拿浴室卵石健康路、香花治疗室中草药茶厅、棋趣广场、农村传统健身器等 |
| 学生学习体验之旅 | 水果采摘、看红叶、山水写生、徒步旅行、登山、参加农事活动、滑雪、野营、农村科普长廊、电化教室、录像演播厅、开放式实验室、温室大棚，观看农作物切片的组织培养、小鸡孵化，辨别蝴蝶、飞蛾、杂草等动植物的标本，烧窑、作坊陶艺作品展览厅等 |
| 当一天农民 | 春天参与播种、插秧、耕作、扬谷脱粒、吊井水、点豆、种花、养鸟等；秋天采摘瓜果梨桃、种植蔬菜喂鸡放鸭、做民间菜点、收割稻麦摘棉花、掰玉米挖土豆等；其他可学刺绣、学习竹编、草编工艺、农民版画，学做农家风味小吃、打年糕、包粽子品尝水果、糯米香茶、烤地瓜、磨豆腐，参与农户婚嫁迎娶等 |
| 产品化链条体验旅游 | 从采摘各种农产品，到送去工厂加工装罐，到出售 |
| 老年乐园（酒茶文化） | "学书画农家游"，请书法家画家任教开讲座；茶文化讲座、观茶种茶采茶制茶、茶道、茶膳；酒文化讲座、酿酒、品酒、酒疗、酒俗、酒艺；老知青重返农家种菜种瓜、聊天、打牌、下棋等抚今追昔游；天然氧吧、中秋赏月诗会、重阳敬老活动等 |
| 特色农家乐 | 支锅野炊、围绕篝火打歌、看花灯、农家评弹、彩绘麦田、建植物迷宫、乘坐畜力车、养殖（突出特色，避免常规品种）；开展特色表演；观看野猪野鸡打斗、野猪野兔赛跑，钓虾钓蟹比赛、斗牛、斗羊、小猪排队站列表演；种花、赏花、花浴、花疗、花艺、种植新型水果蔬菜，如美国黑树莓、台湾青枣、西番莲、佛肚竹、大红桃、台湾脆桃、食用仙人掌等 |
| 农家美食文化 | 山珍野菜，野生菌宴，野花，芦荟，茉莉花炖鸡蛋，炒芭蕉花，炒酸角叶，炒甘蔗芽，甜菜汤，绿色食品，鸡鸭、鹅、鱼、兔等的特色烹调，各地特色饮食，风味小吃等 |
| 少儿农庄与"领养制" | 踢毽子、踩高跷、滚铁环、射箭、玩弹弓、抬轿子堆沙、荡秋千、抖空竹、摇水车、捉鱼、粘鸟、造琥珀、剪纸、刻蜡板、放鞭炮、乒乓球、滑梯吊床、儿童乐园、翻腾蹦床、冲天太空舱、空中索道、富斯特滑道以及"领养"动植物等 |
| 宠物农家乐 | 为金鱼、热带鱼、宠物狗等为主，修鸡宅、鹅园、鸽宫、孔院、小鸟天堂、猪邸、马房、牛王府、羊庄、驴舍、狗别墅、兔公馆、鼠红楼、鹿苑、猴山庄、蛇王国等，满足游客对宠物的嗜好 |
| 岁时节令节庆游 | 元宵节的观灯、跑旱船、耍龙灯、观焰火、拜庙等活动，中秋拜祭，春节年饭，祝寿习俗，婚庆习俗，生养习俗，蒙古族那达慕大会，藏族跳神会、跳锅庄，高山族丰收节，白族三月街、背新娘，彝族火把节等 |
| 民俗建筑古村落、古建筑历史文化游 | 四合院、天井院、云南"一颗印"与"三坊一照壁"民居、蒙古包、客家五凤楼藏族方室、碉房、彝族土掌房、傣族土楼、苗族吊脚楼、新疆地铺民居等不胜枚举。历朝历代遗留下来的众多名古村落、古桥、祠堂、古坊、古庙、古碾、古楼水乡、宗祠文化、民间传说、历史古典、名人胜迹、道观佛寺等 |
| 农家乐主题活动 | 以瓜果时节为主题如南瓜艺术节、西瓜艺术节、珍奇蔬菜文化节、盆景艺术节、樱桃节等，以节日习俗为主题，如清明踏青游、白族赶海会、苗族龙船节等 |

（续表）

| 项目名称 | 具体项目 |
|---|---|
| 户外拓展训练基地 | 野外健身活动场、生存游戏、协作配合游戏节目、野营自助旅游项目、天然浴场、徒步摩托车、沙漠越野、滑水、帆船、攀岩运动、丛林野战、荒岛探险、登山、沙滩足球、海上冲浪、摩托艇潜水牵引、木排漂流等 |
| 连点成线农家乐 | 把几家各具特色的农家乐或是几个村不同风格的农家乐组成一条旅游线路发挥各处特长，建立大农家旅游概念 |
| 其他 | 森林嘉年华、巡游花车、农器具展览、根雕泥塑、做盆景、陶塑、制作风筝、放风筝、烘槟榔、温泉游戏、卡拉OK，隐居等 |

资料来源：黄顺红，梁陶，王文彦.乡村旅游开发与经营管理[M].重庆：重庆大学出版社，2015.

　　党的十八大报告将生态文明建设放在突出地位，将其与经济建设、政治建设、文化建设、社会建设一道纳入社会主义现代化建设"五位一体"的总体布局，这标志着我们党对社会发展规律和生态文明建设重要性的认识达到了新的高度。此后，习近平总书记在党的十九大报告中指出，坚持人与自然和谐共生，必须树立和践行"绿水青山就是金山银山"的理念，坚持节约资源和保护环境的基本国策。2020年，在第75届联合国大会上，我国正式提出在2030年实现碳达峰、2060年实现碳中和的目标，此后为了达到"双碳"目标，相关政府部门制定了一系列的相关政策。其中，党的二十大报告就建立生态产品价值实现机制作出了重要部署，要求加快培育和发展生态产品交易市场，开展农业生态产品价值评估，协调推进生态产品市场交易与生态保护补偿，拓展提升生态产品价值。

　　本章围绕国家生态建设的重要战略部署，对如何申报生态文明建设示范区、"绿水青山就是金山银山"实践创新基地以及如何进行生态价值评估进行了全方位的介绍。

# 第一节　生态文明建设示范区（市、县）

## 一、创建概述

### （一）创建背景

　　党的十八大从新的历史起点出发，作出"大力推进生态文明建设"的战略决策，绘出生态文明建设的宏伟蓝图。为深入贯彻落实党的十八大精神，以生态文明建设试点示范推进生态文明建设，环境保护部研究制定并印发了《国家生态建设示范区管理规程》（环发〔2012〕48号）用于规范国家生态建设示范区创建工作，促进国家生态建设示范区建设规划、申报、评估、验收、公告及监督管理等工作科学化、规范化、制度化。2013年，环境保护部印发了《国家生态文明建设试点示范区指标（试行）》的通知（环发〔2013〕58号），明确了"生态文明试点示范县（含县级市、区）"和"生态文明试点示范市（含地级行政区）"的基本条件和建设指标。2015年，中共中央、国务院发布《关于加快推进生态文明建设的意见》，首次明确把"绿色化"纳入我国现代化推进战略中。同年10月，党的十八届五中全会的召开，提出了"创新、协调、绿色、开放、共享"五大发展理念，并将"增强生态文明建设"写入《中华人民共和国国民经济和社会发展第十三个五年规划纲要》中。

2016年1月，为贯彻落实党中央、国务院关于加快推进生态文明建设的决策部署，鼓励和指导各地以国家生态文明建设示范区为载体，以市、县为重点，全面践行"绿水青山就是金山银山"理念，积极推进绿色发展，不断提升区域生态文明建设水平，环境保护部颁布了关于印发《国家生态文明建设示范区管理规程（试行）》和《国家生态文明建设示范县、市指标（试行）》的通知（环生态〔2016〕4号），提出对于创建工作在全国生态文明建设中发挥示范引领作用，达到相应建设标准并通过考核验收的市、县，按程序授予相应的国家生态文明建设示范区称号。

为了深入践行习近平生态文明思想，贯彻落实党中央、国务院关于加快推进生态文明建设有关决策部署和全国生态环境保护大会有关要求，充分发挥生态文明建设示范区平台载体和典型引领作用，生态环境部于2019年、2021年先后两次修订了《国家生态文明建设示范区建设指标》和《国家生态文明建设示范区管理规程》，指导各地方进一步加强生态文明示范建设和管理工作。2021年，为提升生态文明示范建设水平和影响力，支持和规范副省级城市创建国家生态文明建设示范区，生态环境部制定了《副省级城市创建国家生态文明建设示范区工作方案》（环办生态函〔2021〕73号），提出在下辖区（县、市）全部获得国家生态文明建设示范区称号后，副省级城市可提交国家生态文明建设示范区创建申请。

**（二）创建现状**

国家生态文明建设示范区作为可复制、可推广的生态文明建设典型模式，旨在推动绿色循环、低碳发展，促进生态文明建设水平提升（图9-1）。截至目前，已经命名七批生态文明建设示范区，共572个市、县创建国家生态文明建设示范区。从区域看，申报成功的第一梯队为浙江省创建48个，福建省创建44个，四川省创建39个，江苏省创建37个；第二梯队为湖北省创建32个，山东省创建32个，江西省创建28个，广东省创建28个，湖南省创建26个（图9-2），湖北省国家生态文明建设示范区创建总数占全国创建总数的5.59%。

图9-1　国家生态文明建设示范区年度创建情况

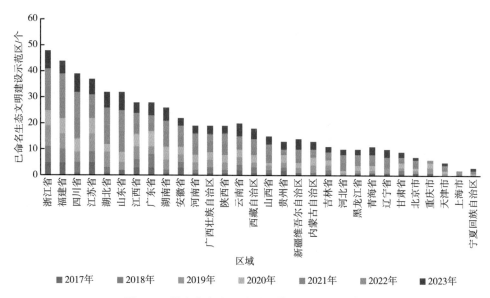

图9-2　国家生态文明建设示范区区域创建情况

## 二、申报程序

### （一）申报条件

根据《国家生态文明建设示范区建设指标（修订版）》《国家生态文明建设示范区管理规程（修订版）》的要求，对符合条件的创建地区人民政府，可通过省级生态环境主管部门向生态环境部提出申报申请，对近三年内未按要求完成整改任务、发生重大生态事故、考核结果较差等情况的不予申报。

1. 申报要求

（1）建设规划发布实施且处在有效期内。

（2）相关法律法规得到严格落实。党政领导干部生态环境损害责任追究、领导干部自然资源资产离任审计、自然资源资产负债表、生态环境损害赔偿、"三线一单"等制度保障工作按照国家和省级总体部署有效开展。

（3）经自查已达到国家生态文明建设示范市县各项建设指标要求（副省级城市参照生态函〔2021〕73号有关规定）。

2.负面清单

近三年存在下列情况的地区不得申报：

（1）中央生态环境保护督察和生态环境部组织的各类专项督察中存在重大问题，且未按计划完成整改任务的。

（2）未完成国家下达的生态环境质量、节能减排、排污许可证核发等生态环境保护重点工作任务的。

（3）发生重、特大突发环境事件或生态破坏事件的，以及因重大生态环境问题被生态环境部约谈、挂牌督办或实施区域限批的。

（4）群众信访举报的生态环境案件未及时办理、办结率低的。

（5）国家重点生态功能区县域生态环境质量监测评价与考核结果为"一般变差""明显变差"的。

（6）出现生态环境监测数据造假的。

**（二）申报流程**

国家生态文明建设示范区按照"市、县级政府申请→市级部门审核与推荐→省级部门审核与推荐→生态环境部进行核查→批准创建并公布名单→授予示范区称号→后期监督管理"的流程开展申报工作（图9-3）。

1.县级政府申请

创建地区应根据《国家生态文明建设示范区建设指标（修订版）》《国家生态文明建设示范区管理规程（修订版）》的创建要求，结合当地生态文明建设底蕴，编制《×××市（县）创建国家生态文明建设示范区技术评估报告》《×××市（县）创建国家生态文明建设示范市（县）工作报告》，并对照《国家生态文明建设示范区建设指标（修订版）》填写指标达标情况自查表。确认申报条件符合后，创建地区向上级环保部门提交《×××市（县）人民政府关于申报创建国家生态文明建设示范区的函》。

2.市级部门审核与推荐

市级生态部门对照《国家生态文明建设示范区管理规程（修订版）》申报条件项的要求，对申报地区进行预审，严格把关，择优推荐，对推荐的创建地区，撰写《×××市生态环境局关于推荐第×××批国家生态文明建设示范区申报的报告/函》提交至省级环境保护部门。

3.省级部门审核与推荐

省级生态环境主管部门根据创建地区提交的相关申报材料进行预审核，对不符合要求的地区提出修改意见，并及时提交至省级生态环境主管部门进行再次复审，省级生态环境主管部门对拟推荐地区予以公示，公示结束后根据当年申报要求，指导拟推荐地区通过国家生态文明示范建设管理平台，填报和提交有关数据及档案资料。

### 4. 生态环境部核查

生态环境部根据创建地区提交至国家生态文明示范建设管理平台的相关材料进行资料审核和现场考察两部分核查。其中，资料审核主要是针对平台提交的资料以及佐证材料的真实性、权威性、时效性进行核实；现场核查主要是生态环境部对资料审核中发现需要现场核查的问题以及中央生态环境保护督察、生态环境部组织的各类专项督查问题整改落实情况等问题对有关部门、单位或个人开展走访问询。核查过程中发现问题的，创建地区应当及时补充材料予以说明。

### 5. 公示及授予称号

生态环境部根据核查情况对拟命名地区予以公示，公示结束后对无异议的创建地区授予相应的国家生态文明建设示范区称号。

### 6. 后期监督管理

获得国家生态文明建设示范区称号的地区应逐年在国家生态文明示范建设管理平台更新档案资料、报送年度工作进展。生态环境部对获得国家生态文明建设示范区称号的地区实行动态监督管理，并进行抽查。对公告满3年的地区参照建设指标进行复核，复查通过后其国家生态文明建设示范区称号有效期延续3年。

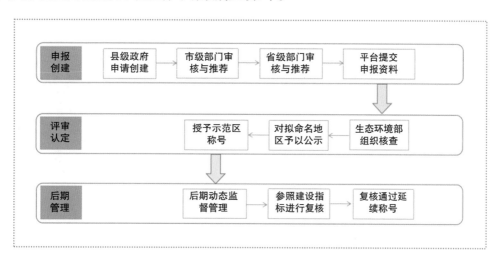

**图9-3　国家生态文明建设示范区申报流程**

## 三、建设规划要点

### （一）规划的总体要求

创建地区生态文明建设示范区（市、县）建设规划及实施情况是国家生态文明建设示范区申报、建设、复核的重要依据。规划编制时要深入贯彻新时代新思想，落实中央、省级层面的生态文明建设的重要发展战略，结合实际情况，因地制宜制定生态文明建设创建任务、合理谋划重点工程建设以及保障措施等内容。

**（二）规划的主要内容**

根据《国家生态文明建设示范区建设规划编制指南（试行）》（环办生态函〔2021〕146号）文件要求，创建地区国家生态文明建设示范区建设规划应从建设基础、形势分析、规划总则、规划任务、重点工程、效益分析、保障措施等方面进行撰写。

---

### 生态文明城市建设规划大纲

**第一章　创建基础与形势分析**

　1.1　区域概况

　1.2　创建基础

　1.3　建设存在的问题

　1.4　建设机遇与挑战

**第二章　规划总则**

　2.1　指导思想

　2.2　规划原则

　2.3　规划依据

　2.4　规划期限

　2.5　发展目标

**第三章　规划重点任务**

　3.1　生态制度建设

　3.2　生态安全建设

　3.3　生态空间建设

　3.4　生态经济建设

　3.5　生态生活建设

　3.6　生态文化建设

**第四章　重点建设工程与效益分析**

　4.1　工程内容与投资估算

　4.2　效益分析

**第五章　保障措施**

　5.1　组织领导

　5.2　监督考核

　5.3　资金统筹

　5.4　科技创新

　5.5　社会参与

---

1.创建基础

（1）区域概况。概述创建地区自然资源禀赋、区位交通、社会经济等条件，作为创建地区是否具备创建条件的有力支撑。

自然资源禀赋方面，重点突出所在区域的自然气候条件、地形地貌、土地资源、生态环境等内容。

区位交通方面，重点突出创建地区地理位置优越性，是否构建区域水、陆、空交通网络等情况。

社会经济方面，重点突出区域经济发展、三次产业结构、人均可支配收入等方面的情况。

（2）创建条件。根据创建地区的生态发展情况，提炼出近五年内区域在贯彻落实相关生态文明建设思想与推进"五位一体"总体布局要求，践行"绿水青山就是金山银山"理念等方面的工作进展，重点突出生态文明创建顶层设计，绿色产业发展，生态环境保护，生态环境治理，体制机制改革，生态文明宣教等方面的主要做法及成效。

2. 形势分析

对创建地区生态建设存在的问题，面临的外部机遇与挑战进行全面、系统、准确的研究，为制定相应的发展战略和相应对策提供依据。

（1）发展存在的问题。根据区域前期建设的情况，分析区域生态文明建设存在的问题，重点从生态空间布局，生态环境质量，资源能源开发利用与消耗，生态文明制度建设，生态文明意识培育等方面分析存在的问题，为创建任务的制定提供依据。

（2）发展存在的机遇与挑战。纵观生态文明建设面临的时代背景，结合经济社会发展的新形势，从国家重大战略、重大决策对生态文明建设所带来的机遇和挑战进行系统分析。对区域资源能源开发利用与消耗趋势，生态环境质量变化趋势，生态环境基础设施需求等方面进行预测分析，根据区域实际情况对未来区域所面临的压力进行分析。

3. 规划总则

规划总则应包括规划指导思想、规划原则、规划依据、规划期限、发展目标等方面内容。

（1）指导思想。要根据国家生态文明建设的新发展理念以及战略布局，明确创建地区生态文明建设思路，突出重点发展方向，确定发展定位等内容。

（2）规划原则。规划要突出生态优先，绿色发展，因地制宜，突出区域特色以及体现政府主导、全民参与等内容。

（3）规划依据。规划要在遵循国家、地区相关法律法规、标准规范的基础上，严格遵照中央、国务院关于推进生态文明建设的战略部署以及国家生态文明建设示范区申报相关文件的要求，并与国家、省、市等相关生态文明建设上位规划做好衔接。

（4）规划期限。根据《国家生态文明建设示范区建设规划编制指南（试行）》（环办生态函〔2021〕146号）文件要求，生态创建规划一般为5年以上，可根据实际情况，展望至10～15年。

（5）发展目标。依据创建规划的定位，结合《国家生态文明建设示范区建设指标（修订版）》建设要求以及区域发展特色，提出长远发展目标和阶段性发展目标。目标确定时需采用定性与定量相结合的方法，能更好地评判目标达标情况。

4. 建设任务

结合《国家生态文明建设示范区建设指标（修订版）》的要求，围绕创建发展目标，从生态制度、生态安全、生态空间、生态经济、生态生活、生态文化等方面提出创建地区生态文明建设任务。

（1）生态制度体系建设方面。要在区域生态文明制度建立的基础上，进一步健全生态制度体系，重点加强生态文明建设治理体系，完善生态文明制度体系，推进生态文明建设体制机制创新等方面的建设任务。

（2）生态安全体系建设方面。围绕提供更多优质生态产品满足人民群众美好生活需要，以生态系统良性循环和生态环境风险有效防范为重点，重点突出深化环境污染治理，强化生态保护修复，积极应对气候变化，有效防范生态环境风险等建设任务。

（3）生态空间体系建设方面。围绕生态空间山清水秀，生活空间宜居舒适，生态空间集约高效的要求，以守住自然生态安全边界，构建绿色发展格局为重点，进一步推进城镇化布局、产业发展布局以及生态安全格局不断优化，构建人与自然和谐共生。

（4）生态经济体系建设方面。围绕绿色产业发展要求，以优化调整创建地区产业结构、能源结构、交通运输结构、农业投入品结构为重点，明确资源承载力与产业准入要求，推动产业生态化发展，交通清洁化发展，开发绿色新能源为主要建设任务。

（5）生态生活体系建设方面。围绕生活方式生态化、绿色化、低碳化转变的要求，以推进生态环境基础设施建设，推进生态城市与美丽乡村建设，培育绿色低碳消费与绿色生态低碳生活方式等为重点建设任务。

（6）生态文化体系建设方面。围绕提升全民生态文明意识的要求，加快构建以生态价值观念为准则的生态文化体系，重点推进生态文化发展，加强生态文明宣教，积极引导公众参与等建设任务。

5. 重点工程

根据创建规划重点建设任务，结合各相关部门计划实施项目，制定重点工程表，明确各项重点工程的投资规模、投资金额、主要内容、实施地点、负责部门以及实施年限等内容。

6. 投资估算

按照各项目工程和建设任务，分别计算各项建设工程量和设备购置数量作为项目投资估算的基本依据，列出各项分期建设工程所需资金额度，明确工程建设资金来源、实施主体等。相关工程设计与投资概算要参照国家或者省级关于工程管理、经费概算方法或相关规定进行科学计算。

7. 效益分析

从生态环境效益、经济效益和社会效益等方面，分析规划实施后的综合效益。

8. 保障措施

从组织领导，监督考核，资金统筹，科技创新，社会参与等方面明确保障的相关措施。

**（三）规划的成果要求**

根据《国家生态文明建设示范区建设规划编制指南（试行）》（环办生态函〔2021〕146号）文件要求，创建规划成果在形式上包括规划文本、规划图册、规划研究报告等三大部分。

1. 规划文本

规划文本应做到文字表达规范、准确、清晰，内容明确简练，规划合理，对当地生态建设具有实际指导意义以及可操作性。文本规划提纲可参考如下，可根据创建地区的实际情况对大纲进行调整。

2. 规划图册

规划图册要求编制规范，表达明确，图件数据均采用2000国家大地坐标系统（CGCS2000），高斯—克吕格投影，陆域部分采用1985国家高程基准，海域采用理论深度基准面。图件要标注图名、比例尺、图例、绘制时间等。图册内容主要包括基础现状和规划图件类。基本现状图件主要包括地理区位图、行政区划图、生态环境质量现状图、自然保护地现状图、生态环境基础设施现状分布图等；规划成果图件主要包括生态安全格局规划图、生态产业布局图、重点工程布局图等。

3. 规划研究报告

规划研究报告是规划编制的过程性文件，主要内容包括前言、规划背景与意义、建设基础、形势分析、规划总则、规划任务与措施、重点工程、效益分析、保障措施等内容，按照规划内容要求，详细说明所采用的技术方法及分析过程，作为规划文本的技术支撑。

## 四、创建技术报告的要点

### （一）技术报告的总体要求

技术报告作为生态文明建设示范区（市、县）创建的主要技术考核指标，需重点说明创建地区是否符合《国家生态文明建设示范区管理规程（修订版）》第九条、第十条所列申报条件情况，以及对照《国家生态文明建设示范区建设指标（修订版）》文件，说明近3年国家生态文明建设示范区建设指标完成情况。

### （二）技术报告的主要内容

1. 区域概况

主要包括地理区位、历史人文、社会经济、生态自然资源以及生态环境保护情况等内容。

2. 创建要件具备情况

围绕《国家生态文明建设示范区管理规程（修订版）》第九条、第十条所列申报条件情况进行说明。

（1）申报基本条件达到要求。围绕国家规定的三项申报条件，逐条进行条件符合性说明。

规划发布实施且处在有效期内。按照规划编制要求，说明规划编制上报省生态环境主管部门评审、创建地区相关政府审议通过及颁布实施等过程、规划有效实施的举措以及目前规划项目完成情况的说明。

相关法律法规得到严格落实。围绕党政领导干部生态环境损害责任追究、领导干部自然资源资产离任审计、自然资源资产负债表、生态环境损害赔偿、"三线一单"等制度保障工作按照国家和省级总体部署有效开展等内容进行落实说明。

经自查已达到国家生态文明建设示范市县各项建设指标要求。对照《国家生态文明建设示范区建设指标（修订版）》文件，填写××市（县）国家指标达标情况表，评估所有适应性指标已全面达标。

（2）申报否决情形没有出现。围绕中央生态环境保护督察和生态环境部组织的各类专项督察中存在重大问题，且未按计划完成整改任务的。说明近三年中央生态环境保护督察和生态环境部组织的各类专项督察问题整改情况，证明创建地区没有出现不按计划完成整改任务，未有列入生态环境警示案例。

未完成国家下达的生态环境质量、节能减排、排污许可证核发等生态环境保护重点工作任务的。围绕空气质量、水环境质量、土壤环境质量、节能降耗、总量减排、安全利用一般工业固废、排污许可证核发、工业园区污水集中处理设施建设等情况，证明近三年已按要求完成上级下达任务。

发生因监管不力，失职渎职造成重、特大突发环境事件或生态破坏事件的，以及因重大生态环境问题被生态环境部或生态环境厅约谈、挂牌督办、追责或实施区域限批的。需要上级部门对创建地区进行该项条件的证明，相关证明需要用红头文件以及盖章。

群众信访举报的生态环境案件未及时办理，办结率低的。说明近三年创建地区信访投诉处理情况，证明举报案件及时办理且办结率高。

国家重点生态功能区县域生态环境质量监测评价与考核结果为"一般变差""明显变差"的。根据湖北省生态环境厅《湖北省生态环境状况指数公报》数据，说明创建地区近三年生态环境状况指数（EI）情况，证明考核结果不是为"一般变差""明显变差"情形。

出现生态环境监测数据造假的。说明技术报告、工作报告、申报函等材料中，涉及的生态环境监测的数据均来源于创建地区正式印发的材料，数据均真实有效。

3. 建设指标达标评估

（1）评估依据与方法。罗列指标达标评估的法律法规、环境标准、政策文件等评估依据；说明指标达标评估方法。重点采用资料调查、现场踏勘、定性与定量、单因子评价与综合评价等方法进行评估。

（2）国家建设指标体系。根据生态环境部发布的《国家生态文明建设示范区建设指标（修订版）》文件，说明创建地区适用性指标情况。表9-1为《国家生态文明建设示范区建设指标（修订版）》达标要求，创建地区根据当地实际情况筛选出适用性指标。

#### 表9-1 国家生态文明建设示范区建设指标（修订版）

| 领域 | 任务 | 序号 | 指标名称 | 单位 | 指标值 | 指标属性 | 适用范围 |
|---|---|---|---|---|---|---|---|
| 生态制度 | （一）目标责任体系与制度建设 | 1 | 生态文明建设规划 | – | 制定实施 | 约束性 | 市县 |
| | | 2 | 党委政府对生态文明建设重大目标任务部署情况 | – | 有效开展 | 约束性 | 市县 |
| | | 3 | 生态文明建设工作占党政实绩考核的比例 | % | ≥20 | 约束性 | 市县 |
| | | 4 | 河长制 | – | 全面实施 | 约束性 | 市县 |
| | | 5 | 生态环境信息公开率 | % | 100 | 约束性 | 市县 |
| | | 6 | 依法开展规划环境影响评价 | %<br>– | 市：100<br>县：开展 | 市：约束性<br>县：参考性 | 市县 |
| 生态安全 | （二）生态环境质量改善 | 7 | 环境空气质量<br>优良天数比例<br>PM2.5浓度下降幅度 | % | 完成上级规定的考核任务；保持稳定或持续改善 | 约束性 | 市县 |
| | | 8 | 水环境质量<br>水质达到或优于Ⅲ类比例提高幅度<br>劣Ⅴ类水体比例下降幅度<br>黑臭水体消除比例 | % | 完成上级规定的考核任务；保持稳定或持续改善 | 约束性 | 市县 |
| | | 9 | 近岸海域水质优良（一、二类）比例 | % | 完成上级规定的考核任务；保持稳定或持续改善 | 约束性 | 市 |
| | （三）生态系统保护 | 10 | 生态环境状况指数<br>干旱半干旱地区<br>半湿润地区<br>湿润地区 | % | ≥35<br>≥55<br>≥60 | 约束性 | 市县 |
| | | 11 | 林草覆盖率<br>山区<br>丘陵地区<br>平原地区<br>干旱半干旱地区<br>青藏高原地区 | % | ≥60<br>≥40<br>≥18<br>≥35<br>≥70 | 参考性 | 市县 |
| | | 12 | 生物多样性保护<br>国家重点保护野生动植物保护率<br>外来物种入侵<br>特有性或指示性水生物种保持率 | %<br>–<br>% | ≥95<br>不明显<br>不降低 | 参考性 | 市县 |

（续表）

| 领域 | 任务 | 序号 | 指标名称 | 单位 | 指标值 | 指标属性 | 适用范围 |
|---|---|---|---|---|---|---|---|
| 生态安全 | （三）生态系统保护 | 13 | 海岸生态修复<br>自然岸线修复长度<br>滨海湿地修复面积 | 千米<br>公顷 | 完成上级管控目标 | 参考性 | 市县 |
| | （四）生态环境风险防范 | 14 | 危险废物利用处置率 | % | 100 | 约束性 | 市县 |
| | | 15 | 建设用地土壤污染风险管控和修复名录制度 | – | 建立 | 参考性 | 市县 |
| | | 16 | 突发生态环境事件应急管理机制 | – | 建立 | 约束性 | 市县 |
| 生态空间 | （五）空间格局优化 | 17 | 自然生态空间<br>生态保护红线<br>自然保护地 | – | 面积不减少，性质不改变，功能不降低 | 约束性 | 市县 |
| | | 18 | 自然岸线保有率 | % | 完成上级管控目标 | 约束性 | 市县 |
| | | 19 | 河湖岸线保护率 | % | 完成上级管控目标 | 参考性 | 市县 |
| 生态经济 | （六）资源节约与利用 | 20 | 单位地区生产总值能耗 | 吨标准煤/万元 | 完成上级规定的目标任务；保持稳定或持续改善 | 约束性 | 市县 |
| | | 21 | 单位地区生产总值用水量 | 立方米/万元 | 完成上级规定的目标任务；保持稳定或持续改善 | 约束性 | 市县 |
| | | 22 | 单位国内生产总值建设用地使用面积下降率 | % | ≥4.5 | 参考性 | 市县 |
| | | 23 | 单位地区生产总值二氧化碳排放 | 吨/万元 | 完成上级管控目标；保持稳定或持续改善 | 约束性 | 市 |
| | | 24 | 应当实施强制性清洁生产企业通过审核的比例 | % | 完成年度审核计划 | 参考性 | 市 |
| | | 25 | 三大粮食作物化肥农药利用率<br>化肥利用率<br>农药利用率 | % | ≥43 | 参考性 | 县 |

（续表）

| 领域 | 任务 | 序号 | 指标名称 | 单位 | 指标值 | 指标属性 | 适用范围 |
|---|---|---|---|---|---|---|---|
| 生态经济 | （七）产业循环发展 | 26 | 农业废弃物综合利用率<br>秸秆综合利用率<br>畜禽粪污综合利用率<br>农膜回收利用率 | % | ≥90<br>≥75<br>≥80 | 参考性 | 县 |
| | | 27 | 一般工业固体废物综合利用率提高幅度<br>综合利用率≤60%的地区<br>综合利用率>60%的地区 | % | ≥2<br>保持稳定或持续改善 | 参考性 | 市县 |
| 生态生活 | （八）人居环境改善 | 28 | 集中式饮用水水源地水质优良比例 | % | 100 | 约束性 | 市县 |
| | | 29 | 村镇饮用水卫生合格率 | % | 100 | 约束性 | 县 |
| | | 30 | 城镇污水处理率 | % | 市≥95<br>县≥85 | 约束性 | 市县 |
| | | 31 | 农村生活污水治理率 | % | ≥50 | 参考性 | 市县 |
| | | 32 | 城镇生活垃圾无害化处理率 | % | 市≥95<br>县≥80 | 约束性 | 市县 |
| | | 33 | 农村生活垃圾无害化处理村占比 | % | ≥80 | 参考性 | 市县 |
| | | 34 | 城镇人均公园绿地面积 | 平方米/人 | ≥15 | 参考性 | 市 |
| | | 35 | 农村无害化卫生厕所普及率 | % | 完成上级规定的目标任务 | 约束性 | 县 |
| 生态生活 | （九）生活方式绿色化 | 36 | 城镇新建绿色建筑比例 | % | ≥50 | 参考性 | 市县 |
| | | 37 | 公共交通出行分担率 | % | 超、特大城市≥70<br>大城市≥60<br>中小城市≥50 | 参考性 | 市 |
| | | 38 | 城镇生活垃圾分类减量化行动 | - | 实施 | 参考性 | 市县 |
| | | 39 | 绿色产品市场占有率<br>节能家电市场占有率<br>在售用水器具中节水型器具占比<br>一次性消费品人均使用量 | %<br>%<br>%<br>千克 | ≥50<br>100<br>逐步下降 | 参考性 | 市 |
| | | 40 | 政府绿色采购比例 | % | ≥80 | 约束性 | 市县 |

（续表）

| 领域 | 任务 | 序号 | 指标名称 | 单位 | 指标值 | 指标属性 | 适用范围 |
|------|------|------|----------|------|--------|----------|----------|
| 生态<br>文化 | （十）<br>观念意识<br>普及 | 41 | 党政领导干部参加生态文明培训的人数比例 | % | 100 | 参考性 | 市县 |
| | | 42 | 公众对生态文明建设的满意度 | % | ≥80 | 参考性 | 市县 |
| | | 43 | 公众对生态文明建设的参与度 | % | ≥80 | 参考性 | 市县 |

（3）指标达标程度分析。说明依据《国家生态文明建设示范区建设指标（修订版）》《国家生态文明建设示范区管理规程（修订版）》文件规定和国家相关法律法规及标准，对创建地区近三年国家生态文明建设示范区建设指标达标程度开展自查评估，符合国家生态文明建设示范区核查验收的相关要求。

（4）指标达标分项评估。分项对创建地区适用性指标进行评估，每项指标评估主要包括的考核要求，指标解释，数据来源，完成情况，主要措施，评判结果等内容。

4. 生态创建特色典型案例

选取创建地区比较典型的生态文明建设案例，说明案例的主要做法以及可借鉴的经验。

5. 规划项目实施进展情况

说明生态文明建设示范区（市、县）建设规划实施后项目完成进展情况以及资金使用情况。

## 五、佐证材料收集的要点

### （一）佐证材料类型与要求

1. 佐证材料类型

佐证材料需依据国家生态文明示范建设管理平台需填报和提交的有关数据及档案资料进行准备，包括申报函、国家生态文明建设示范区创建工作报告、国家生态文明建设示范区创建技术报告、建设指标完成情况的证明材料及必要的佐证材料等内容。

2. 佐证材料要求

（1）申报函。佐证相关文件需要《×××市（县）人民政府关于申报创建国家生态文明建设示范区的函》《×××市生态环境局关于推荐第×××批国家生态文明建设示范区申报的报告/函》等相关请示文件。

（2）国家生态文明建设示范区创建工作报告。工作报告主要包括创建地区生态文明建设基本情况、主要做法、取得成效、经验模式、下一步工作等内容。

（3）国家生态文明建设示范区创建技术报告。主要围绕创建条件要求以及指标达标要求，包括指标完成情况、测算过程、数据来源及特殊情况解释说明等内容。

（4）建设指标完成情况的证明材料。建设指标完成情况的证明材料主要来源统计年鉴、公报、地方公开印发的文件、上级政府或部门下发的考核及结果通报文件、上级政府或部门出具的证明文件等。

①任务考核类指标。该类指标包括环境空气质量、水环境质量、近岸海域水质优良（一、二类）比例、海岸生态修复、自然岸线保有率、河湖岸线保护率、单位地区生产总值能耗、单位地区生产总值用水量、单位地区生产总值二氧化碳排放、农村无害化卫生厕所普及率。该类指标要求完成上级考核任务、管控目标，关键佐证材料来源包括目标任务下达情况，目标任务考核情况，指标值统计或公报数据，相关工作佐证等。绿色产品市场占有率（家电、节水）、公众对生态文明建设的满意度两项指标关键佐证材料来源绿色发展、生态文明考核。

②统计监测类指标。该类指标包括生态环境状况指数、林草覆盖率、危险废物利用处置率、单位国内生产总值建设用地使用面积下降率、一般工业固体废物综合利用率提高幅度、集中式饮用水水源地水质优良比例、村镇饮用水卫生合格率、城镇污水处理率、城镇生活垃圾无害化处理率、农村生活污水处理率、城镇人均公园绿地面积、公共交通出行分担率。该类指标要求已有统计渠道或可据其测算。关键佐证材料来源包括统计年鉴或公报、部门统计监测报表、上级证明等。

③调查测算类指标。该类指标要求进行调查与测算。需部门测算指标包括生态文明建设工作占党政实绩考核的比例、生态环境信息公开率、依法开展规划环境影响评价、生物多样性保护、应当实施强制性清洁生产企业通过审核的比例、三大粮食作物化肥农药利用率、农业废弃物综合利用率、农村生活垃圾无害化处理村占比、城镇新建绿色建筑比例、政府绿色采购比例；需部门测算的关键佐证材料来源包括本底情况、工作现状、上级要求、开展工作等。需抽样调查指标包括绿色产品市场占有率、党政领导干部参加生态文明培训的人数比例、公众对生态文明建设的满意度、公众对生态文明建设的参与度，需抽样调查的关键佐证材料来源包括统计调查方案及质量控制、统计调查结果、统计调查开展证明等。

④制度建设类指标。该类指标包括生态文明建设规划、党委政府对生态文明建设重大目标任务部署情况，河长制，自然生态空间，建设用地土壤污染风险管控和修复名录制度，突发生态环境事件应急管理机制，城镇生活垃圾分类减量化行动。该类指标要求制度政策建设，任务落实。关键佐证材料来源包括相关领域工作上级要求及部署，发布的政策文件，政策执行相关工作佐证，相关工作开展推进情况等。

（5）必要的佐证材料。必要的佐证材料指除指标类佐证材料外，包括规划相关佐证、申报条件佐证、典型案例佐证等综合类的材料。

①规划相关佐证材料。包括规划文本、图册、研究报告，以及上级评审意见、同级

人民代表大会（或其常务委员会）或本级人民政府审议文件、颁布实施通知、年度工作计划、政府门户网站及时发布规划、计划、重点工作推进情况等创建工作信息截图、规划建设重点项目进展情况说明等。

②符合申报条件佐证材料。需相应上级管理部门出具关于\*\*\*情况的说明文件。证明材料包括相应指标制度制定情况，相关政策文件，近三年相关部门工作总结与计划，相关工作落实情况，相关案例等内容。

③典型案例佐证材料。包括典型案例相关工作开展的工作报告、监测报告、实地风光照片、新闻报道等内容。

**（二）申报材料佐证材料整理**

佐证资料分综合类佐证资料和指标类佐证资料。综合类佐证资料按项分为申报文件、规划编制、管理规程第九条（申报要求）、管理规程第十条（负面清单）、典型事迹材料、生态文明建设相关风景照等；指标类佐证资料按创建地区适应性指标，逐一准备佐证材料，佐证材料按照目录索引、指标完成情况的报告、相关统计表、数据出处佐证材料、近三年相关工作总结以及其他佐证材料等重要性资料进行排序，所有证明材料除表格只需要原提供单位盖章外，其他文件均需要原提供单位红头文件加单位盖章版本。

## 六、典型案例

### （一）南通市生态文明建设规划（2021—2025年）

南通市位于中国东部海岸线与长江交汇处，南临长江，东濒黄海，是江苏省唯一同时拥有沿江沿海深水岸线的城市，具有典型的南北植物过渡带特征，生物资源丰富，全市森林覆盖率14.8%，林木覆盖率24.0%。近年来，该市坚定不移实施"生态立市"战略，凭借优越的生态禀赋和出色的生态创建工作成功申报2022年度国家生态文明建设示范市，探索出具有本地特色的生态文明建设模式，积累了宝贵的实践经验。本部分以《南通市生态文明建设规划（2021—2025年）》[①]为例，重点分析生态文明建设规划编制重点内容。

1. 规划背景及简介

为进一步推进南通市生态文明建设，深入贯彻落实习近平生态文明思想以及新时代生态文明建设的新要求、新目标、新任务，聚焦市第十三次党代会提出的"建设彰显生态之美的低碳花园城市"，服务构建新发展格局以奋力谱写"强富美高"新南通建设现代化篇章为发展目标，打响"江海联动"生态文明建设特色名片，高水平打造美丽江苏南通样板，南通市人民政府决定编制《南通市生态文明建设规划（2021—2025年）》，以更好地指导新时代全市生态文明建设，着力构建全市高质量发展的绿色生态屏障，努力谱写生态

---

① 南通市政府关于印发南通市生态文明建设规划（2021—2025年）的通知[EB/OL].（2022-01-26）http://sthjj.nantong.gov.cn/ntshbj/bmwjian/content/f7824ad5-1684-47ca-a664-9ca7d241253a.html.

文明建设新篇章。

本次规划范围为南通市行政管辖范围，总面积8 001平方千米。规划基准年为2020年，规划期限为2021—2025年。其中，2021—2022年为生态文明建设全面达标期，是南通市生态文明全面推进和重点突破阶段；2023—2025年为生态文明建设巩固发展提升期。规划内容分为工作基础与形势分析、规划总则、规划任务与措施、重点工程与效益分析、保障措施共5部分。

2.规划内容摘要

（1）规划总则。

①指导思想。以习近平新时代中国特色社会主义思想为指导，全面贯彻党的十九大和十九届历次全会精神，全面落实习近平生态文明思想和习近平总书记对江苏工作重要讲话指示精神，深入践行勇当全省"争当表率，争做示范，走在前列"排头兵新使命新要求，统筹推进"五位一体"总体布局，协调推进"四个全面"战略布局，牢固树立"绿水青山就是金山银山"的绿色发展理念，聚焦市第十三次党代会揭出的"建设彰显生态之美的低碳花园城市"奋斗目标，坚持稳中求进工作总基调，统筹经济高质量发展和生态环境高水平保护，坚持"三生"（生产、生态、生活）融合，注重"三沿"（沿江、沿海、沿河）联动，全面提升美丽南通形象和绿色竞争力，力争通过五年时间，打响"江海联动"生态文明建设特色名片，高水平打造美丽江苏南通样板，走出一条更具南通特色的生态文明建设之路，使"天蓝、地绿、水清、海净、城美"的"生态南通"形象深入人心。

②总体目标。到2025年，江海联动、陆海统筹、城乡一体、"三生"融合的国土空间布局持续优化，沿江、沿海、沿河成为高质量发展的绿色经济带、城镇带和风光带，生态环境质量根本改善，城乡面貌焕然一新，江海人文特色进一步彰显，绿色发展活力进一步增强，生态文明满意度进一步提高，打响"江海联动"生态文明建设特色名片。

近期目标（2021—2022年，全面达标期）：全面达到国家生态文明建设示范市建设标准，取得"国家生态文明建设示范市"称号。

远期目标（2023—2025年，巩固提升期）：经济社会高质量发展与生态环境高水平保护更加协调有序，人民群众对优美生态环境的获得感和幸福感进一步提升，努力成为践行生态文明建设的"模范生"。

③建设指标。根据《国家生态文明建设示范区建设指标（2021年修订版）》，确定南通市生态文明建设指标共39项，包括生态制度指标6项、生态安全指标10项、生态空间指标3项、生态经济指标6项、生态生活指标11项、生态文化指标3项。按指标属性分类，约束性指标21项，参考指标18项。

（2）规划任务与措施。

①健全生态制度体系，完善生态制度保障。实行最严格的生态环境保护制度。要严格落实"三线一单"管控，深入执行规划环境影响评价制度，全面落实污染物排放许可证制

度，大力推进环境监管网格化管理制度，健全落实环境信息公开制度等建设。

全面建立资源高效利用制度。要健全自然资源资产产权和监管制度，落实能源消费总量和强度双控管理制度，实行最严格水资源管理制度，落实最严格土地节约集约制度，健全海洋资源开发保护制度等建设。

完善生态保护与修复制度。要健全生态补偿制度，完善长江大保护制度，落实"河长制""湾（滩）长制"，实行最严格海洋保护制度等建设。

严明生态环境保护责任制度。要建立生态文明建设目标责任制度，深化领导干部自然资源资产离任审计制度，优化生态文明干部实绩考核制度，严格执行生态环境损害赔偿及责任追究制度，严格落实生态环境保护督察制度等建设。

建立健全现代环境治理体系。要健全环境信用评价与绿色金融体系，培育现代环境保护与治理市场主体，探索生态产品价值实现机制等建设。

②维护生态环境安全，强化环境污染防治。应对气候变化，打造"碳达峰"先行区。要制定碳排放达峰行动方案，加快推进碳排放权交易，深入开展低碳试点示范，加强生态系统碳汇建设，强化气候变化适应能力等建设。

统筹治"水"，守住一方"蓝绿本底"。要实施水环境质量目标管理，持续推进黑臭水体综合治理，强化长江沿线水污染防治，深化工业企业废水污染防治，推进农业面源污染防治，加强地下水环境保护等建设。

协同治"气"，收获更多"蓝天白云"。要加快优化调整能源结构，持续深化工业源污染治理，提升移动源污染防治水平，加强港口、码头大气污染防治，综合治理城市扬尘污染，综合整治城市烟尘污染，完善环境空气质量自动监测网络，提升重污染天气应对水平等建设。

扎实治"土"，打赢"净土"攻坚战。要严格农用地分类管理和安全利用，强化土壤污染源头预防，强化建设用地风险管控和治理修复，加强重点区域和未利用地土壤生态环境保护，建立和完善土壤环境监测体系等建设。

综合治"废"，积极建设"无废"城市。要完善生活垃圾处理及其配套设施，一般固废处理及其配套设施，危险废物处理及其配套设施等建设。

全力降噪，打造舒适宁静和谐环境。要推进噪声达标区建设，强化建筑施工噪声防治，完善道路交通运输噪声防治，加强工业噪声防治，强化社会生活噪声防治等建设。

大力治"海"，提升近岸海域水环境质量。要严格控制污染物排海总量，综合整治入海河流和排污口，严格控制海上污染源等建设。

推进生态修复，加大生态系统保护力度。要推进山水林田湖草沙系统、沿江生态、海岸带生态的保护与修复，加大生物多样性保护力度等建设。

强化应急能力，完善环境风险防控体系。要加强环境风险综合防控，化工园区环境风险防控，重金属环境风险防控，辐射环境安全管理等建设。

③优化生态空间格局，构建江海特色空间。严格生态空间用途管制，守住自然生态安全边界。要严格实施生态空间管控，严守耕地保护红线，严守城市开发边界等建设。

推进城市公园建设，科学构建自然保护地体系。要整合优化现有自然保护地，建立统一规范高效的管理体制，创新自然保护地建设发展机制等建设。

优化国土空间布局，筑牢生态安全屏障。要构筑"一主三副多组团"，打造"四片四廊一区"生态保护格局，优化沿江沿海沿河"三沿"空间等建设。

④发展绿色生态经济，建设低碳发展强区。加快产业结构转型升级，推动生态产业发展。要构建绿色制造体系，发展生态农业，生态工业，生态服务业等建设。

推进能源结构调整，促进资源高效利用。要提高能源节约利用、节水型社会建设、土地集约利用、产业绿色发展水平等建设。

优化交通运输结构，推动交通清洁化。要打好柴油货车污染治理攻坚战，积极推广投放新能源汽车，加强油品供应和质量保障，提升客货运输服务体系等建设。

加人清洁生产推行力度，促进园区循环化改造。要深化清洁生产审核，全面开展园区循环化改造等建设。

⑤打造生态生活特色，建设美丽宜居名城。加强城乡一体化建设，提升城市公共服务能级。要加快补齐城乡污水设施短板，健全生活垃圾收运处置体系，加强城乡饮用水水源安全保障等建设。

推进全域增绿织绿，打造绿色城镇及生态城区。要推动园林绿化增量提质，高标准打造生态绿道，加快河道公园化改造，完善城市绿色生态内核等建设。

推进美丽乡村建设，实现乡村生态振兴。要全力提升乡村规划建设水平，全面实施农村综合环境整治，深入推进特色田园乡村建设等建设。

倡导低碳节约，推行生活方式绿色化。要倡导绿色低碳的生活方式，倡导低碳文明的消费习惯，推广使用节能节水器具，推动绿色出行城市创建等建设。

⑥弘扬生态文明理念，培育特色生态文化。强化生态文明载体建设，推进生态文化发展。要积极搭建宣传教育网络平台，推进生态文明教育基地建设，持续推进生态示范创建活动，广泛开展绿色细胞创建活动等建设。

加强生态文明宣教，提升全民生态素养。要加大生态文明教育宣传覆盖面，深入开展党政领导干部培训，创新校园生态文明教育等建设。

传承南通文化精华，推进生态文明共建共享。要加强特色文化遗产保护，挖掘生态文化地域特色资源，深化江海文化软实力，加强社区（村）品牌文化等建设。

（3）重点工程与效益分析。

①工程内容与投资估算。根据南通市社会、经济、生态环境发展现状，综合考虑规划目标及指标体系，结合南通市生态文明创建基础及"十四五"期间国家、省、市层面最新出台的政策文件，以规划近期为重点，统筹安排生态制度创新，生态安全保障，生态空

间优化，生态经济发展，生态生活建设和生态文化传承六大体系、10个子类、73项重点工程，目的是发挥重点工程项目的示范作用，以点带面，系统有效地推进生态文明建设，重点工程预算建设资金221.02亿元。

②效益分析。

a.生态效益：通过产业结构优化调整，生态环境建设和环境污染综合整治措施的实施，资源约束趋紧、环境污染严重、生态系统退化的问题得到解决，全市环境质量得到全面改善，对南通市的经济和社会发展起到良好的推动作用。

b.经济效益：通过发展方式的转变，有利于实现以最少的资源消耗，最小的环境代价获得最大的经济产出。生态文明建设将大大提高南通市的经济运行环境，提高经济发展的绿色含量，奠定经济持续健康发展的基础。

c.社会效益：将习近平生态文明思想渗透到全社会范围中，有利于城乡居民传统的生产、生活方式和价值观向环境友好、资源节约的生态化方向转变，树立起文明、和谐的生活方式，培养保护环境的生态意识的价值观念。通过重点工程的实施，创造良好的社会生活环境，增强广大人民群众对党和政府的信任，促进社会的和谐稳定。

3.规划评析

（1）紧密结合区域实际，合理设定建设目标。本规划结合国家和上级战略目标以及结合当地发展条件等，研究提出区域生态文明建设的定位。全面落实国家、上位规划中与南通市生态文明建设相应的目标要求，并根据区域实际设置具有地域特色的建设指标，进行示范探索。规划目标统筹考虑了区域生态文明建设阶段任务和长远定位，分阶段提出规划目标，能够更有效地体现出生态文明实施效果。

（2）准确把握申报要求，全面明晰建设任务。本规划按照国家及省级生态战略部署以及生态文明内涵要求，以凸显区域生态优势、补齐生态文明建设短板、落实国家及区域有关部署为重点，突出区域特色因地制宜提出规划建设重点任务，全面推进生态制度、生态安全、生态空间、生态经济、生态生活、生态文化六大建设任务，着力构建全市高质量发展的绿色生态屏障。

（3）靶向对标建设任务，科学谋划重点工程。本规划重点围绕六大建设任务，全面整合与生态文明建设相关的正在实施、计划实施的生态建设项目等，结合区域生态文明建设存在的主要问题以及战略目标，科学谋划一批可落地、可实现的项目工程，为南通生态文明建设增强发展后劲。

**（二）应城市成功创建湖北省生态文明建设示范市案例**

应城市土壤肥沃，川原秀丽，气候宜人，资源富集，物产丰饶，素有"膏都盐海""鱼米之乡""温泉之乡"的美誉。近年来，该市坚定不移实施"生态立市"战略，凭借优越的生态禀赋，出色的生态创建工作成功申报2021年度湖北省生态文明建设示范市，探索出具有本地特色的生态文明建设模式，积累了宝贵的实践经验。本部分以应城市申报省生态文明建设示范市为例，分析项目成功申报的要点。

1. 高质量编制创建规划

申报省生态文明建设示范市之前，应城市深入贯彻落实习近平生态文明思想，积极践行"绿水青山就是金山银山"理念，应城市生态环境局谋划并组织编制了《应城市创建湖北省生态文明建设示范市规划》，为成功申报省生态文明建设示范市奠定了基础。

（1）全面进行现状分析。规划中，从生态环境状况、生态系统与生物多样性、资源环境与经济协调性、经济绿色发展水平等多角度对应城市生态文明建设现状进行全面分析，归结出生态文明建设中创建优势以及存在的问题与不足。

（2）合理设定战略目标。结合国家和上级战略目标以及结合当地发展条件等，研究提出区域生态文明建设的定位。全面落实国家、上位规划中与应城市生态文明建设相应的目标要求，确定应城市生态文明建设的总体目标以及阶段性目标。

（3）明确建设任务。按照国家及省级生态战略部署以及生态文明内涵要求，以突出区域生态优势，补齐生态文明建设短板，落实国家及区域有关部署为重点，突出区域特色因地制宜提出规划建设重点任务。

（4）科学谋划重点工程。全面收集与生态文明建设相关的储备项目，并结合区域生态文明建设存在的主要问题以及战略目标，科学谋划建设项目，确保项目可落地且可实现。

2. 高效推进生态创建工作

（1）成立领导小组。为了高效协调解决省级生态文明建设示范市创建工作中的问题，应城市人民政府成立了应城市生态文明建设领导小组，领导小组下设生态创建办公室，负责统筹推进全市生态文明建设的各项工作。

（2）健全监督考核机制。应城市严格落实生态文明建设评价考核制度，对市政府部门、各乡镇实行目标责任评价考核，层层落实责任。应城市生态建设办公室对规划实施情况进行年度考核评估，并将考核结果向社会公开。同时，组织部门也将目标任务完成情况作为评价各级领导班子和干部政绩的重要内容，作为对干部使用的依据。

3. 高标准完成建设任务

（1）制定年度工作计划。应城市全面对标省级生态文明建设示范市创建条件要求，针对创建中存在的不足，分年度制定生态创建年度计划，制定每年重点工作任务，确定工作推进措施并将任务落实到相关单位。

（2）高质量编制技术报告。应城市创建省级生态文明建设示范市技术报告中，根据创建要求，逐项对标《湖北省生态文明建设示范区管理规程（修订版）》中申报条件的要求进行条件符合性论证。同时，针对适应性指标逐项进行指标完成情况汇报，完成情况采用文字与图表结合的方式，更加直观表述指标达标情况，以及阐述了指标达标所做主要措施。规划项目完成情况分总体完成进展以及重点项目进展分述两部分阐述，既可一目了然了解总体情况又可以详细了解项目推进的具体情况。

（3）严谨填写指标达标表。指标达标表是最能直观表达指标达标情况的验证材料。应城市在填写指标达标表时严格对标湖北省生态文明建设示范市创建指标考核值要求，依据统计年鉴、公报、上级政府下发的考核结果通报文件，上级政府或部门出具的证明文件等有效数据进行填写，并与技术报告、工作报告等涉及指标的材料进行数据一致性核实。

4. 全面收集有力佐证材料

（1）逐项对标考核要求准备佐证材料。应城市创建湖北省生态文明建设示范市准备的佐证材料分申报条件佐证、分项指标佐证、工作亮点佐证三部分。其中，申报条件佐证材料按申报条件逐项进行分档排版，分项指标佐证按应城市适应性指标逐项进行分档排版，每项档案资料按指标完成情况报告、上级或市政府证明文件、佐证数据文件、相关政策、其他支撑资料等重要性进行排序，佐证文件中对需要证明的内容用红色图框标记，可方便考核人员更快地找到有用信息。

（2）全方位呈现生态建设亮点工程。工作亮点佐证除了对典型案例进行汇总外，还编制了《应城市省级生态文明建设示范市考核验收亮点解说与重点生态环保工程简介》文本，对该市自然保护区、城乡污水处理厂、城乡压缩式垃圾中转站、水厂及饮用水源地等生态环保项目以及应城市生态乡镇、村（社区）建设情况、绿色组织创建情况做了翔实的介绍。对《应城市省级生态文明建设示范市建设规划》中涉及的工程项目从建设地点、项目建设周期、项目总投资及资金来源、建设内容、项目建成运行状况、项目效益分析、项目施工现场照等方面进行工程介绍，并编制成佐证文本材料。同时，应城市为了更直观更有效地呈现生态文明建设成效，从各单位征集到一批画质精美、建设成效凸显的生态环境改善后的照片，为应城市生态文明建设示范市创建增加一份绚丽。

# 第二节  "绿水青山就是金山银山"实践创新基地

## 一、项目概述

### （一）项目背景

2005年8月，时任浙江省委书记习近平同志在浙江安吉首次提出"绿水青山就是金山银山"的发展理念。2016年，环境保护部开始在浙江安吉开展"绿水青山就是金山银山"理论试点工作。2017年，环境保护部开始创建第一批"绿水青山就是金山银山"实践创新基地（以下简称"两山"基地），探索"绿水青山就是金山银山"实践路径的典型做法和经验。"两山"基地是践行"两山"理念的实践平台，旨在创新探索"两山"转化的制度实践和行动实践，总结推广典型经验模式，把生态价值转化为经济价值，生态优势转化为经济优势，促进经济、社会、环境的协调发展。

**（二）创建现状**

截至2023年，"两山"基地遴选创建工作已开展7年，共创建了240个"两山"基地，其中浙江省创建数量最多，共创建了14个。近三年除港澳台外各省级行政区均有成功创建"两山"基地，"两山"基地建设任务稳步推进（图9-4）。

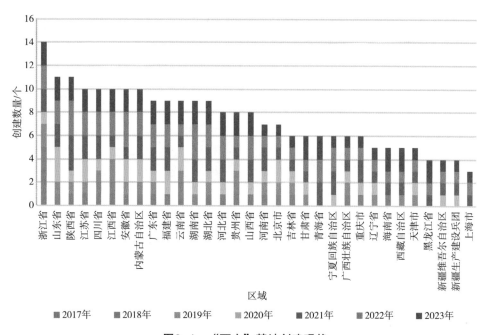

**图9-4　"两山"基地创建现状**

## 二、申报流程

"两山"基地是自愿申报的竞争性项目，由拟申请县（市、区）提出创建申请，地级市生态环境主管部门审核推荐，省生态环境厅预审，生态环境部批准创建，项目实施后评估和动态管理。

县（市、区）级政府申请：拟申请县（市、区）应满足《"绿水青山就是金山银山"实践创新基地建设管理规程（试行）》修订版（2021年版）要求的申报条件[①]：一是生态环境优良，生态环境保护工作基础扎实；二是"两山"转化成效突出，具有以乡镇、村或小流域为单元的"两山"转化典型案例，已经取得较好的生态、经济、社会效益或效果；三是具有可复制、可推广、可持续的"两山"转化机制、体制、政策、做法（表9-2）；四是近3年中央生态环境保护督察、各类专项督察未发现重大问题，无重大生态环境破坏事件。

---

① 中华人民共和国生态环境部办公厅.关于开展第七批生态文明建设示范区和"绿水青山就是金山银山"实践创新基地遴选工作的通知：环办生态函〔2023〕209号[A/OL].（2023.6.25）[2023.10.11]

表9-2 "两山指数"评估指标

| 目标 | 任务 | 指标 | 目标参考值 |
|---|---|---|---|
| 构筑绿水青山 | 环境质量 | 环境空气质量优良天数比例 | >90% |
| | | 集中式饮用水水源地水质达标率 | 100% |
| | | 地表水水质达到或优于Ⅲ类水的比例 | >90% |
| | | 地下水水质达到或优于Ⅲ类水的比例 | 稳定提高 |
| | | 受污染耕地安全利用率 | >95% |
| | | 污染地块安全利用率 | >95% |
| | 生态状况 | 林草覆盖率 | 山区>60% 丘陵区>40% 平原区>18% |
| | | 物种丰富度 | 稳定提高 |
| | | 生态保护红线面积 | 不减少 |
| | | 单位国土面积生态系统生产总值 | 稳定提高 |
| 推动"两山"转化 | 民生福祉 | 居民人均生态产品产值占比 | 稳定提高 |
| | 生态经济 | 绿色、有机农产品产值占农业总产值比 | 稳定提高 |
| | | 生态加工业产值占工业总产值比重 | 稳定提高 |
| | | 生态旅游收入占服务业总产值比重 | 稳定提高 |
| | 生态补偿 | 生态补偿类收入占财政总收入比重 | 稳定提高 |
| | 社会效益 | 国际国内生态文化品牌 | 获得 |
| | | "两山"建设成效公众满意度 | >95% |
| 建立长效机制 | 制度创新 | "两山"基地制度建设 | 建立实施 |
| | | 生态产品市场化机制 | 建立实施 |
| | 资金保障 | 生态环保投入占GDP比重 | >3% |

市级部门推荐：地级市生态环境主管部门对各拟申请县（市、区）的建设实施方案开展内部遴选工作，择优向省生态环境厅推荐。

省生态环境厅预审：省级生态环境主管部门根据申报条件和数量上限对本省上报的"两山"基地申报材料组织专家评审，认真做好预审和推荐工作。省级生态环境主管部门在推荐申报前，应对拟推荐地区进行公示，公示期为5个工作日，对公示期间收到投诉和举报的问题，由省级生态环境主管部门组织调查核实。省级生态环境主管部门根据预审情况、公示情况形成书面预审意见及推荐文件，上报生态环境部。

生态环境部批准创建：生态环境部根据申报材料，组织专家对省级生态环境主管部门推荐的申报地区进行资料审核和现场核查。对通过审核的地区，生态环境部通过生态环境部网站、"两微"平台、中国环境报对拟命名名单予以公示，公示期为7个工作日。对于公示期间的投诉和举报问题，由生态环境部组织调查核实。对公示期间未收到投诉和举报的、投诉和举报经调查核实无问题或已完成整改的地区，按程序审议通过后公告，授予"两山"基地称号（图9-5）。

后评估管理：生态环境部对"两山"基地实行后评估和动态管理，获"两山"基地称号满3年的地区，应及时在管理平台填报"两山指数"指标和实施方案推进情况。生态环境部对获得"两山"基地称号满3年的地区，适时组织开展"两山"基地建设评估工作，并在管理平台公布评估情况，对评估发现问题的地区提出整改要求，当地政府应当根据整改要求在限定期限内完成整改。对于出现：中央生态环境保护督察、各类专项督察发现重大问题的；发生重、特大突发环境事件或生态破坏事件的；生态环境质量出现明显下降的；评估要求整改，但未能有效完成的；评估过程中存在弄虚作假行为的情形的地区，生态环境部撤销其"两山"基地称号。

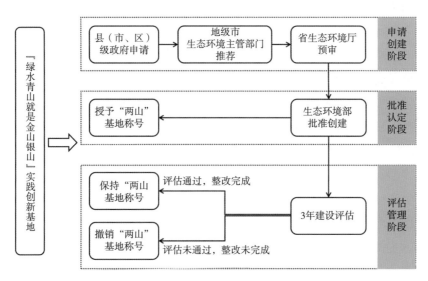

图9-5　"绿水青山就是金山银山"实践创新基地申报流程

## 三、材料清单

"两山"基地申报材料主要包括申报函、申报条件说明材料（含证明文件）、建设实施方案、典型事迹材料等。通过省级预审的地区，由省级生态环境部门出具推荐文件并指导被推荐地区在国家生态文明示范建设管理平台（http://114.251.10.66）填报和提交申报材料。

表9-3 "绿水青山就是金山银山"实践创新基地申报材料清单[①]

| 材料类别 | 清单 |
|---|---|
| 请示文件 | 《**县（市、区）人民政府关于申报创建"绿水青山就是金山银山"实践创新基地的函》<br>《**县（市、区）人民政府办公室关于成立"绿水青山就是金山银山"实践创新基地创建工作领导小组的通知》等 |
| 申报条件说明材料 | 《**县（市、区）"两山"实践创新基地申报说明材料》 |
| 证明材料 | 包括相关规划、支持政策文件、相关荣誉认定文件、科技支撑、绿色发展模式、宣传报道、重点企业发展情况等证明"两山"实践成效的材料 |
| 建设实施方案 | 《**县（市、区）"两山"实践创新基地建设实施方案》 |
| 典型事迹材料 | 2 000字左右的典型事迹材料和500字左右的摘要，同时提供5张以上体现拟申报县（市、区）"两山"建设成效及特色的电子照片（画质10M左右） |

## 四、编写要点

### （一）申报条件说明材料编写要点

"两山"基地创建申报要求根据申报条件作说明材料，说明材料主要包括拟申报县（市、区）的基本情况、主要经验做法和已取得的主要成效等内容，并附"两山指数"评估指标现状情况表。

在基本情况方面。简要介绍拟申报县（市、区）的区位概况、自然状况、资源情况和社会经济状况，最好有数据体现发展现状好。充分展示在乡村振兴、经济发展、自然资源保护、生态环境质量、文化建设等方面获得的国家级、省级荣誉称号和官方宣传报道。

在主要经验做法方面。简要介绍拟申报县（市、区）在生态空间用途管控，生态环境保护修复，生态产品供给，产业绿色发展，科学技术支撑，生态环境领域体制机制改革与和美乡村建设等方面的主要做法和典型模式，最好要有数据支撑。

在取得的主要成效方面。简要介绍拟申报县（市、区）的生态环境质量持续改善，生态环境治理成效突出，生态机制体制建立健全，产业绿色发展持续推进，社会民生保障显著提升，"两山"建设实现共进等方面突出成效，最好要有数据和荣誉展示。

### （二）建设实施方案编写要点

根据《"绿水青山就是金山银山"实践创新基地建设管理规程（试行）》（环生态〔2019〕76号），"两山"基地建设实施方案应从建设背景与意义、区域概况、"两山"实践探索成效与问题分析、总体思路、重点任务、工程项目、保障措施等方面进行撰写。

[①] 中华人民共和国生态环境部办公厅.关于开展第七批生态文明建设示范区和"绿水青山就是金山银山"实践创新基地遴选工作的通知:环办生态函〔2023〕209号[A/OL].（2023.6.25）[2023.10.11].

# "两山"基地建设实施方案编制大纲

第一章 建设背景与意义

（一）建设背景

（二）建设意义

第二章 区域概况

（一）区位概况

（二）自然状况

（三）资源状况

（四）经济社会情况

第三章 "两山"实践探索成效与问题分析

（一）"两山"实践探索进展与成效

（二）存在主要问题和挑战分析

（三）"两山"转化典型案例

第四章 总体思路

（一）指导思想

（二）基本原则

（三）总体目标

（四）建设指标

第五章 重点任务

第六章 工程项目

第七章 保障措施

1. 系统分析资源禀赋

系统介绍拟申报县（市、区）的区位概况、自然状况、资源状况和经济社会状况等资源禀赋状况。其中区位概况方面包括拟申报县（市、区）的地理位置、行政区划、交通状况、区位优势等信息；自然状况方面包括拟申报县（市、区）的地形地貌、气候条件、水文、物候等信息；资源状况方面包括拟申报县（市、区）的土地资源、矿产资源、生物资源、水资源、旅游资源、文化资源等信息；经济社会状况方面包括拟申报县（市、区）的政治、经济、社会、生态建设状况等信息。

2. 提炼实践成效

梳理总结"两山"转化路径探索工作所取得的进展和成效，对构筑绿水青山，保值增值自然资本，发展生态经济，绿色富民惠民，推动两山转化，创新体制机制，长效保障措施等方面作充分的优势展示，展示在生态环境建设中的典型模式，归纳总结具有典型性、代表性的可推广且可持续的做法和举措。

（1）生态环境保护。强化环境保护督察，城乡污染得到有效防控，水源水质得到全面提升，土壤污染和固废排放得到有效控制。严格落实主体功能区战略，科学划定空间边界，严守生态保护红线。对生态脆弱地区进行保护，生态破坏地区有序恢复治理，不断提升生态服务功能，生物多样性保护全面加强。

（2）绿色发展水平。工业实现绿色化发展，优势产业实现科技创新，传统产业实现绿色转型升级。现代生态农业实现规模化发展，病虫害绿色防控技术广泛推广，多种循环生产模式初步形成。现代服务业快速发展，各类服务业聚集区和旅游示范区创建形成。电商公共服务能力稳步提升，科技支撑能力稳步提高。

（3）体制机制创新。生态文明建设相关政策逐步完善，健全自然资源资产产权制度、国土空间开发保护制度、空间规划体系、资源总量管理和全面节约制度、资源有偿使用和生态补偿制度、环境治理体系、环境治理和生态保护市场体系、生态文明绩效评价考核和责任追究制度等制度。[①]严格落实生态环境保护"党政同责、一岗双责"，落实实施领导干部自然资源资产离任审计制度和领导干部任期生态文明建设责任制度。

（4）绿色惠民富民。依托于资源禀赋和特色优势，积极发展特色种植养殖、乡村旅游，配套电商扶贫，龙头企业带动，实现生态产业助农增收。生态产品价值核算取得进展，生态补偿制度逐渐完善，生态产品交易市场建立，生态产品富民取得实效。区域品牌知名度提高，特色品牌在全国具有竞争力。开展城乡风貌综合治理，区域形象得到改善。

（5）"两山"文化宣传。积极开展生态文明普及教育、主题宣传活动和各类培训推进会，充分利用宣传媒介提高公众的生态文明理念。大力建设文化载体，挖掘保护当地特色文化和历史文化，打造创作基地，开展主题活动，丰富群众文化生活。

（6）长效保障措施。以改善生态环境，发展绿色经济为核心，在政策上制定了相关发展规划和计划，出台了系列生态保护行动实施方案；在资金上给予倾斜，提供政府投资、补助、贷款贴息、税收优惠等一系列财政支持政策；在组织上设立了相关领导小组，积极推进"河湖长制""林长制"等工作责任制度实施。

3. 剖析问题与挑战

剖析在"两山"转化路径探索中存在的主要问题，以及面临的机遇和挑战，包括生态环境保护、绿色发展、绿色惠民共享、创新体制机制、弘扬"两山"文化等方面。该部分结合各地具体情况合理编制。

4. 总结典型案例

典型案例主要聚焦乡镇、村、小流域等基本单元在"两山"转化方面已形成的具有典型性和地方特色的实践案例。案例类型包括：产业模式转型案例、生态农业发展案例、创新管理体制机制案例、龙头企业带动案例、生态环境保护案例、科技人才支撑案例、产业融合发展案例、文化品牌带动案例等，主要介绍案例的背景、主要做法、效益分析和模式总结。

5. 拟定建设指标

建设指标应根据拟申报县（市、区）的具体情况，结合相关上位规划和总体规划的内容，确定"两山"基地的总体目标和建设指标，并围绕环境质量、生态状况、民生福祉、生态经济、生态补偿、社会效益、制度创新、资金保障等方面，参照目标参考值，因地制宜提出符合拟申报县（市、区）情况的发展指标。

---

① 中共中央，国务院. 生态文明体制改革总体方案[A/OL].（2015.09.21）[2023.10.11]. https://www.gov.cn/guowuyuan/2015-09-21/content_2936327.htm.

6. 明确建设任务

"两山"基地的重点建设任务主要包括加强自然生态空间用途管控，守住绿水青山；提高生态产品供给能力，保值增值自然资本；推进绿色高质量发展，推动金山银山转化；打造"两山"文化品牌，推动绿色惠民富民；深化生态环境领域改革，探索长效保障机制；探索转化有效路径，形成特色转化模式等方面。

（1）加强自然生态空间用途管控，守住绿水青山。应筑牢生态空间体系，优化生活空间体系，完善生产空间体系，合理推进全域发展。实施"三线一单"生态环境分区管控制度，科学进行国土空间规划，推动多规合一，确保保护空间，开发边界，城市规模等重要空间参数一致。实行国土空间差别化准入制度，落实土地用途管制，健全各类用地标准，按照国家对生态空间的区域准入和用途转用许可制度要求，严格控制各类开发利用活动对生态空间的占用和扰动。加强重点区域生态保护与建设，提高管理水平，推动保护区与生态保护红线衔接；因地制宜加强森林、湿地、草地、生物多样性等保护力度，稳定提升林草覆盖率和物种丰富度，确保依法保护的生态空间面积不减少，生态功能不降低，生态服务保障能力稳步提高。

（2）提高生态产品供给能力，保值增值自然资本。应加强生态保护和治理工程建设，全面增强生态产品供给能力。深入开展大气污染防治，重点开展挥发性有机物治理，扬尘综合治理，工业废气治理，秸秆露天焚烧治理、农业氨排放治理等重点领域大气污染防治，加强清洁能源推广使用，支持交通运输绿色发展，提升大气环境监测水平。加强水环境保护治理，推动全流域综合环境治理，统筹推进全域污水管网建设与改造，严格防治农业面源污染和工业集聚区水污染，支持水产养殖绿色发展，保障饮用水源安全，构建水体治理管护长效机制。切实维护土壤环境安全，加快推进土壤普查和环境质量调查，完善土壤环境监测网络，分类分级管理土壤；加强土壤源头污染防治，淘汰落后生产工序，做好重点重金属行业企业污染排查工作；新增建设用地严格审查，巩固和严控土壤污染风险。推动受污染地块风险管控、安全利用和治理修复，保障受污染耕地和污染地块的安全利用。统筹开展山水林田湖草沙系统治理，切实推进生态脆弱地区、生态破坏地区的生态修复工作。

（3）推动绿色高质量发展，推动金山银山转化。推动工业向绿色化、高端化和规模化方向发展，全力打造生态工业经济发展体系，将绿色高质量发展理念根植于产业发展过程中，推动生产方式结构布局的绿色转变。大力发展特色农业、生态农业、休闲农业、智慧农业，稳定提高"三品一标"农产品比重，紧密结合乡村振兴战略，加快形成一二三产融合发展的新格局。强化生态旅游引领，依托当地文化和旅游资源禀赋，加快发展现代旅游康养服务产业，将生态文化资源转化为现实生产力。

（4）打造"两山"文化品牌，推动绿色惠民富民。保护和传承当地生态文化、特色文化、历史文化、红色文化品牌，挖掘文化特色，打造区域特色公共品牌。丰富文化推广方式，强化载体建设，打造生态文化、两山文化教育基地；灵活运用宣传媒体资源，深化文化宣传；提高公众参与水平，推动全民共建共享。推动绿色城市、森林城市、无废城市等建设，推动乡村风貌综合治理，展示区域良好形象。

（5）深化生态环境领域改革，探索长效保障机制。积极发挥政府在"两山"转化实践中的主导作用，推动自然资源统一确权登记，探索建立生态资产与生态产品交易机制、政府采购生态产品机制、生态信用制度体系、生态产品价值考核体系、生态产品价值党政领导离任审计制度等，为促进实现"两山"转化提供保障。深化生态补偿制度改革，健全以生态环境要素为实施对象的分类生态补偿制度，按照生态空间功能实施综合补偿制度。落实多元投融资机制，构建政府、企业、社会多元化渠道组成的环境保护和生态建设投融资格局，建立以政府财政支持为导向，其他社会资本共同参与的生态环境保护长效机制。

（6）探索转化有效路径，形成特色转化模式。因地制宜探索绿色可持续发展路径。在生态安全屏障地区，通过转移支付、生态补偿、设立生态管护员工作岗位等方式实现生态价值转化。在生态环境较差或生态环境脆弱的地区，通过复绿、增绿等生态环境保护与建设，不断夯实绿色可持续发展根基。在生态环境较好、特色产业比较发达的地区，以发展"生态+""文化+"产业和打造生态品牌为主要抓手，延伸上下游产业链，提升产业绿色化水平，将生态优势转化为高质量发展优势。在生态环境优良、资源丰富、区域生态文明体制改革创新能力较强的地区，以建立绿色资本市场、发展绿色金融为主要路径和突破口。①

7. 规划工程项目

"两山"基地工程项目需根据"两山"基地建设指标和建设任务，考虑项目实施的可行性与创建评估的时限要求，与拟申报县（市、区）的规划项目库等充分衔接，主要谋划绿色产业发展类、生态环境保护类、文化宣传建设类、美丽乡村建设类、组织队伍建设类等工程项目，项目资金主要来源于国家对口项目资金、省级支持资金、地方配套资金、社会资本投入等。

8. 完善保障措施

"两山"基地建设的保障措施主要包括组织领导、监督考核、宣传引导、资金保障、科技支撑和队伍建设等方面。

（1）组织领导。由生态环境主管部门牵头建立"两山"工作领导小组，具体负责"两山"基地建设相关事宜。定期组织召开部门联席会议，分析建设实施中的重大问题，协调研究解决措施。

（2）监督考核。落实目标责任，形成明确的、环环相扣的责任链条，主要领导责任

① 中国生态文明研究与促进会生态创建部."两山"实践创新的平台、路径和方向——"绿水青山"与"金山银山"双向转化路径与实现机制论坛综述[J].中国生态文明，2022（6）.

人"党政同责、一岗双责"。建立考核、奖惩、问责年度工作任务和指标，日常监督管理随机抽查，年度开展目标考核。探索社会监督管理机制，积极引导群众、企业、媒体等参与"两山"基地建设监督。

（3）宣传引导。坚持正确舆论导向，积极对生态环境保护相关政策进行宣传解读。充分利用各类新闻媒体、社交平台和线下推广宣传方式，定期组织开展生态文明教育。完善信息公示公开制度，定期召开信息发布会和公众听证会，保障群众知情权、参与权和监督权。

（4）资金保障。做好"两山"基地建设日常工作经费年度预算和保障。争取国家、省级项目资金支持，加大地方配套投入，打通基金、银行、证券、保理、信托、租赁等投融资渠道，鼓励引导社会资本参与基地建设。建设资金审计和监管工作，合理安排经费规模和结构，保障资金实地落实使用。

（5）科技支撑。依托高校、科研院所、外聘专家和本地培育人才，组建研究中心和设立研究课题，开展生态绿色发展相关研究。支持科技成果转化，支持企业科技研发，推动社会技术服务体系建设，引导现代农业技术改造传统农业。推动科技创新服务中心，科技企业孵化器，企业研发中心等科技平台的建立，建立以市场导向，产学研合作的区域科技创新体系。

（6）队伍建设。制定人才引进政策，吸引高端人才回归。推动人才队伍建设，加强对政府工作人员，特别是领导干部的培训，提高公务人员的专业知识和技能。支持有条件的龙头企业设立培训机构，鼓励和资助企业员工参加技术再培训。

## 五、典型案例

保康县尧治河村位于湖北省西北部，处于"一江两山"中心，自然资源丰富，森林覆盖率达90%。凭借优良的生态环境和突出的"两山"转化成效，2019年尧治河村成功申报创建"两山"基地。本部分以《湖北省保康县尧治河村"两山"实践创新基地建设实施方案》为例，展示"两山"基地申报的要点及可借鉴经验。

### （一）项目概况

尧治河村地处房县、神农架、保康三县（区）交界处，全村两个居民小区，160多户，640多人，版图面积33.4平方千米。与神农架山水相连、唇齿相依，旅游资源得天独厚。森林覆盖率超过90%，成为名副其实的"天然氧吧"。磷矿资源储备量大，支撑全村的经济发展。境内动植物资源丰富，种类繁多，生物多样性丰富。现已发展成为集磷矿开采、精细磷化工研发、水电、旅游、就业、餐饮服务于一体的企业集团，拥有村级企业22家。

尧治河村认真贯彻落实"绿水青山就是金山银山"的发展理念，始终坚持"生态优先、绿色发展"的战略定位，按照"矿区景区文化生活区融合发展，工业农业文化旅游业统筹兼顾"的思路，将绿水青山铸造成尧治河村乡村振兴的绿色引擎，扎实推进生态文明建设，努力打造以"生态农业+生态工业+生态旅游"为特色的"绿水青山就是金山银山"绿色发展模式，逐步探索出一条典型的偏远高寒山区点"绿"成金、生态惠民之路。

**（二）方案核心内容**

1. 实践成效

（1）生态环境保护。尧治河村对采矿区进行恢复治理，先后关停15个露天开采矿点、8家矿粉厂，撤销了8个勘探开发项目，因环保问题拒绝了3家企业入驻，治理塌陷区和矿区矿渣场，通过种植观赏树种实现土地整治，并规划打造成为休闲旅游场所。实施固体废弃物零排放，废弃石块再利用进基础设施建设，戴家湾矿区和老屋沟矿区回填废石、废渣60多万立方米；1140矿区回填废石、废渣10万立方米。建立5座污水处理厂，日处理污水200立方米，建立2座垃圾处理厂，日处理垃圾半吨，实行废水达标排放，有效保护水源。在"三型矿山"建设过程中，认真执行国家方针政策，合法合规经营，连续多年无违法违纪案件发生，经验在保康广泛推广，认真执行发改委产业结构调整要求，先后获得国家AAAA景区、湖北旅游名村、全国休闲农业和乡村旅游示范村等荣誉。

（2）绿色发展水平。尧治河村进一步规范企业管理，实施"OA"办公系统，采用网签平台，简化审批流程，实现无纸化办公。积极遵守《绿色矿山公约》，被授予第二批国家级"绿色矿山"试点单位，制定了矿产资源合理开发相关规划，矿山开发走入科学化、制度化轨道，矿场采用机械作业，有效利用资源，成立配矿场，综合配比高低品位矿石，节约资源与经济利益双收。加大深度开发和利用力度，建设了万吨黄磷和下游硫酸盐系列10个产品，产业链得到延伸；依托院士专家工作站，与裴荣富院士合作开展"5R"磷矿循环经济利用研究；利用厦大科研平台，与赵玉芬院士合作磷化工研发项目，目前已获得黄磷尾气净化、PM2.5项目等4项国家专利；投资建设中国磷矿博物馆，展示磷矿标本50多种。现代服务业快速发展，对1 200亩石草坪矿区进行治理，投入2 000多万元将其中500亩改造成梯田，建成农业观光园；投入1 500多万元整治老屋沟矿区，绿化荒山100多亩，建成矿山公园；改造关停矿洞总长50多千米，规划建设白酒博物馆、防空博物馆、地质博物馆、探洞运动体验区、主题休闲餐厅等观光体验项目。

（3）体制机制创新。尧治河村建立卫生体制，成立了全省首个村级环境卫生协会，以奖促治、以罚促治。将山林土地管理写进《村民自治章程》，全村森林覆盖率达到90%，确立了林业、农业与绿色生态融合发展战略。尧治河村村规民约中共有15条有关环境保护和环境卫生管理的内容，增强了村民环境保护意识，全村共有28名村庄保洁员，负责村庄环境卫生。成立了环境卫生协会，"三日一检查""一月一评比"，实现了"家家讲卫生，全员来环保"的氛围。

（4）绿色惠民富民。尧治河村投资5 000多万实施村民集中搬迁，建成两个居民小区，获得湖北省新农村建设示范村荣誉。以环境保护为重点，积极发展乡村旅游，开发建成尧帝神峡景区、老龙宫景区等旅游资源，并获批AAAA级景区。持续扶持三福公司，加强对弱势群体的特殊关怀，三福公司投资600多万元平整土地，发展马铃薯产业，扶持贫困村民获得收入。支持基础设施和安全饮水建设，投资2 000多万元新建6座水塔，解决居民安全饮水问题。

2. 建设目标

尧治河村"两山"基地建设三年总体目标为：生态文明意识明显提高，生态环境条件明显改善，绿色服务产业不断增效壮大，绿色农业形成规模发展。参照"两山指数"评估指标，制定了具有尧治河特色的建设指标。

3. 建设任务

尧治河村在"两山"基地建设中，提出了以下工作任务：集中开展"三区三边三场"治理，坚持实现"三区"融合发展目标，加强工业企业排污治理，加强对森林及环境资源保护，推动农村生活污染治理，环保基础设施基本完善，促进长效机制基本形成。

4. 工程项目

围绕尧治河村"两山"基地创建的建设目标和建设任务，全面推进产业发展、生态环保、美丽乡村、乡土文化建设与组织管理四大类22个工程项目的开展实施。其中，产业发展类项目资金来源于国家对口资金和地方配套支持，生态环保类项目资金来源于生态转移支付、国家项目资金、以奖代补和政策优惠资金，美丽乡村类项目资金来源于地方政府配套和本村投入，乡土文化建设与组织管理类资金来源于本村投入、企业投入和招商引资。总投资估算5.44亿元。

5. 保障措施

尧治河村加强宣传，深化认识，引导村民主动投身生态文明建设活动，促进创建活动深入开展；完善措施，健全机制，强化源头管理、社会监督、媒体监督、设立举报有奖制度，建立考核、奖惩、问责制度，确保创建活动效果；加强组织，强化领导，成立"两山"实践创新工作领导小组，落实"两山"实践活动的组织实施。

**（三）方案评价**

《湖北省保康县尧治河村"两山"实践创新基地建设实施方案》全面分析了尧治河村的资源禀赋状况，凝练总结了现有实践成效，客观认识了尧治河村建设"两山"基地的现存优势及不足，提出了切实符合尧治河村现实情况与发展需要的目标和任务，指出了尧治河村的特色"两山"转化路径。方案信息全面、分析彻底、任务合理，符合"两山"基地创建要求，为尧治河村"两山"基地建设指定了明确方向，确保了"两山"基地创建申报成功与建设推进。

**（四）建设成效**

依托于"两山"基地建设任务，尧治河村坚定不移地走打造生态文明高地的转型发展之路，"两山"转化取得实效，近年来先后获得全国乡村治理示范村、中国美丽休闲乡村、全国民主法治示范村等国家级荣誉，尧治河村党组织被省委组织部和省委直属机关工委确定为"湖北省农村基层党员干部培训教育示范基地"和"湖北省直机关党员干部教育培训基地"。2022年，全村工农业总产值达到38亿元，实现利税3.2亿元，农民人均纯收入7万元，村级固定资产78亿元，村集体经济纯收入达2.5亿元。[①]

# 第三节　生态价值评估

## 一、生态价值评估的政策背景

生态产品价值实现是党和国家提出的重大创新性战略，是"绿水青山就是金山银山"理念的物质载体和实践抓手。党的二十大报告就"建立生态产品价值实现机制，完善生态保护补偿制度"作出具体部署，指明了建设人与自然和谐共生的现代化发展方向和战略路径。2021年，中办、国办印发的《关于建立健全生态产品价值实现机制的意见》明确提出要建立生态产品价值实现评价考核机制，将生态产品价值实现工作推进情况作为评价党政领导班子和有关领导干部的重要参考。2022年，国家发展改革委、国家统计局印发了《生态产品价值核算规程（试行）》的通知，明确了生态产品核算流程、核算指标、核算方法等内容，为区域进行生态价值评估的核算提供依据。2023年，国家标准委等十一部门印发的《碳达峰碳中和标准体系建设指南》提出要推动生态产品价值实现绩效评估等标准。

生态价值评估是实现生态资源变成资产、形成资本的必要管理手段，可为解决生态产品"难度量，难抵押，难交易，难变现"的情形提供重要支撑，为建立区域生态产品价值实现机制、生态资源经营开发、抵质押融资、生态环境损害赔偿等相关方面提供可采信的管理方法、技术支持和议价依据，同时有助于增进公众对自然资本的认可和对生态系统质量及变化的了解，也为生态资源的相关政策制定，区域生态规划提供科学依据，引领区域生态经济健康高质量发展。

## 二、生态价值评估说明

### （一）生态价值构成

$$GEP=EPV+ERV+ECV$$

式中：

EPV—生态系统物质供给价值；

ERV—生态系统调节服务价值；

ECV—生态系统文化服务价值。

---

① 湖北日报客户端.保康县尧治河村：高擎党旗带好路 建设高山幸福村[N].湖北日报，2023-07-21.

生态产品总值（GEP）是指一定行政区域内各类生态系统在核算期内提供的所有生态产品的货币价值之和。

物质供给是指生态系统为人类提供并被使用的物质产品，如粮食、油料、蔬菜、水果、木材、生物质能源、水产品、中草药、牧草、花卉等生物质产品。

调节服务是指生态系统为维持或改善人类生存环境提供的惠益，如水源涵养、土壤保持、洪水调蓄、空气净化、水固碳释氧等。

文化服务是指生态系统为提高人类生活质量提供的非物质惠益如精神享受、灵感激发、旅游观光、休闲娱乐和美学体验等。

### （二）评估期

生态价值评估时需要对生态产品实物量进行货币价值转化核算，为此需要确定评估结论开始成立的一个特定时间点或特定时期，在形成评估结论过程中所选用的各种参考价格标准、依据均要在该时间段上有效，评估中的一切取价标准均为评估基准日（期）有效的价格标准。生态产品总值核算周期长度为1年，即每年的1月1日至12月31日。

### （三）评估工作程序

1. 明确核算范围

根据评估目的，确定评估范围。评估范围可以是行政区域，如市、县、乡镇等，也可以是功能相对完整的生态系统或生态地理单位，如一片森林，一个湖泊等以及由不同生态系统类型组合而成的地域单元。

2. 明确生态系统类型与分布

明确核算区域内的森林、草地、农田、湿地、荒漠、城市、海洋等生态类型、面积与分布等内容，并编制生态系统空间分布图。

3. 编制生态产品目录清单

依据国家发展改革委、国家统计局印发《生态产品总价值核算规范（试行）》的通知（发改基础〔2022〕481号）文件要求，需要根据评估范围内的生态产品种类，明确物质供给、调节服务、文化服务中各类具体指标科目，编制生态产品目录清单（表9-4）。

表9-4　生态产品目录清单

| 一级指标 | 二级指标 | 指标说明 | 数据来源 |
|---|---|---|---|
| 物质供给 | 农产品 | 自然生态系统中获得的药材等野生初级农产品 | 统计数据 |
| | | 集约化种植的生态系统中获得稻谷、茶叶等初级农产品 | 统计数据 |
| | 林产品 | 自然生态系统中获得的松脂等林木产品 | 统计数据 |
| | | 集约化管理的森林生态系统中获得的木材等林木产品 | 统计数据 |

（续表）

| 一级指标 | 二级指标 | 指标说明 | 数据来源 |
|---|---|---|---|
| 物质供给 | 牧产品 | 猪、家禽等放养牧产品 | 统计数据 |
| | 渔产品 | 陆域水体中捕捞水产品 | 统计数据 |
| | | 人工管理的水生态系统中养殖水产品 | 统计数据 |
| | 淡水资源 | 各类淡水供应的综合贡献 | 统计数据 |
| | 生物质能 | 生态系统的秸秆、薪柴等 | 统计数据 |
| | 其他物质产品 | 生态系统提供的其他装饰品和花卉、苗木等 | 统计数据 |
| 调节服务 | 水源涵养 | 水源涵养量 | 气象监测 |
| | 土壤保持 | 土壤保持量 | 遥感监测 |
| | 防风固沙 | 防风固沙量 | 生态监测 |
| | 洪水调蓄 | 森林、灌丛、草地、湿地、水库的洪水调蓄 | 水文监测 |
| | 固碳 | 陆地固碳 | 遥感监测 |
| | 空气净化 | 净化二氧化硫、氮氧化物、工业粉尘等污染物 | 遥感监测/环境统计 |
| | 水质净化 | 净化COD、氨氮、总磷等污染物 | 遥感监测/环境统计 |
| | 气候调节 | 蒸散发消耗量 | 气象监测/遥感监测 |
| | 噪声消减 | 噪声消减量 | 环境统计/实地监测 |
| 文化服务 | 旅游康养 | 旅游总人数 | 统计数据 |
| | 休闲游憩 | 休闲游憩总人时 | 统计数据 |
| | 景观增值 | 收益土地与房产面积 | 统计数据 |

4. 数据资料收集

开展生态产品总值评估所需要的部门统一数据、调查监测数据、相关文献资料及地理信息图件等内容收集，并根据实际情况开展必要的实地调研，现场调查通常采用询问、访谈、核对、勘查等方法。对于比较典型的生态系统，要进行现场踏勘、采样，获取的数据需要留底保存以备后期核查。

5. 核算生态产品实物量

选择科学合理且符合核算区域特点的实物量核算方法与技术参数，根据确定的核算基准时间，核算各类生态产品的实物量。

6. 核算生态产品价值量

生态产品价值核算需要根据价值量来源，结合生态系统资源的地域差异性，因地制宜地选取市场法、收益法、成本法、旅行费用法等适宜的估价方法。

7. 核算生态系统总值

根据生态产品实物量，运用适宜的核算方法，分别计算物质供给、调节服务、文化服务各类生态产品的货币价值，将核算区域范围的生态产品价值加总，得到生态产品总值（图9-6）。

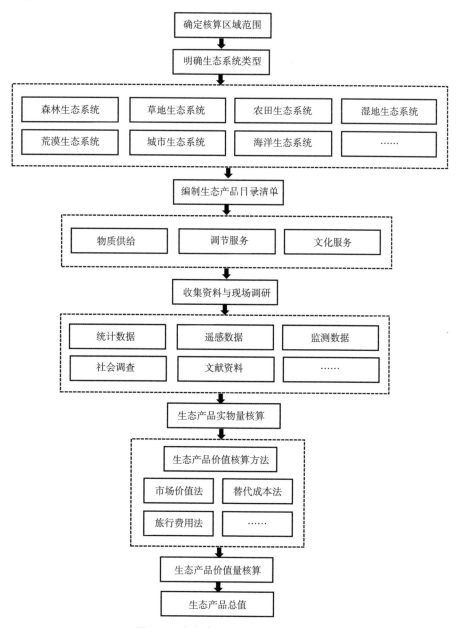

**图9-6　生态产品总值评估工作程序**

## （四）评估指标

由于不同的生态系统存在的价值不同，所以生态产品价值核算的指标应根据生态系统的属性进行合理设置。表9-5为不同生态系统类型所对应的生态产品价值核算指标。

表9-5　不同生态系统生态产品价值评估指标

| 一级指标 | 二级指标 | 森林 | 草地 | 农田 | 湿地 | 荒漠 | 城市 | 海洋 |
|---|---|---|---|---|---|---|---|---|
| 物质供给 | 生物质供给 | √ | √ | √ | √ | √ | √ | √ |
| 调节服务 | 水源涵养 | √ | √ | √ | √ | √ | √ | |
| | 土壤保持 | √ | √ | √′ | √′ | √ | √ | |
| | 防风固沙 | √ | √ | | | √ | √ | |
| | 洪水调蓄 | √ | √ | √ | √ | | √ | |
| | 固碳 | √ | √ | √ | √ | √ | √ | √ |
| | 空气净化 | √ | √ | √ | √ | | √ | |
| | 水质净化 | | | | √ | | √ | √ |
| | 气候调节 | √ | √ | √ | √ | | √ | |
| | 噪声消减 | | | | | | √ | |
| 文化服务 | 旅游康养 | √ | √ | √ | √ | √ | √ | √ |
| | 休闲游憩 | | | | | | √ | √ |
| | 景观增值 | | | | | | √ | √ |

### （五）评估方法

生态产品价值评估过程中涉及实物量和价值量的核算，不同的指标需要选择符合指标特点的核算方法。

1. 实物核算方法

生态产品实物量核算需要选择符合当地区域特点的核算方法和技术参数，根据确定的核算基准时间，核算出各类生态产品与服务的实物量（表9-6）。

表9-6　生态产品实物量核算方法

| 一级指标 | 二级指标 | 实物量指标 | 核算方法 |
|---|---|---|---|
| 物质供给 | 生物质供给 | 生物质获取量 | 统计调查 |
| 调节服务 | 水源涵养 | 水源涵养量 | 水量平衡法/水量供给法 |
| | 土壤保持 | 土壤保持量 | 修正通用土壤流失方程 |
| | 防风固沙 | 防风固沙量 | 修正风力侵蚀模型 |
| | 海岸带防护 | 海岸带防护长度 | 统计调查 |

（续表）

| 一级指标 | 二级指标 | 实物量指标 | 核算方法 |
|---|---|---|---|
| 调节服务 | 洪水调蓄 | 洪水调蓄量 | 植被：水量平衡法 |
| | | | 湖泊：调蓄模型 |
| | | | 水库：水库调蓄模型 |
| | | | 沼泽：沼泽调蓄模型 |
| | 固碳 | 固定二氧化碳量 | 固碳机理模型 |
| | 空气净化 | 净化二氧化硫量 | 污染物净化模型/污染物平衡模型 |
| | | 净化氮氧化物量 | |
| | | 净化粉尘量 | |
| | 水质净化 | 净化COD量 | 污染物净化模型/污染物平衡模型 |
| | | 净化总氮量 | |
| | | 净化总磷量 | |
| | 气候调节 | 蒸散发（蒸腾、蒸发）消耗能量 | 蒸散模型 |
| | 噪声消减 | 噪声消减量 | 噪声消减模型 |
| 文化服务 | 旅游康养 | 旅游总人数 | 统计调查 |
| | 休闲游憩 | 休闲游憩总人时 | 统计调查 |
| | 景观增值 | 受益土地与房产面积 | 统计调查 |

### 2. 价值量核算方法

生态产品价值核算需要根据价值量来源，结合生态系统资源的地域差异性，因地制宜地选取适宜的估价方法，分别核算物质供给服务、调节服务、文化服务等功能价值。常用的估价方法有市场法、收益法、成本法、旅行费用法等。相同类型的生态资产应当采用统一的计价标准，不同类型的生态资产之间的价值转换时应采用统一的价值核算当量，无法获得核算年份价格数据时，利用已有年份数据，按照价格指数进行折算（表9-7）。

表9-7 生态产品价值量核算方法

| 一级指标 | 二级指标 | 价值量指标 | 核算方法 |
|---|---|---|---|
| 物资供给 | 生物质供给 | 生物质供给价值 | 土地租金法/市场价值法/残值法 |
| 调节服务 | 水源涵养 | 水源涵养价值 | 替代成本法 |
| | 土壤保持 | 减少泥沙淤积价值 | 替代成本法 |
| | | 减少面源污染价值 | 替代成本法 |
| | 防风固沙 | 防风固沙价值 | 替代成本法 |

| 一级指标 | 二级指标 | 价值量指标 | 核算方法 |
|---|---|---|---|
| 调节服务 | 海岸带防护 | 海岸带防护减少的损失价值 | 替代成本法 |
| | 洪水调蓄 | 洪水调蓄价值 | 替代成本法 |
| | 固碳 | 固定二氧化碳价值 | 市场价值法 |
| | 空气净化 | 净化二氧化硫量 | 替代成本法 |
| | | 净化氮氧化物量 | 替代成本法 |
| | | 净化粉尘量 | 替代成本法 |
| | 水质净化 | 净化COD量 | 替代成本法 |
| | | 净化总氮量 | 替代成本法 |
| | | 净化总磷量 | 替代成本法 |
| | 局部气候调节 | 蒸散发调节温湿度的价值 | 替代成本法 |
| | 噪声消减 | 噪声消减价值 | 替代成本法 |
| 文化服务 | 旅游康养 | 旅游康养价值 | 旅行费用法 |
| | 休闲游憩 | 休闲游憩价值 | 替代成本法 |
| | 景观增值 | 收益土地与房产增值 | 市场价值法 |

### （六）评估质量把控

为了保障评估结果的真实性，评估人员应当要求委托人或者其他相关当事人对其提供的评估明细表、财务会计资料、生产经营管理资料以及其他重要资料等采取签字、盖章等法律允许方式进行确认。评估人员也应该采用观察、询问、实地调查、查询等对评估活动中使用的资料进行核查验证。并对估算过程中的实物量和价值量通过技术自检，同行互检，专家验收等方式进行核算结果质量把控。

## 三、评估报告编制的主要内容

评估报告应包括评估概述、区域概况、评估依据与原则、GEP核算过程、生态价值评估应用及转化建议等方面。

### （一）评估报告概述

1. 评估背景

以国家政策为导向，结合省、市等相关生态建设要求，阐述需要进行区域生态价值评估的政策背景。

# 生态价值评估报告大纲

**第一章 评估概述**

  1.1 评估背景

  1.2 评估意义

  1.3 评估目的

**第二章 区域概况**

  2.1 区域总体发展情况

  2.2 区域生态环境情况

**第三章 评估依据与原则**

  3.1 评估依据

  3.2 评估原则

  3.3 生态评估范围

**第四章 GEP核算过程**

  4.1 核算单元类型划定

  4.2 核算指标体系构建

  4.3 生态产品清单制定

  4.4 核算方法选取

  4.5 核算数据收集与处理

  4.6 核算结果与分析

**第五章 生态价值评估应用及转化建议**

2. 评估意义

从落实国家重要战略部署，构建生态文明制度体系，促进区域生态价值实现等方面阐述生态价值评估的意义。

3. 评估目的

评估目的主要作为生态资产的经营开发、权属交易、投资融资、损害赔偿的技术支持，评估报告要载明评估目的应唯一，且表述应该明确。

**（二）区域概况**

1. 区域总体发展情况

概述生态价值评估区域的自然资源禀赋、区位交通、社会经济、产业发展、文化资源等情况，为区域生态价值评估提供参考依据。

2. 区域生态环境情况

根据生态价值评估地域的生态发展情况，提炼出践行"绿水青山就是金山银山"理念等方面的工作进展，重点从生态环境保护、生态环境治理以及绿色产业发展等方面进行阐述。

**（三）生态价值评估依据与原则**

1. 评估依据

评估依据应根据评估对象的特征，说明评估时应遵循的法律依据，标准与准则依据，取价依据等内容。

2. 评估原则

结合国家相关评估标准的要求以及当地实际的情况，明确区域生态价值评估的原则，重点体现评估的客观性、开放性、因地制宜、循序渐进等方面。

3. 生态评估范围

评估范围可以是行政区域，如市、县、乡镇等，也可以是功能相对完整的生态系统或生态地理单位，如一片森林、一个湖泊等以及由不同生态系统类型组合而成的地域单元。

### （四）GEP核算过程

1. 核算单元类型划定

需要调查分析生态价值评估范围内各核算单元的类型、面积、分布，并根据生态产品分布的情况，绘制核算单元空间分布图。

2. 核算指标体系构建

依据相关生态价值评估要求，结合评估区域的生态特征，明确指标选取原则，明确物质供给、调节服务、文化服务中各类二级指标科目以及各个指标的实物量指标以及价值量指标等内容。

3. 生态产品清单编制

根据调查分析地域范围内生态产品的种类，编制生态产品核算目录清单，方便后期数据资料收集整理与计算。

4. 核算方法选取

应当根据评估目的、评估对象、价值类型、资料收集等情况，分析评估基本方法的适用性，并选择相应评估方法并说明选择理由。

5. 核算数据收集与处理

鉴于核算方法的不同，对收集的资料需要进行相应的处理以满足生态价值核算时的需要。

6. 核算结果与分析

根据所采用的评估方法以及选取相应的公式和参数进行分析、计算和判断，按照 GEP=EPV+ERV+ECV 计算公式，得出区域生态价值总量，并从物质供给、调节服务、文化服务三个方面对区域生态价值进行分析。

### （五）生态价值评估应用及转化建议

围绕拓量、提质、增效为核心，提出区域生态产品物资供给、调节服务、文化服务保值增效策略，探索多路径拓宽GEP转化的通道。

## 四、典型案例

### （一）规划背景及简介

为了落实好《关于建立健全生态产品价值实现机制的意见》（中办发〔2021〕24号）以及《湖北省建立健全生态产品价值实现机制实施方案》（鄂发改长江〔2022〕80号）文件精神，促进生态价值实现，宜昌市发改委组织生态价值研究团队开展宜昌市山区县生态产品总值核算技术规范研究工作，并选择长阳土家族自治县作为试点，完成长阳县域2021年GEP核算。长阳县位于鄂西南长江一级支流清江中下游地段和长江三峡库区，总面积3 420平方千米，隶属湖北省宜昌市管辖，该地区地貌类型特殊，地形地势复杂，总体呈现山水富集、林多田少、生态优渥的自然地理特征，构成了"八山一水一田"的格局。《长阳土家族自治县2021年度"GEP"核算报告》按照《宜昌市山区县生态产品总值（GEP）核算技术规范》的相应要求，通过分析区域的生态资源特征，合理划定核算单元类型，构建符合当地生态资源情况的GEP核算指标体系，制定相应的核算清单，选取适宜的核算方法，计算出长阳县GEP核算结果。

### （二）报告内容摘要

#### 1. GEP核算单元类型划分

本部分将核算县域内当年土地利用行政区划作为基础核算单元，并根据《国土空间调查、规划、用途管制用地用海分类指南》赋予所有基础核算单元以及类别属性。按照不同的归属级别，具体划分的核算单元体系如表9-8所示。

表9-8 长阳县GEP核算单元类型划分

| 一级核算单元 | 二级核算单元 | 三级核算单元 | 四级核算单元 | 面积/平方千米 |
|---|---|---|---|---|
| 森林生态系统 | 阔叶林 | 常绿阔叶林 | 幼、中近熟、成过熟林 | |
| | | 落叶阔叶林 | 幼、中近熟、成过熟林 | |
| | 针叶林 | 常绿针叶林 | 幼、中近熟、成过熟林 | |
| | | 落叶针叶林 | 幼、中近熟、成过熟林 | |
| | 混交林 | 阔叶混交林 | 幼、中近熟、成过熟林 | |
| | | 针叶混交林 | 幼、中近熟、成过熟林 | |
| | | 针阔混交林 | 幼、中近熟、成过熟林 | |
| | 稀疏林 | — | 幼、中近熟、成过熟林 | |
| 灌丛生态系统 | 阔叶灌丛 | — | — | |
| | 针叶灌丛 | — | — | |
| | 稀疏灌丛 | — | — | |
| 草地生态系统 | 草地 | | | |
| 农田生态系统 | 耕地 | 水田 | | |
| | | 旱地 | | |
| | 园地 | 乔木园地 | — | |
| | | 灌木园地 | — | |

（续表）

| 一级核算单元 | 二级核算单元 | 三级核算单元 | 四级核算单元 | 面积/平方千米 |
|---|---|---|---|---|
| 城市生态系统 | 城市绿地 | — | — | |
| | 建设用地 | — | — | |
| 湿地生态系统 | 河流 | — | — | |
| | 湖泊 | — | — | |
| | 沼泽 | — | — | |

2. GEP核算指标体系与核算清单

（1）不同核算单元核算指标。综合《生态产品总值核算规范（试行）》《生态产品总价值核算规范（试行）》的通知（发改基础〔2022〕481号）、《森林生态系统服务功能评估规范》（GB 38582—2020）国家标准的相关要求，本次核算区域一级目标确定为物资供给、调节服务、文化服务三类，同时结合区域生态资源特征，确定县域生态产品总值核算中二级指标共16项，其中，物资供给类6项，调节服务类7项，文化服务类3项，具体的核算单元核算指标如表9-9、表9-10所示。

表9-9　长阳县各核算单元核算指标

| 生态产品 | 森林生态系统 | 灌丛生态系统 | 草地生态系统 | 农田生态系统 | 湿地生态系统 | 城市生态系统 |
|---|---|---|---|---|---|---|
| 物资供给 | 生物质供给 | √ | √ | √ | √ | √ |
| 调节服务 | 水源涵养 | √ | √ | √ | √ | √ |
| | 土壤保持 | √ | √ | √ | — | √ |
| | 洪水调蓄 | √ | √ | — | √ | — |
| | 固碳 | √ | √ | √ | √ | √ |
| | 净化大气 | √ | √ | √ | √ | √ |
| | 水环境净化 | — | — | — | √ | — |
| | 气候调节 | √ | √ | √ | √ | √ |
| 文化服务 | 景区旅游 | √ | √ | √ | √ | √ |
| | 乡村旅游 | √ | √ | √ | √ | √ |
| | 康养服务 | √ | √ | √ | √ | √ |

表9-10 长阳县生态产品核算指标体系

| 一级指标 | 二级指标 | 实物量指标 | 价值量指标 |
|---|---|---|---|
| 物质供给 | 农业产品 | 物资获取量（包括从农田、草地、森林、水体等获取的物资、生物质能源、野生动植物和其他物资的供给量） | 物资供给价值（主要包括从农田、草地、森林、水体等获取的物资、生物质能源、野生动植物和其他物资的供给价值） |
| | 林业产品 | | |
| | 畜牧业产品 | | |
| | 渔业产品 | | |
| | 水资源产品 | | |
| | 生物质能源 | | |
| 调节服务 | 水源涵养 | 水源涵养量 | 水源涵养价值 |
| | 土壤保持 | 土壤保持量 | 减少泥沙淤积价值 |
| | | | 减少面源污染价值 |
| | 洪水调蓄 | 森林、草地、灌丛洪水调蓄量 | 洪水调蓄价值 |
| | | 湖泊洪水调蓄量 | |
| | | 水库洪水调蓄量 | |
| | 固碳 | 固定二氧化碳量 | 固定二氧化碳价值 |
| | 净化大气 | 生产负离子量 | 生产负离子价值 |
| | | 吸收大气污染物量 | 吸收大气污染物价值 |
| | 水环境净化 | 净化COD、氨氮、总磷等水体污染物量 | 水体污染物净化价值 |
| | 气候调节 | 植物蒸腾消耗量 | 植物降温价值 |
| | | 水面蒸腾消耗量 | 水面降温价值 |
| 文化服务 | 景区旅游 | 旅游总人数 | 景区旅游价值 |
| | 乡村旅游 | 旅游总人数 | 乡村旅游价值 |
| | 康养服务 | 旅游总人数 | 康养服务价值 |

（2）生态产品清单。生态系统生产总值核算包括生态系统物资供给价值、调节服务价值和文化服务价值。根据调查分析地域范围内生态产品的种类，编制生态产品清单，具体清单如表9-11。

表9 11 长阳县生态产品核算清单

| 一级指标 | 二级指标 | 三级指标 |
|---|---|---|
| 物质供给 | 农业产品 | 谷物 |
| | | 豆类 |
| | | 薯类 |
| | | 油料 |
| | | 烟草 |
| | | 药材 |
| | | 蔬菜 |
| | | 水果 |
| | | 食用菌 |
| | | 茶叶 |
| | | 食用坚果 |
| | | 香料原料 |
| | | 其他园艺产品 |
| | | 其他农作物 |
| | 林业产品 | 竹木采运 |
| | | 林产品 |
| | 畜牧业产品 | 畜禽产量 |
| | | 畜蛋 |
| | | 其他畜牧业 |
| | 渔业产品 | 水产品 |
| | 水资源产品 | 工业、农业、生活用水 |
| | | 矿泉水 |
| | 生物质能源 | 秸秆、柴薪 |
| 调节服务 | 水源涵养 | 水源涵养量 |
| | 土壤保持 | 土壤保持量 |
| | 洪水调蓄 | 森林、草地、灌丛洪水调蓄量 |
| | | 湖泊洪水调蓄量 |
| | | 水库洪水调蓄量 |

| 一级指标 | 二级指标 | 三级指标 |
|---|---|---|
| 调节服务 | 固碳 | 固碳量 |
| | 净化大气 | 生产负离子量 |
| | | 吸收大气污染物量 |
| | 水环境净化 | 污染物净化价值 |
| | 气候调节 | 植物降温 |
| | | 水面降温 |
| 文化服务 | 景区旅游 | — |
| | 乡村旅游 | — |
| | 康养服务 | — |

### 3. GEP核算方法

方法体系构建主要参考《森林生态系统服务功能评估规范》（GB/T 38582—2020）以及《生态产品总价值核算规范（试行）》的通知（发改基础〔2022〕481号），充分考虑山区县生态资源现状，在细分生态系统类型的基础上，细分核算单元，考虑不同核算单元之间的差异性，形成完整翔实的方法体系，具体的核算方法如表9-12。

表9-12 长阳县生态产品核算方法

| 一级指标 | 二级指标 | 实物量核算方法 | 价值量核算方法 |
|---|---|---|---|
| 物质供给 | 农业产品 | 统计调查 | 市场价值法 |
| | 林业产品 | | |
| | 畜牧业产品 | | |
| | 渔业产品 | | |
| | 水资源产品 | | |
| | 生物质能源 | | |
| 调节服务 | 水源涵养 | 水量平衡法 | 替代成本法 |
| | 土壤保持 | 修正通用土壤流失方程 | 替代成本法 |
| | | | 替代成本法 |
| | 洪水调蓄 | 水量平衡法 | 替代成本法 |
| | | 湖泊调蓄模型 | |
| | | 水库调蓄模型 | |

（续表）

| 一级指标 | 二级指标 | 实物量核算方法 | 价值量核算方法 |
|---|---|---|---|
| 调节服务 | 固碳 | 固碳机理模型 | 替代成本法 |
| | 净化大气 | 负离子数量模型 | 替代成本法 |
| | | 污染物净化模型 | 替代成本法 |
| | 水环境净化 | 污染物净化模型 | 替代成本法 |
| | 气候调节 | 蒸散模型 | 替代成本法 |
| 文化服务 | 景区旅游 | 统计调查 | 旅行费用法 |
| | 乡村旅游 | | |
| | 康养服务 | | |

### 4. GEP核算数据处理

（1）数据采集类型。GEP核算所需数据包括基础地理数据、土地利用数据、长期地面观测统计数据、森林资源清查数据等不同类型的数据，数据的获取方式主要通过利用卫星、无人机、多光谱全色影像等收集到的地形地貌、地表覆盖物植被数据等；其次是文字描述性数据，这类数据主要来源于气象局、自规局等政府机关、实地调查记录等获取的土壤条件、气候特征、降水量等数据；部分矢量数据主要来源于国土部门的相关三调数据等。

（2）统一数据基准。针对生态系统服务基础地理数据、统计分析数据、专题成果数据等海量数据特征，通过统一的规范要求，标准化为矢量、栅格和属性数据，属性数据通过构建关系表与矢量和栅格建立联系，从而形成矢量、栅格、属性一体化的数据库。

（3）数据集成。数据集成是对多源异构生态系统科学数据的汇聚，实现生态监测站、专项观测网、期刊论文等多源数据的集成，构建生态系统领域统一的科学数据库，支持生态数据产品加工挖掘分析，支撑资源共享服务。

（4）数据核算流程。

①基于Python（计算机编程语言）地理信息处理模块耦合多源异构的矢量、栅格和文本数据，并统一空间基准。

②基于不同生态系统计算单元（矢量斑块）统计空间栅格信息，链接文本参数表，将不同来源的参数统一集成到生态系统分类矢量数据中，方便后续标准化计算不同调节功能实物量和价值量。

③基于各生态系统面积与核算参数统一核算调节服务价值总值，并基于统一分辨率的格网，链接结果属性，统计单位面积价值量并出图。

5.GEP核算结果与分析

（1）长阳县2021年GEP核算结果。经过生态产品的实物量、价值量核算，长阳县2021年GEP总值为×××亿元，单位面积GEP价值量为×××万元/平方千米，人均享有的生态系统服务价值约×××亿元。

（2）长阳县2021年GEP核算结果分析。

①物资供给分析。长阳县生态系统物资供给总价值中农业产品价值量最大，占物资供给总量的64.78%；其次是畜牧产品，占物资供给总量的28.2%；渔业产品占物资供给总量的2.93%；林业产品占物资供给总量的1.57%；水资源产品占物资供给总量的2.52%。通过对比实物量与价值量数据发现，长阳县蔬菜总实物量占比高达71.30%，而价值量仅占30.45%，由此可见，长阳县蔬菜生产效益偏低，未来需要通过发展高山有机蔬菜，打造区域品牌等手段来提高产品的产出效益。药材和茶叶的价值量占比位居第一和第四，实物量仅占5.09%和0.63%，由此可见，药材和茶叶的收益较好，未来长阳县产业发展可酌情扩大种植规模。

②调节服务分析。长阳县调节服务总价值中调节服务价值高值区主要分布在流域附近及高海拔林区，2021年长阳县调节服务系统可为区域减少相当于920.05亿度电的热量，相当于省掉423.22亿元的夏季空调用电的费用。其中，气候调节价值量占比最大，占调节服务总值的49.51%。

③文化服务分析。长阳县2021年旅游总人次为858.78人次，其文化服务总价值占生态系统服务总价值的8.02%，建议未来加强对文化服务业务的扶持。

**（三）报告评析**

1.以地方标准为依据，探索山区GEP核算新模式

本次项目作为《宜昌市山区县生态系统生产总值GEP核算技术规范》成果的试点，在充分考虑山区县自然资源禀赋和生态本底特征，结合现有统一数据基础上，以可操作性、合理性为原则，遵照《宜昌市山区县生态系统生产总值GEP核算技术规范》的要求，合理选择核算流程和核算方法，探索出一套适合山区GEP核算的技术规范，率先在湖北省内形成GEP核算应用机制的"宜昌模式"，助力湖北省推进山区县生态产品价值核算的标准化，推动生态产品价值核算结果应用，助力建立健全生态产品价值实现机制。

2.结合实际情况，合理设置核算指标体系

根据本项目评估的目的，在明确核算范围的基础上，按照区域生态分布情况，编制了生态系统空间分布图，并结合实际情况，编制了生态产品目录清单，围绕物质供给、调节服务、文化服务等3个一级指标设定16个二级目标，构建符合当地生态系统评估的指标体系，同时在核实过程中对指标参数选取和价格体系等进行了本地化研究，为准确核实区域生态系统生产总值奠定了基础。

3. 充分利用核算结果，为区域发展出谋献策

报告在对长阳县生态资源进行全面摸底核算后，从供给服务、调节服务、文化服务三个方面提出未来生态资源发展的建议，有利于指导长阳县生态资源进行系统化保护、组织化开发、市场化运营，促使资源变资产、资产变资本，为积极探索生态价值实现机制提供依据。

# 第一节　项目背景

## 一、背景介绍

2003年，浙江启动"千村示范、万村整治"工程，2010年、2012年实施"千万工程"2.0版、3.0版。2018年获联合国"地球卫士奖"，习近平总书记作出重要批示。

2015年5月，中共中央、国务院印发《关于加快推进生态文明建设的意见》，提出"编制实施全国国土规划纲要，加快推进国土综合整治"。

2017年1月，国务院印发《全国国土规划纲要（2016—2030年）》对国土空间开发和国土综合整治等作出总体部署与统筹安排。2017年4月，国土资源部审议通过了《贯彻落实全国国土规划纲要（2016—2030年）实施方案》，启动了省级国土规划编制工作。

2018年，中央一号文件《中共中央　国务院关于实施乡村振兴战略的意见》《乡村振兴战略规划（2018—2022）年》提出全国建设土地综合整治示范村镇，吸引社会资本参与乡村振兴，开展现代农业、生态修复、农村基础设施等建设。

2019年12月，自然资源部印发《关于开展全域土地综合整治试点工作的通知》（自然资发〔2019〕194号），在全国部署开展全域土地综合整治试点。全国开始大力推动在乡村振兴新背景下的全域土地综合整治，助力乡村振兴战略实施。

## 二、目标与意义

土地整治的目标任务和相关措施是随着国家经济社会发展而不断变化的，世界各国的土地整治，都是经济社会发展到一定阶段后对区域土地提出了新的要求，进而主动对土地开发保护利用的方式和结构进行了调整优化。

### （一）建设目标

全域土地综合整治以乡镇为基本实施单元（整治区域可以是乡镇或部分村庄），整体推进农用地整理、建设用地整理和乡村生态保护修复，优化生产、生活、生态空间格局，促进耕地保护和土地集约节约利用，改善农村人居环境，助力乡村全面振兴。[①]

1. 促进耕地保护

对整治区内的土地进行统一规划，建设高标准农田，改善土壤性状，提高土壤有机质含量，提升耕地质量；调整和优化土地利用结构，将废弃林地、园地、坑塘等农用地以及耕地后备资源复垦为耕地，增加耕地数量，保护和提高土地资源可持续利用能力；推广深耕深松、水肥一体化等资源高效利用技术，实现保水节肥，控制化肥农药，减少农膜残留等污染，持续优化耕地生态环境，确保粮食的有效安全供给。

2. 集约节约利用土地

加强规划实施管理，科学合理地安排土地的不同功能，严格控制土地供应总量、建设用地的增量；充分运用经济手段，盘活建设用地存量，提高土地利用的效率；改进土地使用方式，提倡节约集约用地，减少土地资源的浪费。

3. 改善农村人居环境

强化农村道路、供水、供电等基础设施建设，提高农村生活便利性；改善农村住房条件，提高农民居住环境的舒适性和安全性；加强农村垃圾清理、污水治理、卫生条件等环境整治，持续改善和提升农村人居环境；加强农村文化建设，丰富农民的文化生活。

### （二）建设意义

全域土地综合整治是促进村庄规划实施的重要手段，按照山水林田湖草系统治理的理念，通过全域规划、整体设计、综合治理，优化生产生活生态空间，解决耕地碎片化、空间布局无序化、资源利用低效化、生态质量退化等问题，打造集约高效的生产空间、宜居适度的生活空间、山清水秀的生态空间，为推进高质量发展提供有力支撑。[②]

20世纪90年代中后期，我国进入了快速的城镇化和经济发展阶段，大规模的城市建设和工业化进程导致了土地的过度开发和资源的过度利用，对环境和生态系统造成了严重的破坏，给国土资源的合理利用带来了严峻挑战。全域土地综合整治建设对于优化土地资源配置、提升土地利用效率、促进乡村经济发展和改善农村生态环境都具有重要的意义。

1. 促进土地资源合理利用

全域土地综合整治可以实现对城乡土地的统筹规划和管理，合理分配和利用土地资源。既有利于提高土地的利用效率，减少土地浪费，也有利于优化土地利用结构，提升土地的经济效益和社会效益。

---

[①] 自然资源部网站.关于开展全域土地综合整治试点工作的通知[EB/OL]. https://www.gov.cn/zhengce/zhengceku/2019-12/18/content_5462127.htm

[②] 湖北省人民政府.省人民政府批转省自然资源厅关于推进全域国土综合整治和加快推进新增工业用地"标准地"出让两个意见的通知[EB/OL]. http://zrzyt.hubei.gov.cn/fbjd/xxgkml/zdxmpzhss/201911/t20191111_1583373.shtml.

2. 提升土地经济价值

全域土地综合整治通过土地规划、开发和管理等手段，提升土地的产出能力和价值创造能力，还可以通过土地资源的有序配置和流转，促进土地市场的健康发展，激发土地资源的活力。

3. 破解乡村发展难题

全域土地综合整治通过整体推进农用地整理、建设用地整理、乡村生态保护修复和历史文化保护，破解当前乡村"四化"问题，优化生产、生活、生态空间格局，促进耕地保护和土地集约利用，改善农村生态环境，助推乡村全面振兴。

4. 推动城乡融合发展

全域土地综合整治通过引导城市资本、技术、人才等资源向农村流动，促进农业现代化、乡村旅游、休闲农业等产业的发展，推动城乡资源共享和优势互补，加速城乡产业融合发展，实现产业兴旺、生态宜居。

# 第二节　相关概述

## 一、全域土地综合整治内涵

土地是建设的空间载体、物质基础和组成要素，是人类赖以生存和发展的基础。我国开展了一系列的土地整治活动，从零星的、分散的整治活动逐步向系统的、生态的整治演化。

### （一）全域土地综合整治概念

全域土地综合整治是指在特定范围内整体开展农用地整治、建设用地整治和生态保护修复，对闲置低效、生态退化及环境破坏的区域实施土地空间综合治理的活动。

全域土地综合整治是一个萌芽较早但并未被准确定义与应用的概念，在2015年以前主要是在学界研究与使用"土地整治、国土整治"等相近概念。《现代地理学辞典》中将"国土整治"定义为"对国土资源的开发、利用、治理、保护以及为此目的而进行的国土规划、立法和管理"。

### （二）土地整治的发展历程

改革开放以前（1949—1978年）：在这一时期，国土整治主要表现为对国土资源的所有制改造，以及围绕经济建设的需要，对国土资源的大力开发利用和为提高农业生产力而进行的水利工程建设与治理。主要内容为大规模组织开荒运动、大搞农田水利基本建设。

改革开放初期到国土资源部成立之前（1979—1998年）：随着国民经济迅速恢复和大

规模国土开发活动的展开，城乡建设无序、资源利用浪费、环境污染和生态破坏等问题日益加重。主要是根据国家经济社会发展战略方向和总体目标，以及规划区的自然、经济、社会、科技等条件，制定全国或一定区域范围内的国土开发整治方案。

国土资源部成立到大部制改革之前（1998—2018年）：先后组织开展了国土资源大调查、土地利用调查等工作，积累了丰富的基础资料，并积极开展了土地整治、地质灾害防治等相关工作。主要推进以耕地保护、统筹城乡发展为主要目标的土地整治；以实现矿产开发与环境保护协调为主要目标的矿山治理；以提升海域资源环境品质为目标的海岸带海域治理。

自然资源部成立（2018年至今）：对一定区域内山水林田湖草全要素进行全域规划、整体设计、综合治理，强调整治对象、内容、手段、措施的综合性以及整治目标的多元化和实施模式的多样化。

经过实践发展和政策演化，从开荒垦田到土地整理、开发、复垦到土地整治，再到全域土地综合整治，对土地的开发、利用、保护和修复贯穿了整个过程，新时期全域土地综合整治更加强调全域全要素的整治，进行全域规划、整体设计，用综合性手段进行整治，有利于统筹农用地、低效建设用地和生态保护修复，促进耕地保护和土地节约集约利用，实现土地整治从单一性向系统性建设转变、工程性向生态性转变，解决空间布局无序化、乡村耕地碎片化、资源利用低效化、生态质量退化等"四化"问题及一二三产融合发展用地问题，改善农村生态环境，助推乡村振兴。

## 二、编制原则与要求

### （一）基本原则

基于最严格的耕地保护制度、节约用地制度和生态环境保护制度，强调保护优先、节约优先和生态优先。践行绿水青山就是金山银山理念，统筹推进山水林田湖草系统治理，将生态保护修复放在优先位置，严格保护耕地特别是永久基本农田。坚持规划先行，多规合一，强化国土空间用途管制。实行全域整体推进，全要素综合整治，不断优化国土空间格局，推动土地节约集约利用。坚持以人民为中心，充分听取群众意见，保障群众权益，让人民群众共享发展成果，增强人民群众获得感和幸福感。根据资源禀赋和实际，合理确定目标任务，既尽力而为，又量力而行，防止片面追求增加用地指标盲目推进，避免大拆大建搞形象工程。

### （二）基本要求

乡镇政府负责组织统筹编制村庄规划，将整治任务、指标和布局要求落实到具体地块，确保整治区域内耕地质量有提升、新增耕地面积不少于原有耕地面积的5%，并做到建设用地总量不增加、生态保护红线不突破。通过综合谋划、政策支持、公众参与和监测评估，实现土地资源的优化配置和可持续利用，提高土地的生产力和综合效益。

1. 综合谋划

全域土地整治要建立在全面、系统地规划基础上，充分考虑区域内的土地资源特点和发展需求，统筹优化土地利用结构和空间布局。根据不同地区和用地类型的特点，采取差异化的整治措施。

2. 政策支持

政府要加大对土地整治工作的支持力度，制定相关政策、法规和标准，为整治工作提供政策支持和指导；相关县直单位在整合涉农项目、土地开发利用方而予以大力支持。同时，加强土地管理和监管，保障土地整治的顺利进行。

3. 公众参与

实施方案要求广泛调动社会力量的参与，形成多元化的治理主体。鼓励各利益相关方积极参与土地整治决策和实施过程，提高治理的公众参与度和透明度。通过公众参与，提高整治工作的合法性和可持续性。

4. 经济适用

规划设计既要发挥工程的主要功能、利用效率，又要兼顾文化、景观需要，同时要考虑工程的建设成本和后期的管护成本，各项工程措施应在当地经济承受范围内，经济实用、生态环保。

5. 监测评估

全域土地整治要求建立健全的监测评估体系，对整治工作的进展和成效进行定期监测和评估。通过科学评估，及时调整整治策略和措施，确保整治工作的顺利进行和取得实效。

## 三、重点建设任务

《关于开展全域土地综合整治试点工作的通知》（自然资发〔2019〕194号）明确试点任务设定应因地制宜、实事求是、客观准确，可量化、可统计、可考核。主要如下。

### （一）农用地整理

适应发展现代农业和适度规模经营的需要，统筹推进林地和园地等低效用地整理、农田基础设施建设、现有耕地提质改造等，增加耕地数量，提高耕地质量，改善农田生态。

### （二）建设用地整理

统筹农民住宅、产业发展、公共服务、基础设施等各类建设用地，有序开展农村宅基地、工矿废弃地以及其他低效闲置建设用地整理，优化农村建设用地结构布局，提升农村建设用地使用效益和集约化水平，支持农村新产业新业态融合发展用地。

### （三）乡村生态保护修复

按照山水林田湖草系统治理的要求，结合农村人居环境整治等，优化调整生态用地布局，保护和恢复乡村生态功能，维护生物多样性，提高防御自然灾害能力，保持乡村自然景观和农村风貌。

### （四）乡村历史文化保护

充分挖掘乡村自然和文化资源，保持乡村特有的乡土义化，注重传统农耕义化传承，保护历史文脉。

为贯彻落实党中央、国务院决策部署，有效发挥全域土地综合整治优化国土空间格局、助力乡村振兴的积极作用，湖北省自然资源主管部门细化任务内容，提出"一治理四整治一绿化一探索"七大任务：推进乡村国土空间治理；推进农用地综合整治；推进闲置低效建设用地整治；推进矿山地质环境整治；整体推进农村环境整治和生态保护修复；推进乡村国土绿化美化；探索农村自然资源资产评价和生态保护补偿机制。

## 四、相关支持政策

### （一）调整永久基本农田

《关于开展全域土地综合整治试点工作的通知》（自然资发〔2019〕194号）提出，项目涉及永久基本农田调整的，按照规定编制调整方案，确保新增永久基本农田面积不少于调整面积的5%，整治区域完成整治任务并通过验收后，更新完善永久基本农田数据库。

### （二）释放政策红利

《关于开展全域土地综合整治试点工作的通知》（自然资发〔2019〕194号）指出，项目整治验收后腾退的建设用地，在保障试点乡镇农民安置、农村基础设施建设、公益事业等用地的前提下，重点用于农村一、二、三产业融合发展。节余的建设用地指标按照城乡建设用地增减挂钩政策，可在省域范围内流转。自然资源部将对试点工作予以一定的计划指标支持。省级自然资源主管部门发挥牵头作用，制定具体实施办法。

《省人民政府批转省自然资源厅关于推进全域国土综合整治和加快推进新增工业用地"标准地"出让两个意见的通知》（鄂政发〔2019〕25号）提出：通过整治节余的建设用地指标和补充耕地指标，可在省域范围内优先调剂使用；对已完成乡镇国土空间规划或村庄规划编制的地区，开展全域国土综合整治时，按照建设用地规模不扩大、耕地面积有增加、耕地质量有提升、生态红线不突破的要求，可对规划进行一次性修改；可利用不超过整治面积3%的土地，通过点状供地从事工业、旅游、康养、体育、设施农业等产业开发；项目验收后按建设用地整治复垦面积的30%奖励新增建设用地计划指标，由县级政府统筹使用。

# 第三节　实施方案编制方法与要点

## 一、编制方法

主要采用定性与定量分析相结合，通过因果分析法，对项目区的问题、目标进行分析，确定编制思路；通过对现状土地利用情况分析，确定整治潜力的方向，整合资源实施项目。

### （一）识别问题

充分调研了解区域现状，分析项目区位、土地资源、农业影响、经济发展基础、村庄建设、生态环境、区域特色等内容，重点从空间布局无序化、耕地碎片化、资源利用低效化、生态质量退化四方面进行分析，明确项目区存在的问题和矛盾。

1. 空间布局无序化的识别分析

城乡建设用地布局混乱，主体功能不明确；农村居民点自然分布缺乏统一规划。

2. 乡村耕地碎片化的识别分析

耕作田块不规整，单个田块面积小；耕作田块分布零散，集中连片程度低。

3. 资源利用低效化的识别分析

生产设施配套不完善，土地利用低效；用地粗放，废弃闲置土地多，人均建设用地指标超标；特色资源挖掘不足，特色产业发展乏力。

4. 生态质量退化的识别分析

出现森林退化、水土流失、水质和土壤污染等生态功能遭受破坏，生物多样性降低等现象。

### （二）确定目标

以国土空间规划为统领，对项目区的问题有序开展综合整治，有针对性地进行开发利用和治理保护。深入分析区域的特色资源、问题短板、发展条件、政策机遇，着眼于解决区域发展问题，根据国土空间发展的战略定位和经济社会发展的需要，紧密联系国家政策，确定全域土地综合整治的总体规划目标、产业发展和指标体系，明确整治的方向和重点。

### （三）整合资源

加强土地产权管理，确定相关利益主体的资金投入及收益机制。统筹基础设施提升、居民点改造、产业发展、资源保护等内容，通过协调不同领域的规划和管理，综合配置调度各类资源，包括土地资源、水资源、能源资源等，整合相关涉农建设项目，支持整治工作的开展和实施，构建多元化的投资机制。

## 二、编制重点

按照自然资源部国土空间生态修复司印发的《全域土地综合整治试点实施方案编制大纲（试行）》，实施方案包括基本情况、工作基础、可行性分析与评估、试点目标任务、建设内容与实施安排、投资估算与资金筹措、组织实施以及其他等八个方面，或者参考各省具体制定的编制指南，编写方案内容，确定项目治理路径，明确整治的任务和措施；落实用地管控，布局综合整治建设项目，明确各项建设时序分期实施。重点从空间治理、用地保障、规划调整、项目集成、资本下乡五个方面进行落实。

### （一）空间治理

以全国国土调查以及最新年度变更调查数据为基础，结合国土空间规划、村庄规划、道路规划、旅游规划等上位规划，制定全域土地综合整治的空间规划，明确不同区域的功能定位和发展方向，将乡村无序的、零散的地块转变为有序的、区域层面的规划，实现农业适度规模化、建设用地集约化、生态环境美化。

### （二）用地保障

土地用途管制是政府实施空间资源配置的调节方式，是实现国土空间有序开发和合理利用的强制性措施。通过全域土地综合整治，优化农村建设用地布局、盘活存量建设用地、探索"点供"用地等方式，可以调整土地空间及用途，保障乡村新产业新业态和返乡创新创业发展用地，主要用于农产品加工流通、农村休闲观光旅游、电子商务等一二三产融合发展，消除乡村产业发展障碍，实现农村"产业兴旺"。

### （三）规划调整

规划布局产业发展、乡村新社区、道路等近期实施项目，涉及空间用地调整内容，全部纳入乡镇国土空间规划、村庄规划。对整治区域内涉及永久基本农田调整的，按照数量有增加、质量有提升、布局集中连片、总体保持稳定的原则，统筹"三线"划定，编制整治区域永久基本农田调整方案，由省级自然资源主管部门会同农业农村主管部门审核同意后，纳入村庄规划予以实施。

### （四）项目集成

通过协调整合相关部门涉农项目，将涉及农业、农村发展的各部门项目整合起来，协调推进，实现资源的共享和优势互补，改善农村交通、电力、水利等基础设施状况，提高农村基础设施建设水平，降低产业发展投资成本，吸引更多社会企业参与农村建设，提高项目的成功率和可行性。

### （五）资本下乡

通过专项支持政策，提升社会资本和企业参与农村产业发展意愿，以乡村产业发展为核心，推动农业适度规模化、延长产业链和价值链、壮大乡村特色产业、促进三产融合发展，提升整治工作的效果和可持续性。

### 三、实施路径

围绕乡村空间格局优化、生态保护修复和综合整治等理念落实提出了具体实施路径。

#### （一）农田改造

1. 农田整治

对碎片化耕地进行整治，通过实施土地整治，归并零散地块，解决乡村耕地碎片化，推动规模化、机械化耕作；集中连片程度高的区域，可适时开展"千亩方""万亩方"示范工程建设。

2. 新增耕地

对其他农用地和未利用地进行整治和改造，将低效林地、园地、坑塘、其他草地等开发为耕地，增加耕地面积，为非农建设项目占地提供指标，保障建设项目落地。

3. 提升耕地质量

主要针对旱地改水田整治，完善农田水利设施、田间道路，提高灌溉保证率和耕种便利度，提升土壤肥力，提高耕地质量等级。

#### （二）村庄集约

1. 中心社区建设

以满足人民美好生活向往为中心，促进乡村从"村落"向"社区"转型发展，在中心村中择优建设未来乡村社区，全面提升基础设施建设和公共服务水平，强化其服务周边农村的能力，引导周边村湾逐步向未来乡村社区和中心村集聚，有效实施增减挂钩等手段，逐步推进村湾的拆迁撤并，实现土地资源的优化配置。

2. 城镇化建设

提升中心城区、中心镇吸纳农业转移人口能力，邻近城区、镇区的村湾，就地就近城镇化，初步形成中心集镇—中心村（未来乡村社区）—传统村三级乡村发展格局，提高土地利用效率，促进城乡一体化发展。

#### （三）环境美化

1. 生活环境宜居化

建立规范的长效机制，积极美化生活环境，提升建筑风貌、打造美丽庭院、增加村庄绿化和公共活动空间等；全面治理生活污水，提升干净舒适程度，改善卫生环境。

2. 农村要素资源化

实现农村生活垃圾分类全覆盖，对废弃蔬菜果品等实行资源化利用；集成堆肥还田、有机肥加工、生物天然气制造、栽培基质利用等技术路径，实现秸秆综合利用和畜禽养殖废弃物资源化利用。

## （四）文化传承

### 1. 文化保护与传承

注重传统农业生产技术和乡土文化知识体系的传承，实施乡村文化传承行动，开展农业特色教育宣传推广工程、农村文化活动精品工程，培养非遗传承人，建立乡村文艺团队。

### 2. 文化产业赋能

推动文化产业与相关产业融合发展，使文化符号、文化理念、文化创意等向相关产业渗透，构建以"农"兴乡村，以"文"促发展，以"旅"启未来的农文旅融合发展模式，充分发挥文化产业多重功能价值和综合带动作用。

## （五）产业融合

聚焦区域特色优势产业，通过政策引导培育成为当地的支柱产业，从农产品的初加工、农特产品开发、仓储保鲜、包装运输、电商销售等多方面延伸产业链条，开发农业多种功能，发展景观农业、观光采摘、休闲垂钓、特色动植物观赏等业态，深入挖掘乡村蕴含的农耕文化、乡土文化、特色民俗等历史文化资源，构建产业融合的发展体系。

# 第四节　规划设计编制

根据审批通过的全域土地综合整治实施方案开展各子项目的详细规划设计，对具体的整治内容和工程设计提供建议。

## 一、农用地整理

根据地形地貌、水源设施，整治耕作田块，合理布置灌溉与排水、田间道路等基础设施，系统解决耕地碎片化、利用低效等问题，实现农业生产规模化、机械化。有序开展低效林、园地复耕，增加耕地面积；加强农业智慧化、数字化系统建设等措施。

### 1. 高标准农田建设

参考《高标准农田建设 通则》（GB/T 30600—2022）进行规划设计，详见高标准农田规划设计章节内容。

### 2. 低效林、园地复耕，未利用地开发利用

对历史形成的、未纳入耕地保护范围、不属于林业部门管理范畴的低效林、茶园、果园等进行复耕，对荒草地、滩涂、裸岩石砾地等宜耕的未利用地进行开发，并对照高标准农田建设，因地制宜开展农田基础设施配套建设。

## 二、建设用地整理

结合村庄规划、产业规划，充分盘活农村存量建设用地，合理新增工商业、旅游等产业用地，配置道路交通、给排水、垃圾处理、庭院改造等相关的生产和生活服务设施。

1. 盘活低效建设用地

低效闲置用地可改造建设党群服务中心、养老院、活动中心、文化广场、停车场等公共服务设施；用于发展乡村民宿、创意体验、乡村旅游和农产品初加工、冷链、仓储等产业融合项目。

2. 建设用地拆旧复垦

拆除原有房屋、土地平整后，对便于管护利用，能与周边的耕地连成一片的地块，增施有机肥料改良土壤，建设农田配套设施。

3. 新增产业发展用地

按照"先规划、再建设"要求，选址和规模要符合乡镇国土空间规划和村庄规划。鼓励和支持农产品初加工、红色旅游、乡村旅游、康养休闲、乡村物流、电子商务等乡村产业发展。

4. 新增住宅用地

优先利用村内空闲地，尽量少占耕地，规模符合最新宅基地建设标准，住宅建筑风貌参考各地农村建筑方案图集。

## 三、乡村生态保护修复

按照山水林田湖草系统治理的要求，开展农田面源污染防控、水环境综合治理、矿山生态修复、人居环境整治等内容，以自然恢复为主，工程措施为辅，采取各类生态、园艺、景观、修复等措施。

1. 农田面源污染防控

加强病虫害的绿色防控，减少农药使用量，采取诱杀等农业防治措施；推广测土配方精准施肥，减少化肥使用量，增加有机肥施用。

2. 水环境综合治理

清理污水散排点，减少污染物进入水体，通过底泥疏浚、水生植物修复、湿地净化技术等措施恢复水体生态系统，解决水体富营养化、黑臭水体、生物多样性低等问题。岸坡采用近自然岸堤、生态护岸等措施对河岸进行改造，种植水生植物修复净化水体。

3. 矿山修复治理

对露采坑底盘主要采取回填土、植被恢复等综合治理措施，消除对土地资源的破坏影响；对于矿区高陡边坡，主要采取清方、削方减载、锚喷支护、挡墙支护及截（排）水和生态修复等措施，消除高陡边坡危石、坠石及崩塌等地质环境问题，提高边坡稳定性；

对于废渣堆场采取削方减载、覆土绿化等措施；根据需要留用的矿山道路，应满足通行要求，对道路两侧进行绿化；不留用道路予以拆除。

4. 农村人居环境整治

村庄生活污水采用集中处理模式，增设垃圾收集点，配置乡土植物绿化村湾、美化院落。

## 四、乡村历史文化保护

历史文化保护从乡村物质文化和非物质文化资源两个方面进行梳理。

1. 物质文化保护

对具有历史、文化和科学价值的历史遗址、文物、建筑、古树名木等，完善保管制度，建立历史文化遗产的资料库，设立标识标牌、做好日常的维护和修缮。

2. 非物质文化保护

对民间文学、传统艺术、特色工艺、民俗民风，用文字、影像等方式予以收集保存，通过宣传、展示、推广等方式进行传承。

# 第五节 全域土地综合整治方案编制的典型案例

全域土地综合整治注重发挥"土地整治+"的平台作用，探索在县域、市域等不同区域开展全域土地综合整治试点，形成具备推广到全国的土地综合整治制度体系，助推乡村全面振兴和新型城镇化发展。

## 一、罗田县三里畈镇全域国土综合整治项目

本节内容侧重于对实施方案编制过程、规划思路的分析与总结，梳理全域土地综合整治项目方案编制的关键问题，并对其中的主要关系进行辨析，指导开展实施方案编制。

### （一）案例背景

项目区位于罗田县西部的三里畈镇，以錾字石村为主联合附近5村1社区申报全域国土综合整治试点项目，项目区属北亚热带季风气候，呈现丘陵地貌，冬干（冷）夏湿，春暖秋凉，以粮食种植为主，特色甜柿、板栗产业为辅，属于相对低收入地区。

### （二）编制过程与思路解析

1. 收集基础资料

资料是项目方案编制的基础，全域土地综合整治项目涉及相关资料非常多，将较为重要的部分资料列出，请项目申报单位协助收集，对需要保密的资料，与主管部门签订保密协议。

对接自然资源和规划局收集最新的国土变更调查、三区三线、耕地质量等别、天保林和公益林等数据库；国土空间规划、村庄规划、土地整治等规划，已实施的高标准农田建设、增减挂钩、占补平衡、旱改水等项目范围及概况。农业农村局高标准基本农田建设规划、农业产业发展规划、"两区"划定成果、最新耕地质量等别更新评价成果。住建局美丽城镇建设规划、农村住房推广图集、历史文化保护规划，相关电力、电信、燃气、自来水等地上地下管网线路图等。水利和湖泊局饮用水源地保护、保护规划、水质监测资料、环境质量公报，以及交通运输局、生态环境局等各相关部门的近期规划，正在实施或近3年计划实施的项目等。

项目所在乡镇村的相关规划成果、企业名录（合作社）（主营产品、经营面积等）、产业经济情况、各类基础设施状况、已实施项目（村庄建设、产业建设、土地整治）、统计年报、各村集体和人均经济收入状况、地方志、地名志、近年政府工作报告，国家、省级有明文规定的农产品、人文、民族、旅游等方面具有明显区域特色，如国家地理标志保护产品、中国传统古村落，省政府确定的湖北旅游名镇和名村等。

2. 调查区域现状

主要采用现场踏勘、抽样或问卷调查、访谈或座谈调查、文献资料分析等方式，按照以下三个步骤进行。

（1）沟通对接：对接申报单位项目负责人和乡镇主要领导，确定项目区具体位置、范围等，了解项目区未来发展目标、需求及思路，确定项目的整治类型；沟通及确定工作计划、调研工作思路及安排。

（2）项目座谈：组织乡镇、相关村组召开项目调研启动会，就项目意义、建设任务、申报要求和调研内容等进行讲解，初步沟通硬性建设指标的来源及方向（新增耕地等）；开展村组座谈会，了解村庄基本情况，常住及务工人口、房屋空置等情况；通村通组道路、饮水、排水、文体、医疗、卫生、电力等基础设施建设现状及建设需求；耕地耕种、流转情况，水源、田间道路及水利等农田基础设施配套情况。合作社及企业名称、主要经营内容、规模以及发展规划等，村级相关重点产业发展的具体要求；水体、工矿、土壤等污染及治理情况。

（3）现场踏勘：开展基础调查，了解项目区山、水、林、田、湖、产业、文化等现状基础情况，重点调查土地利用、村庄建设、基础设施、产业发展、农业生产、生态环境等方面问题及建设需求。以最新年度变更调查数据为基础，通过奥维地图或两步路等软件，对废弃、闲置宅基地和其他建设用地，以及宜耕园地、草地、林地、废弃坑塘等地块进行定位，拍照记录现场情况，了解相关权利人的意见，落实新增耕地潜力来源，需要建设安置区、预留产业发展用地的现场确定预选址位置。完成现场调查群众参与意见、房屋拆迁统计表等附件，并由村委会代为收发项目问卷，广泛收集了解群众想法与意见。

3. 分析现状情况

主要分析上位规划对项目区的定位，分析项目区位、土地资源、农业影响、经济发展基础、村庄建设、生态环境、区域特色等内容，以及已实施项目建设及分布等，通过整理基础资料和现状调查情况进行汇总，对项目区国土资源状况、城乡发展问题、生态环境状况等进行评估和系统总结：

（1）区位分析。分析地理区位、所处经济圈、交通辐射以及内部路网等。220国道南北贯穿项目区，麻阳高速紧邻项目区东侧，通村公路均为水泥路，与过境国道相接，各村湾间的互通道路多为水泥路面，部分路段较为狭窄，内部路网有待提升。

（2）土地利用。主要分析用地规模及其开发利用的可能性。项目区国土总面积4.3万亩，耕地0.74万亩，小散田块较多；园地1.16万亩，存在大量老化的板栗林，结果率较低，树型较大，采收难度大，成本较高，现状基本已荒废，可开发的资源较为丰富。

（3）田间设施。分析农业影响因素、农田水利、田间道路等农业生产基础设施。农田灌排系统骨干设施较为薄弱，东西干渠为土渠，输水利用系数较低；田间道路多为土路，田间基础设施体系尚不完善。

（4）村庄建设。分析村庄布局、闲置宅基地和农村生活基础设施配套等，了解村民建设需求和拆迁意愿。村湾主要分布在通村道路两侧，居民点分布散乱、利用较为粗放，内部空间缺乏合理规划与建设，缺少集中休闲、游憩的场所及公共绿地。

（5）产业发展。分析核心产业与特色产业发展状况和产业结构等产业基础条件。甜柿产业特点鲜明，是世界唯一自然脱涩的甜柿品种，通过能人回乡建立了片区的合作社，结合百年柿林、深秋红叶的自然美景带动了旅游观光业，促进了区域经济的发展，但种植管理相对粗放、旅游季节性强周期短，产业的延伸效益有待挖掘，产业发展较为缓慢。

（6）特色资源。分析地质地貌、生态环境、历史文化等具有独特性、地域性，可进一步挖掘价值的资源。项目区位于山间谷地之中，山水林田湖草自然资源丰富，生态环境良好，夏家铺水库湖光山色，风景优美；垄上梯田形态多样，层层跌落，池塘星布；百年柿林，深秋红叶，景色如画；并拥有富居寨、仙人河、罗汉岩等一批特色的自然资源。

4. 编写初步方案

依据上位规划要求，综合考虑区域的资源禀赋、发展条件和政策机遇，从解决区域问题短板、发挥区域优势及特点出发，通过"问题+目标"双导向的思路，提出区域的发展定位与目标、产业发展布局、重点建设项目、投资和指标来源等内容。

（1）规划思路。以项目区良好的生态环境、特色自然资源为基础发展壮大乡村旅游，提升基础设施，整治低效园地，围绕区域地标优品特色产业，以古老的甜柿树、悠久的历史、世界唯一的品质为亮点，完善产业链条，创建国家甜柿农业公园。

①提升基础设施，完善产业配套。改善田间道路、水利设施，建设农产品加工园，打造地标优品展销中心，规划建设高标准农田142公顷，夯实农业发展基础；优化旅游道

路、旅游驿站等内容，建设旅游公路5千米并配套旅游设施，提升旅游服务水平。

②发展特色产业，壮大农业主体。从古甜柿树保护、甜柿种植、加工仓储、展销、采摘、休闲旅游等全产业链出发，建立古甜柿保护区，扩大甜柿种植区，建设甜柿加工园、甜柿博览园等，强化产业配套，壮大区域新型农业经营主体。

③建设美丽乡村，提升人居环境。建设錾字石甜柿文化街，改善邱家河村细湾、錾字石村丛林垸等湾落人居环境，改造山腰丛林间的零星民居，发展乡村特色民宿。

④挖掘资源禀赋，丰富发展业态。建设仙人河一河两岸十里画廊，打造仙人河漂流，由北至南贯穿项目区；开发古柿树写生基地、富居寨攀岩探险等活动，丰富产业发展业态，同时，延长旅游时段，降低受季节性波动带来的不利影响。

（2）规划目标。保障相关的硬性指标满足项目申报基本要求，形成土地利用规划一张图，具体目标如下。

①增加耕地面积。落实园地、未利用地等土地开发及农田整治规模，增加有效耕地面积，提高耕地质量，新增耕地面积5%以上；涉及永久基本农田的调整，确保新增永久基本农田面积不少于调整面积的5%。

②集约利用土地。确定农村居民点拆迁范围，规划确定还建区位置、中心湾的扩建范围，切实保障农民利益，严禁违背群众意愿搞大拆大建，不得强迫农民"上楼"。

③保障产业用地。合理划定农产品的生产、加工及旅游配套设施等各类地的范围，调整土地用途和规模，并确保项目实施前后建设用地总面积不增加。

④整合涉农项目推进基础设施配套，提高公共服务设施等级，吸引社会资本投资建设乡村，提升城乡统筹发展水平。

（3）建设任务。结合区域现状及地形特点，主要建设任务为农用地综合整治、建设用地整治、农村人居环境及生态保护修复、乡村国土绿化美化以及产业发展项目。

①农用地综合整治。七道河流域高标准农田建设项目（甜柿公园片区）、低效用地开发项目、夏家铺灌区续建配套与节水改造项目。

②低效建设用地整治。增减挂钩项目、通村主干线提档升级工程、甜柿公园旅游基础设施建设项目和党群服务中心提档升级项目。

③农村人居环境整治和生态保护修复。水环境治理项目、美丽乡村建设工程、地质灾害塌陷区治理工程。

④乡村国土绿化美化。规划旅游道路、村庄节点绿化和精准灭荒项目。

⑤产业发展规划布局。甜柿标准生产基地建设、加工园建设项目、农家乐建设和高山民宿建设、仙人河漂流项目等。

（4）整合资源。方案编制现状分析中提出的主要问题，在规划整治内容里面，都要有对应的整改措施，本项目结合区域发展规划，协调整合农业农村局高标准农田建设、交通运输局四好农村路建设、文化和旅游局旅游基础设施建设、水利和湖泊局灌区配套与节水改造、生态环境局水污染治理、财政局美丽乡村建设、自然资源和规划局地质灾害防治、林业局精准灭荒等11个项目，在总的项目建设期（不超过5年）内进行建设安排。

（5）永久基本农田调整方案。根据省自然资源主管部门发布的全域土地综合整治项目永久基本农田调整方案编制指南，说明调出永久基本农田的理由和依据，明确调出和调入永久基本农田地块的图斑数量、面积、质量等别、地类、权属、分布、坡度、连片度和粮食等农作物种植利用等情况。对于项目区各项建设（道路线形工程、村湾还建扩建、产业发展等），选址无法避让永久基本农田，进行图斑调出，补划耕地优先使用永久基本农田储备区的地块，其次是选取项目区耕作条件较好的一般耕地，补划的地块从耕地等级、水田数量、坡度等方面平均质量都要优于调出的地块，新增永久基本农田面积不少于调整的永久基本农田面积的5%，逐级上报至省自然资源主管部门、省农业农村主管部门审核。

（6）注意事项。项目定位要结合上位规划和发展现状进行细化和延伸，不能人为地拔高；产业发展重在契合区域实际情况，不能片面地学习、复制其他区域发展路径，弄一些高大上却不符合实际的产业；重点建设内容要与定位相匹配。

### 5. 征求相关单位意见

初步方案编制过程中要充分征求相关部门、乡镇、村民和企业的意见，了解各方的真实需求，充分挖掘区域特色资源、明确项目定位、产业发展方向、重点建设内容，将各方意见汇总形成书面资料，并逐条修改或回复，增进共识、增强合力，保护各方权益，确保方案的可操作性。相关农用地的开发需要请主管部门现场调查并出具审查意见，整合项目的规模、范围、投资都要请相关部门进行确认；宅基地拆迁范围、补偿标准等需要乡镇村进行讨论，召开村民代表大会并开展入户调查，确保可行；还建安置要广泛征集意见确定选址、建设标准等；产业发展用地需要征求重要企业意见、协调规划审批单位。

### 6. 专家审查论证

邀请土地、规划、乡村建设等多方面的专家进行审查论证，听取专家意见完善方案内容，确保方案的合理性和可行性；方案的汇报要简洁，突出项目特点、核心建设内容。

## 二、面临的挑战与问题

通过全域土地整治项目的实践与总结，实施方案编制面临数据获取与分析、项目整合与落实、资金筹措与投入、产业导入与发展等多个挑战与困难。

### 1. 数据获取与分析

全域土地综合整治需要大量的土地资源信息和数据，包括土地利用状况、三区三线、宅基地确权、河湖水位线、交通规划控制线、退耕还林范围、农业统计数据，等等。数据信息涉及多个部门，收集资料较为复杂，同时数据可能存在不同统计口径、数据不准确、数据不连续、数据更新等问题，影响方案的编制与实施。

2. 指标确定与核查

在年度国土变更调查成果基础上，调查确定项目新增耕地地块位置及规模，需要进一步在全国耕地占补平衡动态监管系统预检，核实可作为占补平衡指标的范围和规模；在城乡建设用地增减挂钩系统预检，核实可作为增减挂钩指标的范围和规模；核查数据库后，可能面临结余指标无法达到预期的情况。

3. 项目整合与落实

全域土地综合整治由自然资源部门牵头，涉及住建、水利、交通、农业、环保等多个部门，自然资源部门很难协调其他部门配合工作，更难统筹各部门财政资金支持，即使各部门之间建立了协作机制，协同后仍是各干各的，难以形成合力有效解决农村基础建设，支撑农村产业现代化发展和宜居宜业美丽乡村建设。

4. 资金筹措与投入

全域土地综合整治项目资金需求量大，但中央财政并没有安排专项资金支持，而是以全域整治为平台整合相关部门的项目资金，再通过政策引导撬动社会资本参与建设，然而社会资本参与项目建设的主要动力就是节余用地指标的交易所得收益，项目实施过程中容易出现过分追求耕地面积、结余指标的情况，偏离项目本质，限制了土地整治方案的编制与实施。

5. 产业导入与发展

农村经济发展较为缓慢的区域，普遍存在产业较为单一、同质化严重的情况，如何挖掘地方特色资源，发展特色产业，提升农业现代化水平，延长农业生产链，如何在产业布局上避免同质化的发展困境，构建差异化发展路径，同时规避非粮化、非农化的风险，需要进行全面分析和仔细考量。

## 三、应对的策略与建议

为了保障方案的可行性，需要采取加强数据收集与分析能力、建立完善的协作机制、拓宽资金筹措渠道、强化产业发展规划等措施。

1. 加强资料收集与分析

以最新变更调查数据为基础，摸清项目区的底图底数，落实上位规划的要求；对硬性指标进行反复核查与补充调查，避免盲目地增加耕地面积、过分追求结余指标，从保护生态环境出发，考虑整治与利用的关系，整治后要充分考虑产业发展和用地保障。

2. 建立完善协作机制

制定跨部门协作的政策和措施，加强制度建设和督导，推动县级分管领导定期召开跨部门协调会议，对项目实施情况定期组织检查和评估；统筹整合各相关部门的资源和力量，由编制单位汇报项目情况，阐述建设需求，各主管部门讨论落实，并出函明确支持的建设内容、规模及资金等，通过财政局确认整合项目形成合力。

### 3.拓宽资金筹措渠道

政府出台激励政策和优惠政策，设立专门的基金用于补贴项目建设和运营成本，或提供低息贷款、减免税收和风险补偿等优惠条件，或是提供土地或其他资源作为投资方的配套条件，或是创新融资方式，完善政策支持和监管环境，降低金融机构参与的风险，以吸引更多社会资本的参与。

### 4.强化产业发展规划

对于项目的实施，可将投资主体招采前置，解决资金来源和产业发展问题，通过有意向的投资主体提前介入、参与项目实施方案编制，强化产业发展规划，明晰产业发展模式、营利方式以及产业用地需求，使基础设施建设与产业发展需求相配套，有效解决项目区产业发展、基础建设适配性的问题。

# 第十一章　高标准农田规划设计

## 第一节　项目背景

### 一、发展历程

2010年底召开的中央农村工作会议部署"抓紧制定实施全国高标准农田建设总体规划""力争到2020年新建8亿亩集中连片、旱涝保收高标准农田"。

2013年国务院批准实施《全国高标准农田建设总体规划》，通过采取农业综合开发、土地整治、农田水利建设、新增千亿斤粮食产能田间工程建设、土壤培肥改良等措施，持续推进农田建设，不断夯实农业生产物质基础。

2019年11月21日，国务院办公厅印发《关于切实加强高标准农田建设提升国家粮食安全保障能力的意见》，提出到2022年，全国要建成10亿亩高标准农田，而且将高标准农田建设情况纳入地方各级政府耕地保护责任目标考核内容。

2021年9月，国务院发布《全国高标准农田建设规划（2021—2030年）》，紧盯粮食生产目标，提出到2030年，要建成12亿亩高标准农田，稳定保障1.2万亿斤以上粮食产能。

2022年10月26日，农业农村部、国家发展改革委、财政部、自然资源部、水利部联合印发《关于整区域推进高标准农田建设试点工作的通知》提出：在部分地区先行择优支持不超过20个整区域推进高标准农田建设试点，率先将一定区域内符合立项条件的永久基本农田全部建成高标准农田。

2023年，中央一号文件《中共中央　国务院关于做好2023年全面推进乡村振兴重点工作的意见》指出，加强高标准农田建设，重点补上土壤改良、农田灌排设施等短板，统筹推进高效节水灌溉，逐步把永久基本农田全部建成高标准农田。

## 二、目标与意义

### （一）建设目标

提高粮食产能，"到2030年，建成集中连片、旱涝保收、节水高效、稳产高产、生态友好的高标准农田12亿亩，改造提升高标准农田2.8亿亩，稳定保障1.2万亿斤以上粮食产能"的目标。同时，遏制"非农化"、防止"非粮化"，共同筑牢保障国家粮食安全的坚实基础。

### （二）建设意义

我国户均耕地规模仅相当于欧盟的1/40、美国的1/400。"人均一亩三分地，户均不过十亩田"，是我国许多地方农业的真实写照。高标准农田建设是通过土地整治建设形成的集中连片、设施齐全、高产稳产、生态良好的农田，有利于改善耕地质量，提高粮食和重要农产品产量。对于人多地少的我国来说，国情农情决定了我们要依靠自己的力量端牢饭碗，就必须紧紧抓住耕地这个要害，守住耕地红线。把高标准农田建设好，保障粮食生产能力，对建设农业强国，实现农业强、农村美、农民富的目标具有重要意义。

# 第二节　相关概述

## 一、发展现状

2019年以前，我国发改、国土、财政、水利等相关部门按照部门职责，积极开展了千亿斤粮食工程、土地整治、农业综合开发、农田水利建设、小流域综合治理等具有部门属性的高标准农田建设项目，因建设标准、要求不统一，工程建设效益难以充分发挥，考核评价也比较困难。国务院办公厅《关于切实加强高标准农田建设提升国家粮食安全保障能力的意见》（国办发〔2019〕50号）提出"构建集中统一高效的管理新体制，开展高标准农田建设专项清查，全面摸清各地高标准农田数量、质量、分布和利用状况。结合国土空间、水资源利用等相关规划，修编全国高标准农田建设规划，形成国家、省、市、县四级农田建设规划体系。"

2022年12月的中央农村工作会议明确全国已累计建成10亿亩高标准农田，稳定保障1万亿斤以上粮食产能，19.18亿亩耕地超过一半是高标准农田，2023年将继续加强高标准农田建设。农业农村部出台《关于推进高标准农田改造提升的指导意见》指出，受建设年限、投入水平、因灾损毁等因素影响，部分已建成高标准农田质量与农业农村现代化发展要求还有一定差距。通过改造提升，解决已建高标准农田设施不配套、工程老化、工程建设标准低等问题，农田基础设施和耕地地力水平进一步提高，工程设施使用年限进一步延长，真正达到高标准，实现旱涝保收、高产稳产，与现代农业发展相适应，构建更高水平、更有效率、更可持续的国家粮食安全保障基础，为农业农村现代化提供有力支撑。

## 二、建设内容

按照《高标准农田建设 通则》（GB/T 30600—2022）规定，高标准农田是指土地平整、集中连片、设施完善、农电配套、土壤肥沃、生态良好、抗灾能力强，与现代农业生产和经营方式相适应的旱涝保收、持续高产稳产的农田。根据不同区域的气候条件、地形地貌、障碍因素和水源条件等，将全国高标准农田建设区域划分为东北区、黄淮海区、长江中下游区、东南区、西南区、西北区、青藏区七大区域。

高标准农田建设是为减轻或消除主要限制性因素、全面提高农田综合生产能力而开展的田块整治、灌溉与排水、田间道路、农田防护与生态环境保护、农田输配电等农田基础设施建设和土壤改良、障碍土层消除、土壤培肥等农田地力提升活动。

### （一）农田基础设施建设

1. 田块整治

平整耕作田块，提高田块归并程度，实现耕作田块相对集中，减小田面高差和坡度。适应农业机械化、规模化生产经营的需要，根据地形地貌、作物种类、机械作业效率、灌排效率和防止风蚀水蚀等因素，合理确定田块的长度、宽度和方向。田块整治后，有效土层厚度和耕层厚度应满足作物生长需要。

2. 灌溉与排水

开展田间灌溉排水设施建设，有效衔接灌区骨干工程，合理配套改造和建设输配水渠（管）道和排水沟（管）道及渠系建筑物等，实现灌排设施配套，因地制宜推广高效节水灌溉技术，满足农业生产的需要。

3. 田间道路

适应农业现代化的需要，优化田间道（机耕路）、生产路布局，合理确定路网密度、道路宽度，根据实际情况，配套建设农机下田坡道、管涵和错车道等设施，提高农机作业便捷度。平原区道路通达度达到100%，山地丘陵区道路通达度不小于90%。

4. 农田防护和生态环境保护

根据农田防护需要，新建或修复农田防护林、岸坡防护、坡面防护、沟道治理工程，保障农田生产安全。

5. 农田输配电

为泵站、机井、微喷灌以及信息化工程等提供电力保障，配套建设低压输电线路、变配电装置，提高农业生产效率和效益。

6. 其他工程

主要为田间监测等工程。

### （二）农田地力提升

针对地力水平相对较差的区域，重点通过综合性的地力提升措施，提高耕地地力和粮食单产水平，全面改善农田生产条件，确保农田持续高效利用。

#### 1. 土壤改良

采取掺黏、掺沙、施用调理剂、施有机肥、保护性耕作及工程措施等，开展土壤质地、酸化、盐碱化及板结等改良。

#### 2. 障碍土层消除

采用深耕、深松等措施，消除障碍土层对作物根系生长和水汽运行的限制。

#### 3. 土壤培肥

通过秸秆还田、施有机肥、种植绿肥、深耕深松等措施，保持或提高耕地地力。

## 三、资金来源

高标准农田建设资金主要来源于中央财政、省级财政以及地方配套资金。中央财政对高标准农田建设给予适当补助，并视地方实际情况实行差别化补助；省级财政承担地方财政投入高标准农田建设的主要支出责任；地方政府通过一般公共预算、政府性基金预算中的土地出让收入等渠道，支持本地区高标准农田建设，地方各级财政保障高标准农田建后管护支出。鼓励有条件的地区在国家确定的投资标准基础上，进一步加大地方财政投入，提高项目投资标准，争取高标准农田建设亩均投入逐步达到3 000元左右。

湖北省枝江市出台《枝江市鼓励新型农业经营主体自主实施高标准农田建设管理办法（试行）》等多个规范性文件，提升农田建设亩均投资标准，由市财政拿出专项资金，对社会资本和新型农业经营主体参与高标准农田项目建设的，落实先建后补、以奖代补政策，政策补偿标准不超过合同价款的70%。同时，进一步降低"准入门槛"，凡经营主体经营面积在300亩及以上的农民合作社、龙头企业、家庭农场、专业大户等新型农业经营主体，均可申报实施高标准农田建设项目。吸引了众多新型经营主体参与和推进高标准农田建设，有效促进了枝江农业的集约化、规模化、产业化、智能化、品牌化发展。为提高集体经济组织实力，提升党组织凝聚力战斗力，化解农村剩余劳动力务工难，实现传统灌溉农业向现代节水农业转变，保障粮食生产能力和安全等作出积极贡献。

## 四、项目管理

### （一）建设任务下达

省级农业农村主管部门提出本地区农田建设年度任务方案，农业农村部下达年度建设任务，省级农业农村主管部门根据下达任务，以县为单元分解下达年度建设任务和资金。

### （二）项目申报审批

县级农业农村主管部门组织开展方案编制，将初步设计成果报送上级农村主管部门审查，由省级农业农村主管部门结合本地实际确定项目审批主体（一般是地市级农村主管部门）组织开展初步设计成果评审工作，无异议后适时批复，县级农业农村主管部门依据批复文件编制年度实施计划并组织实施。

### （三）项目实施与变更

项目建设期一般为1~2年，组织具有相应资质的单位实施项目，严格按照年度实施计划和初步设计批复执行，不得擅自调整或终止，确需进行调整或终止的，按照"谁审批、谁调整"的原则，依据有关规定编制项目变更方案，报方案原审批单位办理审核批复，并确保建设任务不减少、建设标准不降低。

### （四）工程竣工验收

竣工验收按照"谁审批、谁验收"原则，县级农业部门对符合验收条件的项目及时组织初步验收，出具初验审查意见、竣工决算审计报告等，向上级农业部门提出竣工验收申请，验收通过后报省级农业农村主管部门备案，省农业农村主管部门组织开展项目竣工验收和监督检查，每年对不低于10%的当年竣工验收项目进行抽查。

## 第三节　编制原则及要点

高标准农田规划设计应坚持相关标准、规范、规程、技术要求，以及农田水利、农田道路、农田林业、工程设计与造价等相关行业标准和规范。

### 一、工作原则

坚持政府主导，鼓励多元参与。切实落实地方政府责任，健全高标准农田改造提升投入保障机制，加强资金保障。切实保障各级政府投入，鼓励各地通过土地出让收益、高标准农田建设新增耕地指标调剂收益、金融和社会资本积极参与高标准农田改造提升，多渠道筹集建设资金。

坚持问题导向，提高粮食产能。针对不同区域、不同类型已建高标准农田存在的主要障碍因素，根据自然资源禀赋、农业生产特征，因地制宜确定高标准农田改造提升重点内容，完善农田基础设施，提高建设质量，改善农业生产条件，提升粮食综合生产能力，适应农业农村现代化需要。

坚持科学布局，分区分步实施。依据高标准农田建设规划，对接国土空间规划、水安全保障规划等，做好与"三区三线"划定工作的衔接，重点在永久基本农田、粮食生产功能区和重要农产品生产保护区，科学安排已建高标准农田改造提升区域布局，分阶段、分区域统筹实施改造提升项目。

坚持良田粮用，严格保护利用。对改造提升后的高标准农田实行严格保护，统一上图入库，强化高标准农田监测与用途管控，完善管护机制，保障持续利用。建立健全激励和约束机制，改造提升后的高标准农田原则上全部用于粮食生产，遏制"非农化"、防止"非粮化"。

## 二、项目流程

### 1. 项目选址

县级主管部门在项目选址时应充分征求当地政府、有关部门与公众的意见，项目边界以明显地物为界线，选址必须符合县（市、区）国土空间规划和高标准农田建设规划，优先把"两区"耕地全部建成高标准农田。

### 2. 地形测绘

实测地形图比例尺不小于1：2 000，能够准确反映项目区现状，满足土地平整、灌溉排水、田间道路、农田防护与生态环境保持等工程设计和施工精度要求，并按照土地利用现状图，统计确定各类用地规模及建设规模。

### 3. 外业调查

通过开展座谈会向镇、村宣讲工作内容，以实测地形图为基础对项目区情况进行实地踏勘，掌握区域自然条件、社会经济条件、基础设施建设情况、农田限制因素和群众的建设需求等内容。

### 4. 方案编制

根据调研情况、群众需求及相关规划标准，完成项目主要建设内容的总体布局，征求县级农业部门和村组意见建议，通过反馈沟通优化方案，确定主要建设工程的内容和要求，并进一步完成工程计量和造价等内容，形成初步设计方案。

### 5. 专家论证

由市级农业农村部门组织项目专家评审，对设计依据、建设方案、设计标准、效益分析、概预算编制等内容的合规性、科学性、合理性和设计文件及附件材料的完整性、真实性进行审查与质询。

### 6. 财政审计

市级审查通过后报省农业主管部门备案，由省财政厅组织审计单位对项目预算的真实性、准确性、合规性和合理性进行审查，下达最终资金批复。

### 7. 设计变更

设计单位应做好施工过程的技术指导、设计变更等后续服务工作。施工单位严格按照已批准的项目建设任务、规划设计和预算进行施工，任何单位和个人不得擅自变更规划设计和调整预算，规划设计无法实施或确需优化和改进的，由项目所在地县（市、区）农业农村局向市（州）农业农村局申报，根据各地具体管理办法开展变更审批工作。

8. 决算审计

审查施工单位是否按照经批复的初步设计要求完成了相关的工程量，各单项工程是否按批准的初步设计投资概算执行，项目变更、预备费使用是否按规定程序报批，施工结算是否按合同和招标价结算。

9. 竣工验收

建设单位组织监理、施工、设计、勘察等单位项目负责人进行单位工程验收，设计单位就工程建设是否符合施工图设计文件的要求予以确认。

## 三、规划设计

### （一）总体布局

根据地形特点、农业生产条件、社会经济发展需要和生态环境要求，对项目区农田、田间道路、灌溉与排水等各类用地统筹规划，促进耕地集中连片，提升耕地质量，完善基础设施，改善农业生产条件。按照目前亩均投资标准，难以对项目区内群众的建设需求全部进行高质量建设，需要分清建设内容主次，针对区域主要矛盾进行建设，保障建设内容的标准和质量。通过水源建设，排灌沟渠及渠（沟）系建筑物，结合田块整治、田间道路以及重点区域建设等内容完成规划总体布局。

### （二）规划设计要点

规划设计前要详细了解当地在农田基础设施建设中的经验和方法，工程设计应以地方常用建筑材料、结构形式为主，便于取材与施工，同时充分考虑工程建设的生态化技术，减少工程建设对生态的负面影响；农旅融合发展区域，可结合乡村文化、乡土景观等要素进行艺术化的改造。

1. 田块整治工程

主要内容为土方挖填和埂坎修筑，田块类型主要为条田和梯田。田块整治宜开展耕地小块并大块的宜机化整理，提高田块归并程度，实现耕作田块相对集中。耕作田块应通过客土回填、表土剥离回填等措施对起伏较大的田块进行平整处理，合理调整农田的坡度，便于农作物的灌溉和排水。

（1）条田。条田为相对平缓区域形成的近似长方形的水平田块，田块长边宜为南北向，平原区以修筑条田为主，水田区条田可细分为格田，田面长度根据实际情况确定，宽度应便于机械作业和田间管理，长度宜为200～1 000米，南方平原区宜为100～600米，耕作田块宽度宜为50～300米，长宽比不宜小于4∶1，格田长度30～120米，宽度20～40米。

（2）梯田。梯田为相对较陡的区域，根据等高线形成的阶梯状田块。田面长度宜为100～200米，陡坡区宽度宜为5～15米，缓坡区宽度宜为20～40米，梯田埂坎土坎不宜高于2米，石坎不宜高于3米。

土方挖填测算常用方法有3种，地形有起伏但变化较为均匀、不太复杂的地区采用散点法；高差不大，地形较为平缓且地块较为方正的采用方格网法，高差变化、起伏较大及垂直挖深较大，截面不规则的地区采用截面法。

2.灌溉与排水工程

主要包括水源工程、灌排沟渠、灌排建筑物等，工程结构宜采用适合当地的定型设计和装配式结构。

（1）水源工程。农业灌溉水源利用以地表水为主，地下水为辅，严格控制开采深层地下水；主要通过修建塘堰、拦河坝、水井、蓄水池、水窖等小型水源工程，提高供水潜力，扩大灌溉面积，提高灌溉保证率。

（2）灌排沟渠。灌溉和排水系统应相互协调、分级布置，主要布置方式有灌排相邻（图11-1）和灌排相间（图11-2），相邻布置用于地面向一侧倾斜的区域，相间布置用于地形平坦或微地形起伏的地区；按照控制面积和水量分配，沟渠可分为干、支、斗、农、毛五级，干、支两级主要起引水、输水作用，田间灌溉与排水工程主要涉及斗、农两级，沟渠宜以自流为主，宜短而直，减少占地和工程量。斗沟（渠）长度和控制面积随地形变化很大，平原地区控制面积较大，长度较长；山区、丘陵地区控制面积较小，长度较短，间距主要根据地形和耕作要求确定，农沟（渠）长度与斗沟（渠）间距相适应。

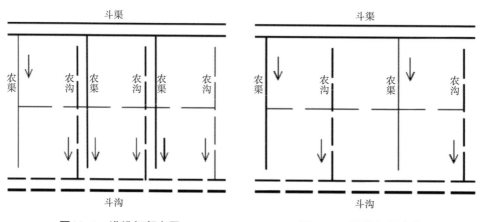

图11-1　灌排相邻布置　　　　　　图11-2　灌排相间布置

通常将灌溉渠道进行硬化，以提高渠系输水效率和水资源利用系数，渠系改造时应充分利用原有渠线；另可采用喷灌、微灌、滴灌和低压管道灌溉等节水灌溉方式，提高灌溉效率。根据各区域建设要求确定灌溉设计保证率、灌溉控制面积、种植作物灌溉定额、灌溉水利用系数等，计算灌溉需水量，核定渠道横断面。根据水源引水高程自上而下和灌区控制点高程自下而上逐级推求，确定各级渠道进水口设计水位，农渠水位应该高出灌溉田面0.05～0.15米，斗渠水位应高于0.05～0.2米。排水沟主要利用天然河道、沟溪布置排水系统，明沟排水一般可不采用衬砌，需要加固时宜采用生态护坡的形式。

（3）灌排建筑物。主要有水闸、渡槽、倒虹吸、农桥、涵洞、陡坡与跌水等渠系建筑物以及泵站等量水建筑物。有荷载要求的建筑单体，如桥梁等，需进行地基承载力、荷载理论计算和校核。

3. 田间道路工程

按照《土地利用现状分类》（GB/T 21010—2017），农村道路是用于村间、田间交通运输，并在国家公路网络体系之外，以服务于农村农业生产为主要用途的道路，路基宽度不超过8米，主要分为田间道（机耕道）和生产路，以改造现有道路为主，新建为辅，减少占用耕地。倡导建设生态型田间道路，因地制宜减少硬化路面及附属设施对生态的不利影响。

（1）田间道。田间道以适应交通运输需要，利于机械化作业为主，宽度在3~6米，路面宜采用沥青和混凝土铺装硬化，使居民点、生产经营中心、各轮作区和田块之间保持便捷的交通联系，力求线路笔直且往返路程最短，道路面积与路网密度达到合理的水平，确保农机具到达每一个耕作田块，促进田间生产作业效率的提高和耕作成本的降低，田间道规划需形成道路相互连接的交通循环，间隔350~500米宜设置错车道。

（2）生产路。生产路是供小型农机行走和人员通行的道路，宽度宜为3米以下，路面宜采用砂石、泥结石和间隔石板、混凝土板等，无道路相连时可在末端设置掉头点。

4. 农田防护和生态环境保护工程

用于农田防风、改善农田气候条件、防止水土流失、促进作物生长和提供休憩庇荫场所的农田植树工程，主要包括岸坡防护和农田林网建设。植被采用乡土植物，以乔木为主，可搭配易于养护、景观效果好的灌木、花草。

岸坡防护是为稳定农田周边岸坡和土堤的安全、保护坡面免受冲刷而采取的工程措施。推广生态型改造措施，以生态脆弱农田为重点，加强生态护坡及其他设施建设，改善农田生态环境。

农田林网建设主要是对田间道、干支斗渠进行绿化，构成农田林网骨架，树种宜采用适合当地的本土树种，宜选择不小于三年生、胸径不小于5厘米的苗木。

5. 农田输配电工程

包括高压、低压输电线路和变配电装置及弱电工程，对适合电力灌排和信息化管理的农田，铺设低压输电线路，配套建设变配电设施，合理布设弱电设施，为泵站、河道提水、农田排涝、喷微灌、水肥一体化以及信息化工程等提供电力保障，提高农业生产效率和效益。

6. 田间监测工程

监测农田生产条件、土壤墒情、土壤主要理化性状、农业投入品、作物产量、农田设施维护等情况的站点。

（1）耕地质量监测与保护提升。在耕地质量监测建设气象监测系统、土壤监测系统、作物生长监测系统，配备气象监测站、土壤多参数监测站、移动式作物生长监测站、土壤紧实度测量仪、土壤墒情速测仪等土壤样品采集设备，采集土壤、气象环境数据，结合作物长势，进行综合分析。

《国务院第二次全国国土调查领导小组办公室关于印发〈第三次全国国土调查耕地质量等级调查评价工作方案〉的通知》（国土调查办发〔2018〕19号），样点布设按每1万亩耕地不少于1个的密度，作为每年度开展耕地质量等级调查评价的点。

（2）绿色防控。《农作物病虫害监测与预报管理办法》，根据农作物种植结构和病虫害监测工作需要，原则上按照耕地面积丘陵山区每3万～5万亩、平原地区每5万～10万亩，设立不少于1个田间监测点，做好病虫害监测预警和防治指导公共服务。

（3）数据平台建设。建设土壤墒情监测、水肥一体化、智能灌溉、病虫害监测、灾情苗情监测、气象环境监测等数据平台，在数据中心进行联动分析，实现实时动态、可视化、可追踪的监测监管。

### 7. 地力提升工程

耕作层地力保持工程应充分保护及利用原有耕地的熟化土层和建设新增耕地的宜耕土层而采取的各种措施，应与田块修筑工程结合起来，同步设计，同步实施；田块平整时不宜打乱表土层与心土层，确需打乱应先将表土进行剥离，单独堆放，待田块平整完成后，再将表土均匀摊铺到田面上；高标准农田有效土层厚度和耕层厚度应满足作物生长需要，除青藏区外的其他各区域有效土层厚度≥50厘米，耕层厚度≥20厘米。根据不同的气候条件、地形地貌、障碍因素和水源条件，土壤pH值宜为5.5～7.5，深耕、深松作业满足农作物生长需求，土壤有机质含量大于12克/千克。

### （三）工程概预算

#### 1. 编制原则

（1）依规编制的原则。项目预算必须按照相关法规的有关规定进行编制。

（2）实事求是的原则。预算中基础单价、定额套用、费用选取均应按照实际情况进行编制，不能盲目高套虚编预算。

（3）全面准确的原则。预算文件组成要齐全，编制依据要充分，选取的各类标准、定额要恰当，避免遗漏和重复现象发生。

#### 2. 编制标准

《土地开发整理项目预算定额标准》（财综〔2011〕128号）适用于土地开展整理项目工程，是编制土地开发整理项目预算、确定工程造价、编制招标标底、编制预算标准等的依据，同时可作为投标报价的参考；分为土方工程、石方工程、砌体工程、混凝土工程、管道工程、农用井工程、设备安装工程、道路工程、植物工程及辅助工程，共10章106节1 550个子目及7个附录。项目费用由工程施工费、设备购置费、其他费用和不可预见费组成（图11-3）。

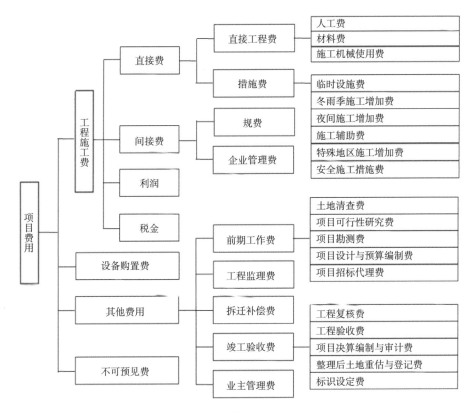

**图11-3 项目费用构成**

《土地开发整理项目预算定额标准》应根据国家经济、社会的发展而适时修订，从2011年印发以来，期间尚未进行调整和修订。随着国家市场经济体制不断完善，健全了预算管理的相关法律法规，出台了完善税制、加强农田建设补助资金管理的相关政策，高标准农田建设项目参照《土地开发整理项目预算定额标准》，结合有关政策文件进行编制。

（1）营改增试点。财政部国家税务总局《关于全面推开营业税改征增值税试点的通知》（财税〔2016〕36号）自2016年5月1日起，在全国范围内全面推开营业税改征增值税试点，建筑业、房地产业、金融业、生活服务业等全部营业税纳税人，纳入试点范围，由缴纳营业税改为缴纳增值税。按照财政部、税务总局、海关总署《关于深化增值税改革有关政策的公告》（财政部 税务总局 海关总署公告2019年第39号）及住房和城乡建设部办公厅《关于重新调整建设工程计价依据增值税税率的通知》（建办标函〔2019〕193号）规定，工程造价计价依据中增值税税率调整为9%。高标准农田建设项目预算编制中，建设工程材料全部按照除税价计算。

（2）管理费用列支。按照《农田建设补助资金管理办法》（财农〔2022〕5号），县级按照从严从紧的原则，可以从中央财政农田建设补助资金中列支勘测设计、项目评审、工程招标、工程监理、工程检测、项目验收等必要的费用，单个项目财政投入资金1 500万元以下的按不高于3%据实列支；单个项目超过1 500万元的，其超过部分按不高于1%据实列支。其他费用的计费标准参照最新文件执行。

3. 编制程序

（1）编写预算编制大纲。确定编制依据、定额和计费标准；划分工程科目（单项工程、单位工程、分部工程、分项工程）；确定相关拆迁工程量及补偿标准；列出最新的主要建设材料的单价或计算条件。

（2）确定工程项目和工程量。工程量是计算直接工程费的基础，工程量计算精确程度直接影响工程造价的准确程度。根据工程计算确定单体工程设计参数，对照工程设计图纸和说明书，以及《土地整治项目工程量计算规则》（TD/T 1039—2013）计算确定每个分项工程的工程量。项目工程的划分必须与预算定额子目的划分相适应，工程计量单位要与定额子目的单位一致。

①田块整治工程量计算：根据项目区的地形、土壤条件，确定田面高程，计算挖填土石方工程量，应分别计算土石方开挖、土石方回填、土石方运输、平整土地等分项工程。工程量计算中应分为人工挖土、人工平土、推土机推土、人工装卸、载重汽车运土、石方开挖、推土机推运石渣等分项。

②灌溉与排水工程量计算：土方开挖应根据不同的土壤和岩石类别分别计算，例如将明挖、槽挖、水下开挖或暗挖等分开计算。土石方填筑工程量根据不同材料分别计算，不同标号或不同部位的砼须分开计算。

③田间道路工程量计算：根据设计图纸分别计算路面和路基的分项工程量，以各结构的底层面积和顶面面积的平均值为准，不扣除各类交叉建筑物所占的工程量。

④农田防护与生态环境保持工程量计算：树木种植以株为单位计算；种草以播种类别不同分别以公顷和平方米为单位计算。

⑤金属结构与设备及安装工程量计算：泵站、闸等各类设备根据设计内容所需规格和型号，从市场上询价获取设备报价及详细参数，按定额计算设备及安装工程量。

（3）了解工序，确定套用定额。土地开发整理项目采用《土地开发整理项目预算定额标准》进行预算编制。首先需要了解分部工程的施工工序（分项工程），熟悉定额的工作内容，根据施工工序进行定额套用。例如，田间道路工程的工序一般为路基工程（土石方挖填、碾压、整修等）和路面工程（垫层和面层铺装等）。由于工程施工技术的不断发展，新材料、新技术、新工艺的不断出现，可能出现部分定额的工程内容不满足实际需要的情况，可根据新材料、新技术、新工艺需要的人工、材料、机械，编制补充单价。

（4）编制项目预算表。结合工程量和定额核算，按照分项工程、分部工程、单位工程、单项工程按照由小到大的顺序逐级汇总项目工程施工费。核算其他费用，汇总形成项目总预算（表11-1）。

表11-1 工程施工费预算

| 序号 | 定额编号 | 工程名称 | 单位 | 工程量 | 综合单价 | 合计 |
|---|---|---|---|---|---|---|
| 一 | | 土地整治工程 | | | | |
| （一） | | 田块修筑工程 | | | | |
| 1 | | 梯田修筑 | | | | |
| （1） | | 土方开挖 | 立方米 | | | |
| （2） | | 土方回填 | 立方米 | | | |
| （3） | | 土方运输 | 立方米 | | | |
| （4） | | 田坎修筑 | 立方米 | | | |
| | | ....... | | | | |
| 二 | | 灌溉与排水工程 | | | | |
| （一） | | 输水工程 | | | | |
| 1 | | 斗渠 | | | | |
| （1） | | 土方开挖 | 立方米 | | | |
| （2） | | 土方回填 | 立方米 | | | |
| （3） | | 渠道硬化 | 立方米 | | | |
| | | ....... | | | | |
| 三 | | 田间道路工程 | | | | |
| （一） | | 道路工程 | | | | |
| 1 | | 田间道 | | | | |
| （1） | | 路床碾压 | 平方米 | | | |
| （2） | | 路基垫层 | 平方米 | | | |
| （3） | | 路面硬化 | 平方米 | | | |
| | | ....... | | | | |
| 四 | | 农田防护和生态环境 | | | | |
| （一） | | 农田林网 | | | | |
| 1 | | 道路防护 | | | | |
| （1） | | 栽植乔木 | 平方米 | | | |
| | | ....... | | | | |
| 五 | | 农田输配电工程 | | | | |

| 序号 | 定额编号 | 工程名称 | 单位 | 工程量 | 综合单价 | 合计 |
|------|----------|----------|------|--------|----------|------|
| （一） | | 架空线路 | | | | |
| 1 | | 380伏线路架设 | | | | |
| （1） | | 水泥电杆架设 | 千米 | | | |
| | | …… | | | | |
| 六 | | 田间监测工程 | | | | |
| （一） | | 虫情监测 | | | | |
| 1 | | 病虫害治理 | | | | |
| （1） | | 太阳能杀虫灯 | 台 | | | |
| | | …… | | | | |
| 七 | | 地力提升工程 | | | | |
| （一） | | 土壤改良工程 | | | | |
| 1 | | 施用有机肥 | | | | |
| （1） | | 肥料施用 | 吨 | | | |
| | | …… | | | | |
| 总计 | | | | | | |

（5）编写预算说明。阐述项目概况，预算编制依据，编制方案，计算方案，定额标准及换算关系，主要经济指标分析等；按照施工组织设计，编写年度投资计划。

# 第四节　高标准农田规划设计的典型案例

## 一、来凤县现代农业产业园高标准农田建设项目

### （一）案例背景

项目区位于湖北省西南部的来凤县，涉及来凤县旧司镇的新街村和大河镇的桐子园村共2个行政村，属亚热带大陆性季风湿润型山地气候，是典型的山地地貌，具有夏无酷暑、冬无严寒、温暖湿润、四季分明、雨量充沛、雨热同期特点。项目区整体趋势西高东低、北高南低，局部地形较为复杂，总体地势起伏不大，耕地区域较为平整；山区沟壑纵横，将地块自然切割为若干块。

### （二）规划设计过程解析

1. 现状基础调查

以实测地形图（比例尺不小于1∶2 000）为基础，安排熟悉项目区情况的村民代表带领规划设计人员进行实地踏勘，现场踏勘以水资源利用为主线，调查区域的主要水源及输配水情况，各田块的排灌沟渠现状断面尺寸、建筑物规格等，调查道路建设需求、重点整治田块等。将建设需求确定位置后标注在地图上。

2. 分析现状情况

通过整理基础资料和现状调查情况进行汇总，项目区现状情况总结有以下几点。

（1）耕地质量下降。地力保护力度不够，耕作粗放，水土流失严重。

（2）道路通达性差。田间道路迂回曲折，占地面积大，布局不合理，"断头路"较多，不利于农业运输。

（3）沟渠排水不畅。沟渠以流水冲刷形成的自然沟渠为主，渠线弯曲，加之长期泥沙淤积，堵塞严重，排水不畅，防洪除涝能力弱。

现场调查后整理项目重点建设区域、重点建设需求，组织村民代表参与讨论交流，理清思路，拟定建设内容的主次，便于预算不足或超额时，制定调增或调减工程内容。

3. 规划方案编制

（1）调研内容上图。将调研过程中群众建设需求的项目或工程内容、规模进行上图，形成初步的总体规划，统计建设规模、标准等内容，为决策提供科学依据。

（2）调整规划方案。研究项目区土地利用的方式、耕作类型等，核算配套田间设施建设布局、工程结构是否合理、是否符合实际需要。结合相关规划标准及设计理念优化总体方案。针对方案的规划及调整内容，征求县级农业部门和村组意见建议，通过反馈沟通，确定项目规划方案。

（3）建设方案编制。根据规划方案确定建设工程内容，主要内容包括灌溉与排水工程和田间道路工程。新建排水沟3条总计约973米，采用矩形混凝土结构；修建生产路26条，总计约8 385米，采用水泥硬化路面；新建栈道1条，总计约788米，采用塑木；新建板式人行桥3座。参照相关设计标准、设计规范和地方常用建筑材料、结构形式，完成建设工程的施工图设计，核算项目工程量，按照预算标准进行项目工程造价；按照编制规程编写规划方案文本内容。

## 二、高标准农田整治的未来趋势

随着经济的发展和城市化，高标准农田建设的可持续性将越来越重要，未来将更加注重科技手段和环保措施的应用，从规模化、机械化发展到自动化、智能化，减少对环境的影响，进一步提高产品的安全性。

1. 数字化农田建设

以"一张图"系统、卫星影像成果作为基础数据，结合大数据、区块链、物联网、人工智能、云计算、5G等信息技术，实现田间生产、管理、防控、服务全流程的数字化，精确监测采集农田的土壤肥力、作物生长情况、病虫害发生等环境信息，指导进行精准施肥、用药、智能灌溉等措施，减少对环境的污染，提高农作物的产量和品质，实现自动化、智能化的农业操作，减少人力投入，提高生产效率，也可以降低农田管理的难度和成本；同时通过作物品种资源信息数据库，也可以为农民提供更加便捷的技术服务和市场信息，帮助农民更好地把握市场动态和农业生产趋势。

2. 绿色化农田建设

以实现农田的绿色、健康和高效为目标，在农田建设过程中，注重保护自然生态环境，避免破坏自然植被和土地资源。通过科学合理的规划和管理，采用节水灌溉技术、施用有机肥料等手段，提高水资源的利用效率和农作物的品质与安全性；采用生物防治技术、自然天敌等手段，控制农作物病虫害的发生和危害；设置生态沟渠、人工湿地等手段，净化农田中的污水和改善农田的生态环境；同时注重景观设计，将农田与周围环境相融合，提高农田的美观度和生态价值，实现农田的高效利用、促进农业绿色可持续发展和生态环境保护。

# 第一节　地方政府专项债券简介及申报发行流程

## 一、地方政府专项债券概念及发行情况

### （一）专项债券概念

地方政府专项债券（以下简称专项债券）是指省、自治区、直辖市政府（含经省级政府批准自办债券发行的计划单列市政府）为有一定收益的公益性项目发行的、约定一定期限内以公益性项目对应的政府性基金或专项收入还本付息的政府债券。

地方政府专项债券从资金用途分为新增专项债券和再融资专项债券，属于地方政府债券的范畴。再融资专项债券即"借新还旧"债券，是为偿还到期的专项债券本金而发行的地方政府债券，不能直接用于项目建设。

地方政府债券分为地方政府一般债券和地方政府专项债券，在谋划项目时要注意两者的区别。地方政府一般债券纳入一般公共预算管理，为没有收益的公益性项目发行，主要以一般公共预算收入作为还本付息资金来源的政府债券。

新预算法提出"经国务院批准的省、自治区、直辖市的预算中必需的建设投资的部分资金，可以在国务院确定的限额内，通过发行地方政府债券举借债务的方式筹措。除此规定，地方政府及其所属部门不得以任何方式举借债务。除法律另有规定外，地方政府及其所属部门不得为任何单位和个人的债务以任何方式提供担保"。新预算法实施后，专项债券成为地方政府合法举债的唯一来源，成为开地方政府依法举债"前门"，堵违规举债行为"后门"的重要手段。同时，我国逐步搭建并完善地方债券管理制度体系，推进经济发展过程中公共品的稳定供给，确保国家金融体系的稳定运行。

### （二）专项债券发行情况

2014年8月，《中华人民共和国预算法》（2014年修正）正式发布，赋予了地方政府依法举债的权利，地方政府债券成为地方政府举债融资的唯一合法渠道，同时也明确地

方政府债务的限额管理制度。同年9月，国务院印发《关于加强地方政府性债务管理的意见》（国发〔2014〕43号），文件首次提出地方政府可以发行专项债券，自此专项债券正式登上历史舞台开始发行。

1. 2015—2022年全国债券发行额及新增债券发行额

根据2015—2022年全国债券发行数据（图12-1）和新增债券发行数据（图12-2）可知，我国地方政府债券发行规模逐年扩大，全国债券发行额总体呈现波动上升的趋势，由2015年的38 351亿元发展到2022年的73 676亿元，新增债券发行额则从2015年的5 912亿元成倍增长至2022年的47 566亿元，体现了近些年地方政府债券发行的快速发展。

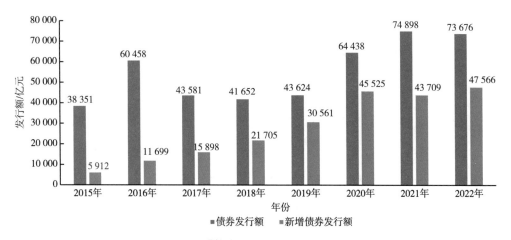

图12-1　2015—2022年全国债券发行额及新增债券发行额（单位：亿元）

图12-2　2015—2022年全国新增债券发行额发行情况（单位：亿元）

从债券的发行种类来看，一般债券在发行额和新增发行额上，显示出了较为平稳的发展趋势。对比之下，专项债券的发行额和新增发行额的增长速度尤为明显，特别是新增专项债券发行额，由2015年的959亿元增长至2022年的40 384亿元。在外部环境多变以及经济下行压力下，专项债券的发行逐渐成为稳投资的重要利器。

2. 2022年各省的债券发行总数和新增债券发行额

2022年全国发行地方政府债券73 676亿元，其中一般债券22 360亿元、专项债券51 316亿元。发行新增债券47 566亿元，其中一般债券7 182亿元、专项债券40 384亿元。根据图12-3数据，从区域分布看，2022年地方政府债券发行主体包括31个省、市、区及新疆生产建设兵团和5个计划单列市，共37个发债主体。经济财政实力居前的广东省、山东省、四川省、江苏省地方政府债券发行规模靠列，发行金额均大于3 500万亿元。大连市、厦门市、宁夏回族自治区、新疆生产建设兵团和西藏自治区发行规模降序排列后5位。

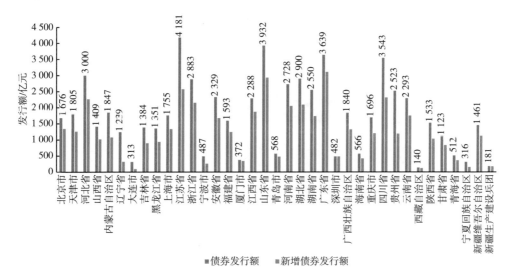

**图12-3　2022年各省（市、区）及新疆生产建设兵团和5个计划单列市债券发行额及新增债券发行额（单位：亿元）**

## 二、专项债务限额和余额

我国地方政府债务实行限额管理，地方政府债务总限额和各地区地方政府债务限额的确定报批程序如图12-4所示。

地方政府债务总限额由国务院根据国家宏观经济形势等因素确定，并报全国人民代表大会批准。年度预算执行中，如出现特殊情况需要调整地方政府债务新增限额，由国务院提请全国人大常委会审批。

各省、自治区、直辖市政府债务限额，由财政部在全国人大或人大常委会批准的总限额内提出方案，报国务院批准后下达各省级财政部门。

省级财政部门依照财政部下达的限额，提出本地区政府债务安排建议，编制预算调整方案，经省级政府报本级人大常委会批准；省级财政部门提出省本级及所属各市县当年政府债务限额，报省级政府批准后下达各市县级政府。市县级政府确需举借债务的，依照经批准的限额提出本地区当年政府债务举借和使用计划，列入预算调整方案，报本级人大常委会批准，报省级政府备案并由省级政府代为举借。

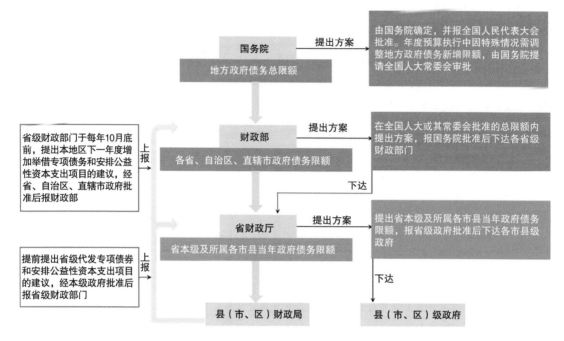

图12-4　地方政府债务总限额和各地区地方政府债务限额的确定报批程序

### （一）新增债务限额分配原则和依据

1. 根据国家宏观经济形势等因素确定总限额

当经济下行压力大、需要实施积极财政政策时，适当扩大当年新增债务限额；当经济形势好转、需要实施稳健财政政策或适度从紧财政政策时，适当削减当年新增债务限额或在上年债务限额基础上合理调减限额。

2. 充分考虑债务风险和财力状况等因素确定各地区新增限额

根据各地区债务风险、财力状况等因素并统筹考虑国家宏观调控政策、中央确定的重大项目支出、各地区建设投资需求等情况进行测算分配。控制高风险地区新增限额规模，避免高风险地区风险累积。

新增限额分配采用因素法测算。各客观因素数据源于统计年鉴、地方财政预决算及相关部门提供的资料。新增限额分配用公式表示为：

某地区新增限额=（该地区财力×系数1+该地区重大项目支出×系数2）×该地区债务风险系数×波动系数+债务管理绩效因素调整+地方申请因素调整

系数1和系数2根据各地区财力、重大项目支出以及当年全国新增地方政府债务限额规模计算确定。用公式表示为：

系数1=（某年新增限额-某年新增限额中用于支持重大项目支出额度）/

（$\sum$i各地政府财力）；i=省、自治区、直辖市、计划单列市

某地区政府财力=某地区一般公共预算财力+某地区政府性基金预算财力

系数2=（某年新增债务限额中用于支持重大项目支出额度）÷
（∑i各地重大项目支出额度）；i=省、自治区、直辖市、计划单列市

注：上述公示所表示的地区财力分别为一般公共预算财力和政府性基金预算财力，按照政府收支分类科目分项测算，部分收入项目结合每年政府收支分类科目变动进行适当调整。公式表示为：

某地区一般公共预算财力=本级一般公共预算收入+
中央一般公共预算补助收入-地方一般公共预算上解

某地区政府性基金预算财力=本级政府性基金预算收入+
中央政府性基金预算补助收入-地方政府性基金预算上解

3.坚持"资金跟着项目走"

在各地区新增限额确定时，为合理反映各地区公益性项目建设融资需求，各地区的新增限额不应超过本地区申请额。重点支持有一定收益的基础设施和公共服务等重大项目以及国家重大战略项目。严格落实专项债券负面清单管理，明确专项债券资金不得支持楼堂馆所、形象工程和政绩工程、非公益性资本项目支出。目前，已经制定下发全国和高风险地区两类负面清单，明确专项债不得用于负面清单所列的投向领域项目。

4.充分体现"正向激励"原则

对财政实力强、举债空间大、债务风险低、债务管理绩效好的地区多安排，财政实力弱、举债空间小、债务风险高、债务管理绩效差的地区少安排或不安排。

### （二）全国专项债务限额和余额分析

1.2015—2022年全国专项债务限额及余额

根据2015—2022年全国专项债务限额余额情况表（表12-1）可知，专项债务限额呈稳步增长趋势，从2015年的60 802亿元逐步扩大到2022年的218 185亿元，其中，新增专项债务限额从2015年的1 000亿元成倍扩大到2022年的38 000亿元。整体来看，为了适应经济发展需要，扩大投资力度，新增专项债务限额不断在增加，专项债务余额也随之逐年扩大。

表12-1 2015—2022年全国专项债务限额余额情况（单位：亿元）

| 指标名称 | 2022年 | 2021年 | 2020年 | 2019年 | 2018年 | 2017年 | 2016年 | 2015年 |
|---|---|---|---|---|---|---|---|---|
| 专项债务限额 | 218 185 | 181 685 | 145 185 | 107 685 | 86 185 | 72 696 | 64 716 | 60 802 |
| 新增专项债务限额 | 38 000 | 36 500 | 37 500 | 21 500 | 13 500 | 8 000 | 4 000 | 1 000 |
| 专项债务余额 | 206 722 | 166 994 | 129 217 | 94 427 | 74 134 | 61 468 | 55 245 | 54 949 |
| 专项债券余额 | 206 504 | 166 775 | 128 927 | 94 046 | 72 615 | 54 824 | 34 862 | 9 744 |

数据来源：中国地方政府债券信息公开平台，财政部。

### （三）新增债务限额的提前下达

当前，我国经济面临新的下行压力，要求财政政策发力适当靠前。为了尽早发挥对有效投资的拉动作用，加快专项债券发行和使用进度，在2018年12月，全国人民代表大会常务委员会授权国务院提前下达部分新增地方政府债务限额，授权国务院在2019年以后年度，在当年新增地方政府债务限额的60%以内，提前下达下一年度新增地方政府债务限额（包括一般债务限额和专项债务限额）（表12-2）；授权期限为2019年1月1日至2022年12月31日。

表12-2　2019—2023年新增债务限额提前批下达情况（单位：亿元）

| 提前批对应年份 | 下达时间 | 一般债下达额度 | 占比 | 专项债下达额度 | 占比 | 合计债务下达额度 |
|---|---|---|---|---|---|---|
| 2019年 | 2018年12月 | 5 800 | 42% | 8 100 | 58% | 13 900 |
| 2020年 | 2019年11月 | 0 | 19.5% | 10 000 | 80.5% | 28 480 |
| | 2020年2月 | 5 580 | | 2 900 | | |
| | 2020年4月 | 0 | | 10 000 | | |
| 2021年 | 2021年3月 | 5 880 | 25% | 17 700 | 75% | 23 580 |
| 2022年 | 2021年12月 | 3 280 | 18% | 14 600 | 82% | 17 880 |
| 2023年 | 2022年11月 | 4 300 | 16% | 21 900 | 84% | 26 200 |

数据来源：财政部。

从下达时点来看，根据2019—2023年新增债务限额提前批下达情况表，用于项目建设的新增债务限额的下达时点大多集中在前一年的11—12月。2020年的第一批额度于2019年11月下达第一轮，而后由于疫情暴发，为有效防控疫情的同时有力推动复工复产，又增加两轮新增债务限额提前下达。同时也导致2020年财政结存资金和存量项目较为丰富，2021年新增债券额度提前批直至3月初才下达。

从规模来看，根据2019—2023年提前下达地方政府债务限额构成（图12-5），提前下

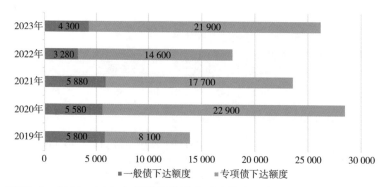

图12-5　2019—2023年提前下达地方政府债务限额构成（单位：亿元）

达地方政府债务限额整体呈波动上升趋势，由2019年的13 900亿元上升到2023年的26 200亿元，其中一般债下达额度呈下降趋势，占比越来越低，而专项债下达额度逐年攀升，由2019年的8 100亿元，占比58.27%，增长至2023年的21 900亿元，占比高达83.59%。可见在当前阶段，政府债券特别是专项债券，是拉动投资的有效工具之一，地方政府对于发行债券呈现一种积极的状态。

### 三、专项债券的申报发行流程

专项债券的申报发行流程大致可以分为准备与发行两个阶段：

**（一）项目储备**

各地、各部门首先确定国家宏观政策、部门和行业发展规划中需要债券资金支持，且满足债券发行条件与要求的具体项目，准备好项目批复、可行性研究报告等相关支撑材料，在专项债系统中分年度录入债券需求，形成储备项目库中的项目。

各级财政部门结合中期财政规划、预算安排、债务限额、债务风险、地方财力承受可能等因素对各单位填报的项目开展分年度筛选审核与排序，及时剔除不符合规定的项目，并根据项目实现融资与收益平衡的时限提出发行期限建议，在债券资金需求集中申报时按需上报。

2023年专项债申报要求，新开工项目必须完成可研审批或核准（备案）手续且2023年能够开工建设，满足项目收益和风险管理要求。

**（二）债券发行**

在储备项目库经过筛选后，进入待发行库，标志着进入债券发行准备环节。储备库中项目按照当年政策重点支持方向、债务限额等要求，开展自下而上筛选，最终入选项目纳入当年财政预算及债券资金安排，并经人大审议批准。项目单位应及时引入第三方机构开展评估，出具项目收益专项债券的项目实施方案、财务评估报告、法律意见书等相关材料，还应编制相应债券还款计划、债券或项目管理办法等。债券前期准备完成后，根据发行窗口时期，由省财政厅统一安排发行。

具体流程如下（图12-6）：

1. 项目发起

由项目主管部门或实施机构以项目建议书的形式向主管部门提交需申请专项债的项目。（最开始是作为储备项目，由财政先进行一轮筛选）

2. 项目准备

立项文件、可行性研究报告、一案两书等资料准备好之后，由主管部门会同实施机构进行项目报送，即按要求在省级政府债券管理平台系统中录入省级政府债券管理平台系统。

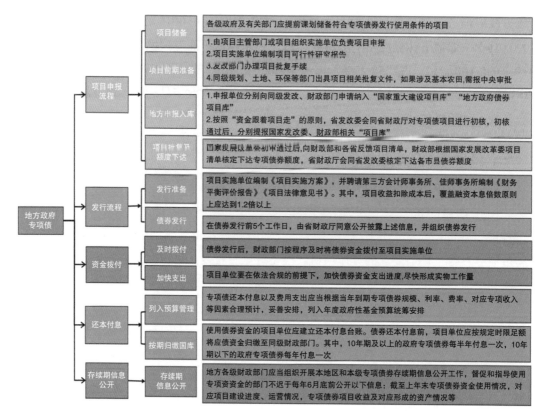

**图12-6 地方政府专项债券的申报发行流程**

3.项目审核

先由各级主管部门对上报的项目进行初审，再由财政厅组织专家组进行专家评审。

4.项目入库

项目库分为储备库、需求库、发行库、续发库四个子库。①通过初审的项目纳入储备库管理；②通过专家审核通过的项目，从储备库转入发行库，作为发行项目专项债券的备选项目；③在上级核定新增专项债务限额内，地方政府结合项目轻重缓急等因素从发行库选取项目转入执行库；④若有续发项目则转入续发库。

5.债券发行

在已制定的各省市的专项债额度之下，由财政厅提出全年度项目专项债券发行方案（或计划）。由各级省财政部门按发行计划，请债券发行机构，安排发行专项债，专项债发行后，各级财政部门应按要求主动披露项目专项债券相关信息，包括发行信息、发行结果、付息信息、兑付信息、定期信息、重大事项信息等。

## 四、专项债券支持投向领域和负面清单

### （一）支持投向领域

地方政府专项债券项目的谋划和发行跟政策变化息息相关，国家层面根据宏观的经济

政策和社会发展需要，确定当年专项债券项目支持投向的领域。从2015年开始，主要经历了两大阶段，第一个阶段为2015—2018年，以土地储备、棚改和收费公路为主；第二个阶段为2019年至今，多个领域的专项债券开始丰富且额度快速扩大，支持投向逐渐演变为十大领域，具体变化如图12-7所示。

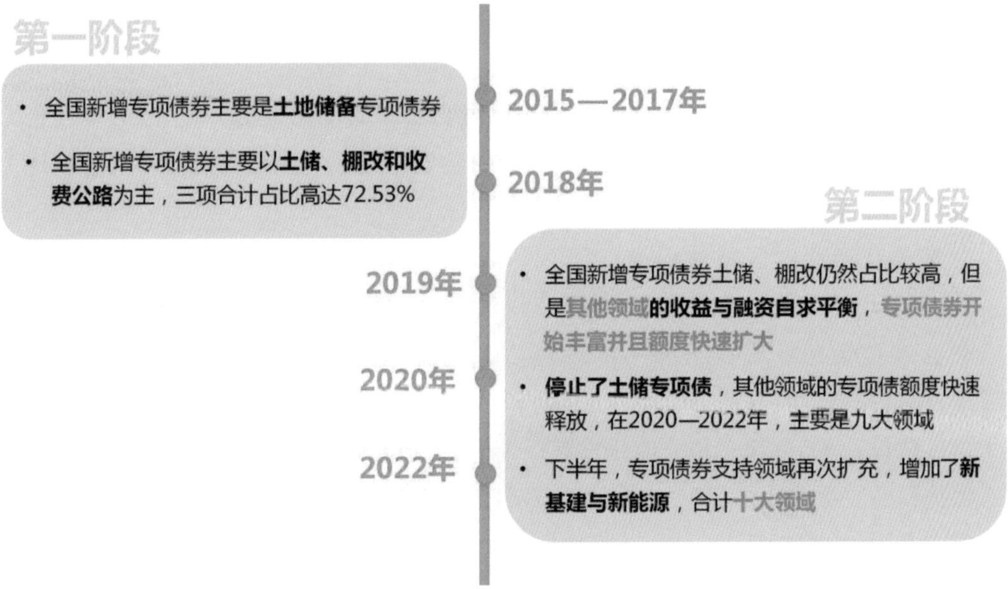

图12-7　地方政府专项债券项目支持投向领域

2022年5月，《国务院关于印发扎实稳住经济一揽子政策措施的通知》（国发〔2022〕12号）文件提出加快地方政府专项债券发行使用并扩大支持范围，明确"在前期确定的交通基础设施、能源、保障性安居工程等九大领域基础上，适当扩大专项债券支持领域，优先考虑将新型基础设施、新能源项目等纳入支持范围"。国家发展改革委公布的《地方政府专项债券投向领域（2022年修订版）》，将"新能源"领域合并到"能源"领域，专项债投向领域调整为十大领域，具体如下。

1. 交通基础设施

（1）铁路；（2）收费公路；（3）民用机场（不含通用机场）；（4）水运；（5）城市轨道交通；（6）城市停车场；（7）综合交通枢纽。

2. 能源

（1）天然气管网和储气设施；（2）煤炭储备设施；（3）城乡电网（农村电网改造升级、城市配电网、边远地区商网型能源微电网）；（4）大型风电基地、大型光伏基地、抽水蓄能电站等绿色低碳能源基地（含深远海风电及其送出工程），村镇可再生能源供热；（5）新能源汽车充电桩；（6）公共区域充换电基础设施。

3. 农田水利

（1）农业；（2）水利；（3）林草业。

4. 生态环保

城镇污水垃圾收集处理。

5. 社会事业

（1）卫生健康（含应急医疗救治设施、公共卫生设施）；（2）教育（学前教育和职业教育）；（3）养老托育；（4）文化旅游；（5）其他社会事业。

6. 城乡冷链等物流基础设施

（1）城乡冷链物流设施（含国家物流枢纽、农产品批发市场）；（2）粮食仓储物流设施；（3）应急物资仓储物流设施（含应急物资中转站、生活物资城郊大仓基地）；（4）农产品批发市场。

7. 市政和产业园区基础设施

（1）市政基础设施（供排水、供热、供气、地下管廊）；（2）产业园区基础设施。

8. 国家重大战略项目

（1）京津冀协同发展；（2）长江经济带发展；（3）"一带一路"建设；（4）粤港澳大湾区建设；（5）长三角一体化发展；（6）推进海南深化改革开放；（7）黄河流域生态保护和高质量发展；（8）成渝地区双城经济圈。

9. 保障性安居工程

（1）城镇老旧小区改造；（2）保障性租赁住房；（3）棚户区改造。主要支持在建收尾项目，适度支持新开工项目；（4）公共租赁住房。

10. 新型基础设施

（1）市政、公共服务等民生领域信息化；（2）云计算、数据中心、人工智能基础设施（主要支持国家算力枢纽节点和国家数据中心集群）；（3）轨道交通、机场、高速公路等传统基础设施智能化改造；（4）国家级、省级公共技术服务和数据化转型平台。

**（二）禁止类项目清单**

地方政府专项债券资金投向领域禁止类项目清单分为全国通用禁止类项目和高风险地区禁止类项目，具体如下。

1. 全国通用禁止类项目

（1）楼堂馆所。含党政机关办公用房、技术用房，党校行政学院，干部培训中心，行政会议中心，干部职工疗养院，其他各类楼堂馆所。

（2）形象工程和政绩工程。含城市大型雕塑、景观提升工程、街区亮化工程、园林绿化工程、文化庆典和主题论坛场地设施、其他各类形象工程和政绩工程。

（3）房地产等项目。含房地产开发，一般性企业生产线或生产设备，用于租赁住房建设以外的土地储备，主题公园等商业设施。

2. 高风险地区禁止类项目

（1）交通基础设施。城市轨道交通。

（2）社会事业。除卫生健康（含应急医疗救治设施、公共卫生设施）、教育（学前教育和职业教育）、养老以外的其他社会事业项目。

（3）市政基础设施。除供水、供热、供气以外的其他市政基础设施项目。

（4）棚户区改造。棚户区改造新开工项目。

（5）新型基础设施。除公共服务信息化以外的其他新型基础设施项目。

**（三）资金使用和管理**

截至2023年6月，对目前中央出台的专项债券相关文件中规定的进行了梳理，形成了专项债券资金使用和管理的负面清单。

（1）不得以支持公益性事业发展名义举借债务用于经常性支出或楼堂馆所建设，不得挪用债务资金或改变既定资金用途。出自《国务院关于加强地方政府性债务管理的意见》（国发〔2014〕43号）。

（2）专项债务收入应当用于公益性资本支出，不得用于经常性支出。专项债务应当有偿还计划和稳定的偿还资金来源。专项债务本金通过对应的政府性基金收入、专项收入、发行专项债券等偿还。专项债务利息通过对应的政府性基金收入、专项收入偿还，不得通过发行专项债券偿还。出自财政部关于印发《地方政府专项债务预算管理办法》的通知（财预〔2016〕155号）。

（3）不得采取定期存款、购买理财产品等方式存放债券资金。出自《财政部关于进一步加强财政部门和预算单位资金存放管理的指导意见》（财库〔2017〕76号）。

（4）专项债券对应的项目取得的政府性基金或专项收入，应当按照该项目对应的专项债券余额统筹安排资金，专门用于偿还到期债券本金，不得通过其他项目对应的项目收益偿还到期债券本金。出自《关于试点发展项目收益与融资自求平衡的地方政府专项债券品种的通知》（财预〔2017〕89号）。

（5）专项债券利息必须通过地方政府性基金收入和专项收入支付，禁止借债付息，避免债务"滚雪球"式膨胀。出自《财政部关于支持做好地方政府专项债券发行使用管理工作的通知》（财预〔2018〕161号）。

（6）严禁将债券资金滞留国库或沉淀在部门单位，同时严禁"一拨了之""以拨作支"。出自《财政部关于2020年1—6月新增专项债券发行和资金使用情况的通报》（财预〔2020〕87号）。

（7）严禁将新增专项债券资金用于置换存量债务，绝不允许搞形象工程、面子工程。新增专项债券资金依法不得用于经常性支出，严禁用于发放工资、单位运行经费、发放养老金、支付利息等，严禁用于商业化运作的产业项目、企业补贴等。出自《财政部关于加快地方政府专项债券发行使用有关工作的通知》（财预〔2020〕94号）。

（8）专项债券资金使用，坚持以不调整为常态、调整为例外。专项债券一经发行，应当严格按照发行信息公开文件约定的项目用途使用债券资金，各地确因特殊情况需要调整的，应当严格履行规定程序，严禁擅自随意调整专项债券用途，严禁先挪用、后调整等行为。出自《关于印发地方政府专项债券用途调整操作指引的通知》（财预〔2021〕110号）。

（9）专项债券资金要围绕党中央、国务院确定的重点领域加大支持，坚决不"撒胡椒面"。不安排用于租赁房屋以外的土储项目，不安排一般房地产项目，不安排产业项目。不得盲目举债铺摊子，新增债券资金不得用于偿还债务，不得用于经常性支出，严禁将专项债券资金用于楼堂馆所、形象工程和不必要的亮化美化工程等。债券资金不得用于回购已竣工或拖欠工程款的项目。出自《财政部关于提前下达2022年新增债务限额和下达2021年剩余新增债务限额的通知》（财预〔2021〕177号）。

（10）新增债券资金不得用于偿还债务（《财政部关于提前下达2022年新增债务限额和下达2021年剩余新增债务限额的通知》财预〔2021〕177号）。不得使用债券资金偿还隐性债务。出自《财政部办公厅关于指导督促地方做好2021年地方政府专项债券资金使用管理情况核查整改工作的通知》（财办预监〔2022〕55号）。

（11）不得违规用作项目资本金。专项债券资金可用于资本金的领域：铁路、收费公路、干线和东部地区支线机场、内河航电枢纽和港口、城市停车场、天然气管网和储气设施、城乡电网、水利、城镇污水垃圾收集处理、供排水、新能源项目、煤炭储备设施、国家级产业园区基础设施13个领域。出自《财政部关于支持各地用足用好地方政府专项债务限额的通知》（财预〔2022〕120号。

"专项债用作资本金"源于2019年6月，为加大专项债对重点领域和薄弱环节的支持力度，中共中央办公厅、国务院办公厅印发了《关于做好地方政府专项债券发行及项目配套融资工作的通知》（厅字〔2019〕33号）文件提出，允许将部分专项债券作为一定比例的资本金，前提是符合条件的重大项目。

（12）按照当年土地收入用于农业农村的资金占比达到10%以上计提，严禁以已有明确用途的土地出让收入作为偿债资金来源发行地方政府专项债券。出自《中共中央办公厅 国务院办公厅关于调整完善土地出让使用范围优先支持乡村振兴的意见》。

# 第二节  农业农村领域专项债券项目谋划

## 一、农业农村领域专项债政策

近年来，国家对于"三农"的投入力度越来越大，特别是在乡村振兴战略和农业强国战略背景下，坚持农业农村优先发展，补齐"四化同步"中农业的发展短板成了重中之重。为此国家出台了系列支持政策，提出创新政府投资支持方式，加快建立多元化的农业农村投入机制，多个政策文件提到支持发行地方政府债券来推动项目建设，涉及的具体支持方向有农村供水、污水垃圾处理设施建设、高标准农田、农产品仓储保鲜冷链物流等现代农业设施、农村人居环境整治、符合条件的乡村公益性项目等类型。

（1）《国务院办公厅关于创新农村基础设施投融资体制机制的指导意见》（国办发〔2017〕17号）提出创新政府投资支持方式，允许地方政府发行一般债券支持农村道路建设，发行专项债券支持农村供水、污水垃圾处理设施建设，探索发行县级农村基础设施建设项目集合债。

（2）《国务院关于促进乡村产业振兴的指导意见》（国发〔2019〕12号）提出创新乡村金融服务，支持地方政府发行一般债券用于支持乡村振兴领域的纯公益性项目建设。鼓励地方政府发行项目融资和收益自平衡的专项债券，支持符合条件、有一定收益的乡村公益性项目建设。

（3）《国务院办公厅关于切实加强高标准农田建设提升国家粮食安全保障能力的意见》（国办发〔2019〕50号）提出创新投融资模式，鼓励地方政府在债务限额内发行债券支持符合条件的高标准农田建设。有条件的地方在债券发行完成前，对预算已安排债券资金的项目可先行调度库款开展建设，债券发行后及时归垫。各地要将省域内高标准农田建设新增耕地指标调剂收益优先用于农田建设再投入和债券偿还、贴息等。

（4）中央农办等7部委《关于扩大农业农村有效投资加快补上"三农"领域突出短板的意见》（中农发〔2020〕10号）提出多渠道加大农业农村投资力度，地方政府应通过一般债券用于支持符合条件的乡村振兴项目建设。各地区要通过地方政府专项债券增加用于农业农村的投入，加大对农业农村基础设施等重大项目的支持力度，重点支持符合专项债券发行使用条件的高标准农田、农产品仓储保鲜冷链物流等现代农业设施、农村人居环境整治、乡镇污水治理等领域政府投资项目建设。地方可按规定将抗疫特别国债资金用于有一定收益保障的农林水利等基础设施建设项目。

（5）农业农村部计划财务司《2020年农业农村部计划财务司工作要点》指出创新投融资模式，引导金融和社会资本投资农业农村。争取在地方政府一般债安排一定规模资金用于乡村振兴；推动地方政府加大专项债用于乡村振兴规模，按照突出重点、试点先行、点上突破、面上推动的方式，统筹用好城乡建设用地增减挂和新增耕地占补平衡指标调剂收益等政策，推广四川省农村综合整治专项债、江西省高标准农田专项债经验模式，扩大专项债用于高标准农田、宅基地整理、村庄整治、农产品冷链物流等方面的规模。

（6）《农业农村部办公厅关于进一步加强农产品仓储保鲜冷链设施建设工作的通知》（农办市〔2020〕8号）指出要主动争取地方政府专项债。各地要按照资金跟着项目走的原则，充分利用好地方政府专项债政策工具，支持加快农产品仓储保鲜冷链设施建设。省级农业农村部门要加强与发展改革、财政等部门的沟通，积极谋划能够实现融资收益自平衡的项目，增加地方政府专项债投入，支持农产品仓储保鲜冷链设施建设，积极协调金融机构为地方政府专项债支持的建设主体提供配套信贷支持。创新农产品仓储保鲜冷链设施地方政府专项债的投入方式，统筹使用专项债与财政资金，加快建立完善农产品仓储保鲜冷链物流体系。

（7）《中共中央　国务院关于全面推进乡村振兴加快农业农村现代化的意见》（2021年）提出强化农业农村优先发展投入保障，支持地方政府发行一般债券和专项债券用于现代农业设施建设和乡村建设行动，制定出台操作指引，做好高质量项目储备工作。

（8）《关于加快农业全产业链培育发展的指导意见》（农产发〔2021〕2号）提出畅通资金链。建立农业全产业链项目库，统筹利用财政涉农资金、地方专项债券等资金渠道，发挥社会资本投资作用，加大对农业全产业链优质品种、专用农资和基地建设的支持。

（9）《农业农村部　财政部　国家发展改革委关于开展2022年农业现代化示范区创建工作的通知》（农规发〔2022〕17号）提出用好土地出让收益、政府专项债等资金，加大示范区创建支持力度。

（10）《中共中央　国务院关于做好2023年全面推进乡村振兴重点工作的意见》（2023年1月2日）提出健全乡村振兴多元投入机制。将符合条件的乡村振兴项目纳入地方政府债券支持范围。

## 二、项目谋划和包装的要点

在涉农项目谋划和包装地方政府专项债券项目时要注意以下几点。

1. 项目需符合专项债的支持投向领域

项目需符合政策导向和地方政府专项债的支持投向领域。此外，项目还应该符合财政部和国家发展改革委联合发布的《地方政府专项债券投向领域禁止类项目清单》，严禁将专项债券用于各类楼堂馆所、形象工程、政绩工程以及各类非公益性资本支出项目。

2. 项目需符合相关政策法规和发展规划

谋划的项目需符合国、省、市、县等相关政策要求，符合当地的经济社会发展规划、专项建设规划、产业发展规划等。一般情况下，重大项目在相关规划中有明确的建设思路，为项目谋划提供了非常重要的前提和依据。要立足地方的主导产业谋划项目，充分调研分析产业发展的现状、问题和瓶颈，结合产业发展战略目标和发展定位，谋划补齐产业发展短板，推进特色产业高质量发展。立足市场需求进行项目谋划，结合实际发展需要来合理确定项目规模。

3. 项目谋划要体现公益性

随着乡村振兴战略的实施，在农业农村领域常见的专项债券包括现代农业产业园、高标准农田、农产品仓储保鲜冷链物流、全域国土综合整治、农村人居环境整治、乡镇污水处理、智慧农业等多种类型。项目涉及面广，在项目谋划时要特别注意区别产业项目，所选项目要具备一定公益性。

4. 执行项目资本金比例要求

项目资本金是指在建设项目总投资中，由投资者认缴的出资额，对于建设项目来说是非债务性资金。国家根据经济发展形势和宏观调控需要，适时调整固定资产投资项目最低资本金比例。在谋划专项债券项目时要注意，除申请可以将专项债作资本金的项目外，其他申请专项债项目配备的资本金应不低于各行业固定资产投资项目的最低资本金比例要求。一般来说，农业项目资本金执行比例为20%。

2023年专项债券可用于项目资本金的投向领域有13个，分别是铁路、收费公路、干线和东部地区支线机场、内河航电枢纽和港口、城市停车场、天然气管网和储气设施、煤炭储备设施、城乡电网、新能源项目（包括大型风电光伏基地、抽水蓄能电站、村镇可再生能源供热、新能源汽车充电桩）、水利、城镇污水垃圾处理、供排水、国家级产业园区基础设施。

依据国务院《关于调整和完善固定资产投资项目资本金制度的通知》（国发〔2015〕51号），各行业固定资产投资项目的最低资本金比例要求如下。

（1）城市和交通基础设施项目。城市轨道交通项目由25%调整为20%，港口、沿海及内河航运、机场项目由30%调整为25%，铁路、公路项目由25%调整为20%。

（2）房地产开发项目。保障性住房和普通商品住房项目维持20%不变，其他项目由30%调整为25%。

（3）产能过剩行业项目。钢铁、电解铝项目维持40%不变，水泥项目维持35%不变，煤炭、电石、铁合金、烧碱、焦炭、黄磷、多晶硅项目维持30%不变。

（4）其他工业项目。玉米深加工项目由30%调整为20%，化肥（钾肥除外）项目维持25%不变。

（5）电力等其他项目维持20%不变。

（6）城市地下综合管廊、城市停车场项目，以及经国务院批准的核电站等重大建设项目，可以在规定最低资本金比例基础上适当降低。

5. 合理确定项目发行年限

依据财政部《关于进一步做好地方政府债券发行工作的意见》（财库〔2020〕36号），地方债期限为1年、2年、3年、5年、7年、10年、15年、20年、30年，共计9种。专项债券的期限原则上与项目期限应相匹配，可结合项目建设运营、偿债能力和债券市场状况等合理确定，降低期限错配风险，防止资金闲置。

6. 结合项目收益包装项目

专项债券发行要求项目是具备一定收益的公益性项目，且还债资金来源为项目对应的政府性基金或专项收入。因此，在项目储备阶段要充分挖掘项目收益，测算项目收益使其能覆盖债券本息的1.2倍以上，以满足债券发行要求。

结合政策导向和多地项目评审细则可以看出，项目能否实现融资收益自平衡成为专项债能否申报和发行成功的关键。但是针对项目收益低的项目，可以通过多个项目打包或者延长发债期限、降低发债额度来确保收益覆盖倍数满足审核要求。在进行项目组合打包时，要注意项目之间的关联度，保证项目在行业领域或者地域上存在实质关联，避免非关联项目强行打包。

# 第三节　项目可行性研究报告编制

## 一、投资项目可行性研究报告的大纲及核心内容

可行性研究是投资项目决策阶段的基础性工作，是投资决策的重要依据。20世纪80年代初，我国探索引入可行性研究制度。1983年，国家计委发布《关于建设项目进行可行性研究的试行管理办法》，明确可行性研究是建设前期工作的重要内容，是基本建设程序的组成部分，标志着可行性研究制度在我国的正式确立。2002年，国家计委印发《投资项目可行性研究指南（试用版）》，作为国家层面上用以指导全国投资项目可行性研究工作的规范性文本。但随着我国经济社会发展形势的变化，投资法规政策制度的持续完善，投融资体制改革的不断深化，《投资项目可行性研究指南（试用版）》有关内容已难以适应我国投资管理的实践需要。在新的历史时期，为适应经济高质量发展的投资决策需要，进一步提升我国投资项目前期工作质量和水平，国家发展改革委印发了《关于投资项目可行性研究报告编写大纲及说明的通知》（发改投资规〔2023〕304号）。

### （一）可行性研究报告通用大纲

可行性研究作为投资决策的核心环节，需要深入把握项目可行性研究的重点，注重防控项目决策、建设、运营风险，提高投资综合效益，推动投资项目转化为有效投资，助力经济社会健康可持续发展。

政府投资项目可行性研究报告原则上应按照《政府投资项目可行性研究报告编写通用大纲（2023年版）》（以下简称为"通用大纲"）进行编写，并作为各级政府及有关部门审批政府投资项目的基本依据，《通用大纲》的具体内容如下。

| 一、概述 | 二、项目建设背景和必要性 |
| --- | --- |
| （一）项目概况 | （一）项目建设背景 |
| （二）项目单位概况 | （二）规划政策符合性 |
| （三）编制依据 | （三）项目建设必要性 |
| （四）主要结论和建议 | |

三、项目需求分析与产出方案

（一）需求分析

（二）建设内容和规模

（三）项目产出方案

四、项目选址与要素保障

（一）项目选址或选线

（二）项目建设条件

（三）要素保障分析

五、项目建设方案

（一）技术方案

（二）设备方案

（三）工程方案

（四）用地用海征收补偿（安置）方案

（五）数字化方案

（六）建设管理方案

六、项目运营方案

（一）运营模式选择

（二）运营组织方案

（三）安全保障方案

（四）绩效管理方案

七、项目投融资与财务方案

（一）投资估算

（二）盈利能力分析

（三）融资方案

（四）债务清偿能力分析

（五）财务可持续性分析

八、项目影响效果分析

（一）经济影响分析

（二）社会影响分析

（三）生态环境影响分析

（四）资源和能源利用效果分析

（五）碳达峰碳中和分析

九、项目风险管控方案

（一）风险识别与评价

（二）风险管控方案

（三）风险应急预案

十、研究结论及建议

（一）主要研究结论

（二）问题与建议

十一、附表、附图和附件

### （二）可行性研究报告编制的核心内容

围绕投资项目建设必要性、方案可行性及风险可控性三大目标开展系统、专业、深入论证，重点把握"七个维度"的研究内容（表12-3）。其中，项目建设必要性应从需求可靠性维度研究得出结论，项目方案可行性应从要素保障性、工程可行性、运营有效性、财务合理性和影响可持续性等五个维度进行研究论证，项目风险可控性应通过各类风险管控方案维度研究得出结论。

表12-3 "三大目标，七个维度"具体内涵

| 三大目标 | 七个维度 | 具体内涵 |
| --- | --- | --- |
| 项目建设必要性 | 需求可靠性 | 从项目需求充分性，与产业政策契合性，与共同富裕、乡村振兴、科技创新、碳达峰、碳中和、国家安全、基本公共服务保障等重大目标符合性分析项目建设必要性 |

（续表）

| 三大目标 | 七个维度 | 具体内涵 |
|---|---|---|
| 项目方案可行性 | 要素保障性 | 从建设条件、土地要素、资源要素、保障指标等方面进行详细论证 |
| | 工程可行性 | 工程技术方案是否可行；设备供应的可行性，如果关键技术源于国外进口，需要关注可能存在的"卡脖子"技术风险，综合判断工程可行性 |
| | 运营有效性 | 从项目运营模式、运营组织、安全管理和应急预案、运营管理等，评价项目实现可持续运营，研究投资项目的运营有效性，实现项目稳定有效运营 |
| | 财务合理性 | 分析项目全周期现金流量情况，研究项目融资方案，分析盈利能力、债务偿还能力、财政承受能力及财务可持续性进行系统性研究，评价项目的可融资性及财务方案的可行性，判断拟建项目的财务合理性 |
| | 影响持续性 | 分析拟建项目对经济增长、社会发展、生态环保、资源利用等方面的影响效果，评价拟建项目的社会发展、就业增收、减贫解困、生态环境、"双碳"目标、资源配置、经济影响等效果，评价投资项目的影响持续性 |
| 项目风险可控性 | 风险管控方案 | 从项目全生命周期风险角度，分析项目市场风险、资源风险、技术风险、工程风险、资金风险、政策风险、社会风险及运营风险等，分析风险发生的可能性及其危害程度，提出规避风险的对策措施及应急预案，为评估项目风险可控性提供依据 |

## 二、专项债券项目可行性研究报告的编制要点

投资项目可行性研究报告编写大纲是对项目可行性研究报告编写内容和深度的一般要求。结合专项债券项目的申报发行要求，在编写发行债券项目的可行性研究报告时，应结合实际需求进行相关内容的补充和说明。主要有两大章节需要注意：一是项目建设背景和必要性论述中应该明确建设项目符合专项债券项目的投向领域，且项目具有一定公益性；二是项目投融资与财务方案中，应当明确项目资金使用方向，区分自有资金和专项债券资金的使用，避免债券资金的负面使用清单。要合理确定专项债券使用利息，测算项目的偿债能力，确保本息覆盖倍数大于1.2，同时在项目收入测算时，出于谨慎性原则，要分析收入依据的可靠性，细化每一项收入的明细。

### （一）项目建设背景和必要性

在项目建设背景必要性章节中，应该简述项目提出的背景、前期工作进展等情况，说明项目投资管理手续办理情况，如建设项目用地预审与选址意见书、环境影响评价等行政审批手续。其次论述项目政策和规划的符合性，明确建设项目符合专项债券资金的投向领域，从乡村振兴、共同富裕、基本公共服务保障等政策目标层面进行分析，研究提出项目建设与政策相关的"十四五"发展规划和专项规划要求的一致性。最后从宏观、中观和微观层面展开分析，研究项目建设的理由和依据。通过对项目的产出品、投入品或服务的社

会容量、供应结构和数量等进行分析，论述建设项目满足发行专项债券的公益性体现。

**（二）项目投融资与财务方案**

项目投融资与财务方案是在明确项目产出方案、建设方案和运营方案的基础上，研究项目投资需求和融资方案，计算有关财务评价指标，评价项目盈利能力、偿债能力和财务持续能力，据以判断拟建项目的财务合理性，为项目投资决策、融资决策和财务管理提供依据。

可行性研究阶段对项目"投资估算"的准确度要求在10%以内，发行专项债券项目的投资估算应依据国家颁布的投资估算编制办法和指标进行编制。项目融资方案中明确自有资金和专项债券资金的占比，避免债券资金的负面使用清单，合理确定专项债券的发行年限和债券资金使用的测算利息。项目盈利能力分析的重点是现金流分析，通过相关财务报表计算财务内部收益率、财务净现值等指标，判断投资项目盈利能力。在项目收入和成本测算时，出于谨慎性原则，要分析收入和成本依据的可靠性，细化每一笔收入和成本的明细。项目债务清偿能力分析是论证项目计算期内是否有足够的现金流量，按照债务偿还期限、还本付息方式偿还项目的债务资金，从而判断项目支付利息、偿还到期债务的能力。发行专项债券的项目，偿债能力分析中本息覆盖倍数要求大于1.2。项目财务可持续性分析是根据财务计划现金流量表，综合考察项目计算期内各年度的投资活动、融资活动和经营活动所产生的各项现金流入和流出，计算净现金流量和累计盈余资金，判断项目是否有足够的净现金流量维持项目的正常运营。

**（三）涉农项目专项债券案例**

项目名称：安陆市万亩蓝莓全产业链助力乡村振兴一期建设项目

项目实施单位：安陆损府文化旅游投资发展有限公司

项目建设地点：安陆市赵棚镇团山村、接官乡

1. 项目背景

2017年，安陆市以赵棚镇为核心，以蓝莓、三水梨等健康水果为主导产业谋划了安陆市现代农业健康水果产业园（项目区赵棚镇是产业园核心区），成功入选湖北省现代农业产业园创建名录，2019年监测合格。在打造农业产业全产业链发展政策背景下，安陆市发挥特色优势，提出3（蛋品、生猪、香米3大农业特色产业）+6（白花菜、银杏、南乡萝卜、蓝莓、食用菌、吉阳山大蒜6个农业特色产品）产业链进行重点打造，做强"实力产业"。蓝莓作为安陆市高端健康水果重点产品迎来了发展机遇，由市级领导担任"链长"，制定了实施方案、明确产业布局、发展规模、主攻方向和推进举措。2022年7月，市蓝莓产业工作专班在赵棚镇开展了产业调研，蓝莓产业发展主要面临四大问题：一是基础设施老化（重点是园区道路）；二是蓝莓生产模式以地栽蓝莓为主，与现代化的基质蓝莓栽培在产品品质、精细化管理、生产效益等方面存在差距；三是缺乏保鲜冷链设施；四是蓝莓品牌不够响亮。做强蓝莓产业，必须在补链、延链、强链上下功夫，特谋划安陆

市万亩蓝莓全产业链助力乡村振兴一期建设项目，通过申报地方政府专项债券资金建设完善现代农业产业园基础设施，解决蓝莓产业发展中急需补齐的短板，促进蓝莓产业跨步发展。

蓝莓产业是劳动密集型产业，具有高投入、高收益的特点。项目的建设可以带动区域蓝莓产业转型升级，通过基质栽培和水肥一体化、保鲜冷链设施配套，实现设施栽培冷链流通，能够有效抵御极端天气带来的损失，同时能够有效缩短种植周期，提前或延后上市获得较高的收益。项目的建设可以带动周边农民实现充分就业，为进一步巩固拓展脱贫成果同推进乡村振兴有效衔接提供了坚实路径。

2. 主要建设内容

蓝莓研发研学展示中心、蓝莓冷藏集散中心、基质蓝莓种植基地，配套蓝莓生产基地。项目总用地面积1.382平方千米（约合2 073.31亩，其中建设用地73.31亩、农业设施用地2 000亩）。

蓝莓研发研学展示中心。选址赵棚镇团山村、053乡道南侧家湾旁，建设蓝莓研发研学展示中心，包含蓝莓研发、研学、展示、观光、体验等功能，占地面积8 273平方米，建筑面积13 203.4平方米，其中1#建筑面积2 633.4平方米、2#建筑面积1 272.8平方米、3#建筑面积3 673.2平方米、4#建筑面积1 520平方米、5#建筑面积4 104平方米，配套建设停车场3 379.5平方米、道路6 868平方米、给排水管道720米、绿化2 943平方米、电气工程等。

蓝莓冷藏集散中心。选址赵棚镇振兴街西侧、土桥村、东升村，建设现代化、数字化的蓝莓冷藏集散中心，包含蓝莓集散中心和技术推广中心、3栋冷库等。蓝莓集散中心和技术推广中心选址赵棚镇振兴街西侧，占地面积12 210.06平方米，总建筑面积3 204.34平方米，配套建设停车场640平方米、给水管道429米，排水管道555米、道路1 744平方米、绿化3 101.36平方米、电气工程等；1#冻库和2#冻库选址蓝莓种植基地，建筑面积6 792平方米；3#冻库选址土桥村，占地2 591.4平方米，冷库建筑面积1 008平方米，冷库配套用房建筑面积266平方米，配套建设道路停车场及附属设施等。

基质蓝莓种植基地，配套蓝莓生产基地。选址东升村西南、053乡道两侧及接官乡，建设蓝莓基质种植基地，包含高标准蓝莓基质生产大棚设施及员工宿舍，占地面积1 333 320平方米（约合2 000亩），其中蓝莓基质种植大棚建筑面积1 600亩，员工宿舍建筑面积2 500平方米，配套水肥一体化系统、蓝莓种植基质、PE种植盆及建设道路66 800平方米、排水沟22 574.28米、缓冲井120个、改造池塘660平方米、电气工程等。配套建设蓝莓生产基地选址为赵棚镇团山村殷家湾，占地面积19 999.8平方米（约合30亩），建筑面积12 000平方米，停车场800平方米，配套建设给排水、道路、供电、绿化等基础设施。

3. 项目投资收入

根据本项目初设批复，调整后的项目估算总投资38 402.75万元。

项目在运营期主要取得基质蓝莓基地收入、研学课程收入和停车费收入，本项目收益预测期间为2025年1月至2039年2月。债券存续期内本项目总收入为127 029.18万元。

4. 债券发行

会计师事务所根据财政部对地方政府发行收益与融资自求平衡专项债券的要求，基于实施单位对项目收益预测及其所依据的各项假设前提下，认为项目收益与成本测算准确、合理，各项收入成本测算的过程和依据准确、合理、完整；现金流预测完整、准确、合理；项目通过发行债券能满足项目的资金平衡，项目专项债券本息资金覆盖倍数1.3倍。

该项目于2023年2月22日，2023年湖北省专项债券十九期（普通专项债）正式发行，发行额10 000万元，发行期限15年，利率3.15%。

为加快推进乡村振兴战略实施和建设农业强国，国家各部委研究创设了一批支持农业标准化、规模化、绿色化、融合化、品牌化、科技化、数字化发展的惠农政策，印发了一系列项目谋划和申报指南，以满足新时代新征程背景下扩大农业农村有效投资的新任务新要求。地方政府在引导农业产业发展过程中应时刻关注国家和省级层面的政策导向，夯实产业发展基础，积极争取相关项目资金支持，在促进地方产业高质量发展的同时，带动更多的农民参与现代农业发展，分享二三产业增值收益。本章重点围绕涉农项目类型、申报流程、项目申报谋划要点以及对国家现代农业产业园、国家农业产业强镇、国家农业绿色发展先行区、农业现代化示范区、全国休闲农业重点县等典型的竞争性遴选项目进行案例解读，全面解析县级政府如何谋划和申报涉农项目。

# 第一节　概述

## 一、项目申报类型

国家及各级政府支持农业农村发展的项目类型有很多，如耕地建设与利用、粮油生产保障、农业产业发展、农业生态资源保护、农业经营主体能力提升、农业防灾减灾、数字农业、农村社会事业发展等财政资金项目和中央预算内投资项目。此处选取部分较为典型的且"十四五"期间重点推进的竞争性遴选项目，供各地参考（表13-1）。

表13-1　"十四五"期间重点推进的竞争性遴选项目一览表

| 序号 | 项目名称 | 主管部门 | 申报时间 | 申报主体 | 扶持政策 |
|---|---|---|---|---|---|
| 1 | 国家现代农业产业园 | 农业农村部 | 3月 | 县（市、区）人民政府 | 基础性指标7 000万元<br>竞争性指标1亿元 |

（续表）

| 序号 | 项目名称 | 主管部门 | 申报时间 | 申报主体 | 扶持政策 |
|---|---|---|---|---|---|
| 2 | 国家农业产业强镇 | 农业农村部 | 3月 | 县（市、区）人民政府 | 单个项目1 000万元（创建成功后安排300万元，对达到建设标准的后续奖补资金700万元） |
| 3 | 国家优势特色产业集群 | 农业农村部 | 3月 | 省（自治区、直辖市）人民政府 | 每个集群1亿～2亿元资金支持（省厅统筹分配） |
| 4 | 国家农业现代化示范区 | 农业农村部发展规划司 | 4—5月 | 县（市、区）人民政府 | 择优给奖补资金；整县申报，其他优惠政策优先向其倾斜 |
| 5 | 国家农业绿色发展先行区 | 农业农村部发展规划司 | 前期3—5月，2023年8—9月 | 县（市、区）人民政府 | 其他优惠政策优先向其倾斜 |
| 6 | 国家乡村振兴示范县 | 农业农村部发展规划司 | 7—8月 | 县（市、区）人民政府 | 其他优惠政策优先向其倾斜 |
| 7 | 全国休闲农业重点县 | 农业农村部乡村产业发展司 | 4—6月 | 县（市、区）人民政府 | 统筹资金安排，加大支持力度 |
| 8 | 国家农业科技园区 | 科技部 | 10—11月 | 县（市、区）人民政府 | 其他优惠政策优先向其倾斜 |
| 9 | 国家农村产业融合发展示范园 | 国家发展改革委 | 2—4月 | 县（市、区）人民政府 | 4 000万元 |
| 10 | 水系连通及水美乡村建设试点 | 水利部规划计划司 | 5月 | 县（市、区）人民政府 | 对享受中西部地区投资政策的试点县，每县补助中央资金1.2亿元；对其他地区的试点县，每县补助中央资金0.8亿元 |
| 11 | 全国农业科技现代化先行县 | 农业农村部科技教育司 | 5—6月 | 县（市、区）人民政府、对口技术单位 | 其他优惠政策优先向其倾斜 |
| 12 | 全国农业全产业链重点链和典型县 | 农业农村部乡村产业发展司 | 7—8月 | 县（市、区）人民政府 | 其他优惠政策优先向其倾斜 |
| 13 | 国家级田园综合体 | 财政部农业司协同国家农发办 | 6月 | 县（市、区）人民政府 | 以奖代补，每年6 000万～8 000万元政策支持，连续三年 |
| 14 | 国家级绿色种养循环农业试点 | 农业农村部种植业管理司 | 4—6月 | 县（市、区）人民政府 | 对试点县的支持原则上每年不低于1 000万元 |

（续表）

| 序号 | 项目名称 | 主管部门 | 申报时间 | 申报主体 | 扶持政策 |
|------|----------|----------|----------|----------|----------|
| 15 | 农产品产地冷藏保鲜试点县 | 农业农村部市场与信息化司 | 5—6月 | 县（市、区）人民政府 | 第一年安排补助资金2 000万元，下一年根据评价结果适当安排奖励资金 |
| 16 | 国家农村综合性改革试点 | 财政部办公厅 | 4—5月 | 省（自治区、直辖市）人民政府 | 中央财政通过农村综合改革转移支付，按照有关规定实施定额补助 |

## 二、项目申报流程

国家相关部委组织安排的涉农重点项目申报主体一般为县（市、区）人民政府，由县（市、区）人民政府提出申请，地级市主管部门审核推荐，省级主管部门组织评审，按照对应指标遴选地方政府重视、产业优势明显、发展成效良好、建设思路明确、建设任务具体的项目，报省人民政府同意后推荐上报，相关部委组织专家评审或现场检查等方式确定入选名单进行公示、公布。

## 三、项目谋划申报要点

各地在谋划竞争性涉农项目时，应选择适合当地的项目来组织实施，不能盲目跟风，一哄而上。每个项目相关部委都会出台项目创建申报指南或者项目管理办法等文件，各项目的创建背景、意义、目的、创建思路和建设重点、资金使用方向等不尽相同，此处以近几年关注度高、竞争激烈的国家现代农业产业园项目为例，介绍项目谋划申报的要点。

建设现代农业产业园是推进农业现代化的重要载体。2017年以来，农业农村部会同财政部认真贯彻党中央、国务院决策部署，加大政策扶持，支持创建了200多个国家现代农业产业园，引领带动各地乡村产业振兴，取得了积极成效，主要有以下特点：一是打造了一批产业高地。累计培育90多个规模大、集中度高、效益好的主导产业，建成60个产值超100亿元的产业园，农产品加工业产值与农业总产值比值平均值达到3.98∶1，高于全国2.5∶1的平均水平。二是集成了一批要素集聚模式。中央财政累计投资200多亿元，撬动金融和社会资本超过9 000亿元。平均每个产业园与6家省级以上科研单位开展合作，创建期园均新增建设用地390多亩。三是培育了一批创业兴业主体。聚集1 800多家省级以上农业产业化龙头企业，培育5.7万个农民合作社、7.4万个家庭农场，建设560多个农民返乡入乡创业基地。四是形成了一批联农带农机制。园内近70%农户与各类新型农业经营主体建立利益联结关系，农村居民人均可支配收入超过3万元，普遍高于当地农民收入30%以上。总的看，产业园已成为引领农业高质量发展的新引擎、农业现代化的排头兵，得到各级政府的充分肯定、广大农民的高度赞誉。

国家现代农业产业园项目需要系统谋划，因各地的申报热情较高，多数省份通过项目储备、遴选的方式择优推荐，想要当年组织申报并在当年纳入创建名单的地方较少，一般需要1~2年的时间来进行全面谋划，2~3年的时间进行建设，最终才能达到国家现代农业产业园的认定标准。以下主要从系统评价创建基础，科学筹划前期工作，认真编制实施方案三个方面来介绍国家现代农业产业园项目的系统性谋划思维。

**（一）系统评价创建基础**

国家现代农业产业园作为一个竞争性遴选项目，有明确的创建要求和创建条件，各省在组织项目储备遴选时也提出了更多的要求和更高的标准，如在国家层面对于产业园主导产业的产值要求达到10亿元，湖北的省级遴选要求达到20亿元。所以各地要结合地方产业发展实际，因地制宜选择合适的项目，对标创建要求和条件先进行自评，再去决定要不要创建。如果地方有优势突出的主导产业，是单一产业的发展集聚地，全产业链环节有可圈可点的发展成效，在全省甚至全国有一定的示范引领作用且联农带农作用显著，就可以根据国家现代农业产业园的创建要求和创建条件，分析创建优势、产业特色、主导产业发展中存在的问题和短板，对标政策和市场，明确产业园创建还有哪些不足。同时，可以多走出去看看已经认定成功的国家现代农业产业园，汲取好的经验做法，从而全方位地分析出所要谋划的产业园现在处于什么水平。

**（二）科学筹划前期工作**

在前期工作的基础上摸清家底，找到差距和不足，全面部署国家现代农业产业园的创建工作。一是成立产业园建设管委会和领导小组，建立产业园发展的长效管理机制，统筹负责规划建设、招商引资、运营服务，协调产业园创建中的问题。产业园建设是一个综合性的工程，不能靠农业农村部门和所涉及乡镇去单打独斗，要协调自然资源、交通、文旅、水利等多个部门的力量协同推进建设。二是高位谋划产业园五年建设规划，明确产业园创建的核心区和辐射区，明确产业园的发展思路、建设目标、功能布局、重点任务等内容，经过充分论证后报县级人民政府批复。三是创新政策供给，吸引现代要素向产业园集中。从产业发展、品牌培育、用地保障、科技创新、人才支撑、财政支持等多方面出台产业园发展扶持政策，在更深层次上集聚现代生产要素。培育壮大已有的经营主体，加大招商引资力度，在全国范围内吸引从事主导产业生产经营的主体入驻产业园，同时出台人才引进和返乡创业扶持政策，吸纳懂技术、懂经营、懂管理的职业群体下沉，有序引导大学毕业生到乡，能人回乡，农民工返乡，企业家入乡，让其留得下、能创业。如山西隰县产业园创新"标准地"用地政策，出台《关于推进"标准地"建设实施方案》，简化用地手续办理程序，降低企业用地成本，为园区内农产品加工企业提供建设用地和标准厂房，保障项目落地实施。四是要探索产业协同发展机制，不仅是构建产业体系、经营体系和生产体系，还要注重搭建平台，要探索多种模式吸引高校科研院所、金融机构、保险机构共同参与，吸引和带动社会资本投入产业园打造全产业链。如浙江慈溪产业园设立5亿元的公建基金，支持公共基础设施建设；设立1亿元产业孵化基金，支持优质初创型产业项目孵化。四川邛崃产业园组建2.5亿元天府种业创投基金，以股权投资方式助力种业科技成果转化。

### （三）认真编制实施方案

国家现代农业产业园的创建从近几年的实践来看，从文件下发到报送省级评审时间为10~15天，实施方案要做实做细需提前安排。部分高度重视产业园创建的省份，项目方案在1年甚至2年以前就着手研究论证，纳入了省级的储备库。部里文件下发后只需完善最新的创建成效，根据项目的建设进度调整后期的建设重点和工程。

在方案的编制中要认真考虑建什么？由谁建？怎么支持建设？国家现代农业产业园要立足县域，以规模种养为基础，推进"生产+加工+科技"一体化发展，集聚现代要素和经营主体，加快产业全环节升级和全链条的增值，全面推行绿色生产方式，创新科技集成和联农带农机制，着力打造带动乡村产业振兴的平台载体和农业现代化的引擎，方案中要抓住产业园建设的四大要素，从大基地、大加工、大科技、大服务综合考虑建设内容。中央奖补资金支持用先建后补、以奖代补的方式引入社会资本，支持市场主体到园区来发展，支持农产品加工企业、专业服务化组织等不断提升产业发展的质量和竞争力，注意不能向少数企业集中，要体现中央财政的公共属性，要投入企业不愿意投但又实实在在需要投的项目上。重点支持产业园规模化重要基础设施，产业链供应链完善提升，科技协同等创新平台建设，智慧农业发展，农产品认证与品牌培育联农带农增收等方面。结合多个产业园谋划经验和后期建设实施中存在的问题，提出3个方案编制的重点如下。

中央资金使用要规范。通过竞争遴选的产业园，原则上每个奖补资金总额1亿元，创建、中期评估和认定分别按0.3亿元、0.3亿元、0.4亿元安排。通过书面审查的产业园原则上每个奖补资金0.7亿元，创建和认定分别支持0.3亿元、0.4亿元。方案编制严格把握中央奖补资金的投向，主要支持规模种养基础设施建设、产业链供应链完善提升、科技创新平台建设、智慧农业建设、农产品认证与品牌培育、联农带农增收等方面，特别要注意不能将资金投向企业生产设施投资补助。制定中央奖补资金使用管理办法，严格按照创建方案和管理办法拨付使用资金，提高资金的使用效益。2022年国家现代农业产业园认定通知要求，已经拨付的中央财政奖补资金使用进度，原则上达到95%以上。

联农带农机制要创新。不能局限于"公司+合作社+农户"等传统带农方式，可以探索多元化的新型联农带农机制，推广土地承包经营权入股、订单收购+分红、农民入股+保底收益+按股分红、企业流转+返租倒包、龙头企业+代耕代种代销+服务费/分红、中央财政奖补资金折股量化+保底分红等模式，让农民更多分享二三产业增值收益。如湖北省孝南区列支200万创新利益联结机制，在朱湖农场实施糯稻生产入股分红项目，根据农民自愿原则将土地入股经营主体，承接主体按照"保底分红+二次分红"模式对项目区农户和集体进行收益分配，在确定保底分红的基础上，承接主体每年将纯利润的一定比例作为项目的二次分红金额。分红金额的20%作为集体收入，80%用于农户分红，农户收益按入股的土地面积折算到户，户平年增收800元以上。

产业园项目建设要细化。从方案编制阶段要充分考虑，结合产业发展的切实需求，谋划建设项目，细化建设内容，明确支持内容、支持主体和支持方式（如先建后补、以奖代补、直接投资、政府购买服务等），可以有效加快资金拨付进度。项目建设主体不局限于现有的经营主体，充分利用产业园创建的契机，利用产业园扶持政策招大引强。如孝南区人民政府引入占地8 000亩总投资300亿元的首衡城华中农产品交易中心项目，将打造华中地区最大的农产品冷链、物流、仓储、贸易集散中心，为加快项目建设，孝南区成立项目建设指挥部，设立"一办八个专班"，制定"六证同发"方案，做到拿地即开工，同时组织政银企对接活动，首衡城与6家银行签署合作协议，获得金融授信25亿元。目前，该项目已完成投资超20亿元，已建成19万立方米冷链保鲜库。

# 第二节 涉农项目谋划与申报的典型案例

## 一、国家现代农业产业园（以孝南区糯稻国家现代农业产业园为例）

### （一）项目背景

2016年底中央农村工作会议首次提出现代农业产业园是优化农业产业结构、促进三产深度融合的重要载体，2017年中央一号文件正式提出要建设"生产+加工+科技"的现代农业产业园，同年组织开展了第一批国家现代农业产业园的申报工作。截至2023年11月，国家现代农业产业园已创建七批共计288个，认定五批共计150个，另有15个省级现代农业产业园纳入国家现代农业产业园创建管理体系。

从国家层面来看，根据《国家现代农业产业园管理办法（试行）》及各批国家现代农业产业园的创建通知，国家现代农业产业园创建需满足六点要求：一是产业园布局在县域内2个及以上乡镇，不能整县创建；二是产业园聚焦于1～2个主导产业，主导产业优势明显，主导产业间相互关联，主导产业产值占比要超过50%；三是园区内农民人均可支配收入高于当地平均水平30%；四是建设水平区域领先，绿色发展成效突出；五是园区的组织管理服务健全，成立了产业园建设领导小组和管委会等管理组织；六是近两年未发生过重大环境污染、生态破坏和农产品质量安全问题。各省在推进国家现代农业产业园遴选工作时，又进一步细化了相关的要求，具体以各地印发文件为准。

### （二）创建方案

孝南区是全国著名的"麻糖米酒之乡"，糯稻种植历史悠久，凭借得天独厚的气候条件和良好的生产环境，培育出国家地理标志产品朱湖糯米，已构建较为完整的种植、仓储、加工、贸易一体化的"全产业链"，形成了以亲亲食品、爽露爽、米婆婆等一批国家级和省级农业产业化龙头企业为引领的糯稻加工产业集群，拥有糯稻产业生产经营企业156余家，出口额过千万美元，糯米加工转化率高达98%。同时，孝南区是全国2个县级层面育种中心之一，成立了湖北省优质水稻研究开发中心，建有4个院士工作站，汤俭民团队先后培育出了23个水稻品种。孝南区人民政府组建了工作专班统筹推进现代农业产业园建设工作，同时制定了相关的扶持政策，于2019年入围湖北省现代农业产业园创建名单，2021年入选国家现代农业产业园创建名单。

1. 建设思路和定位

立足孝南区自然资源禀赋和糯稻产业优势，以糯稻全产业链集聚发展为核心，以发展糯稻规模化、标准化种植基地为基础，以壮大糯稻精深加工产业为核心，坚持以产业链延伸，功能拓展，结构变革，技术进步，三产融合为发展路径，依托农业产业化龙头企业及行业协会带动，高标准建设布局合理、要素集聚、技术装备先进、产业体系健全、运行管理规范、综合效益明显的国家级现代农业产业园，推动孝南区农业发展转型升级和提质增效，促进城乡融合发展，把孝南区现代农业产业园打造成国家糯稻一二三产业深度融合样板区、糯稻绿色高质高效生产示范区、糯稻新品种研发的孵化器、糯稻产业联农富农大基地、省级糯稻多元化深加工产业园。

2. 重点建设任务

（1）提档升级糯稻产业基地。一是优化糯稻产业结构。产业园创建以规模化、标准化生产基地为基础，重点对中低产稻田进行改造升级，建设一批稻—虾、稻—鳖等生态循环示范基地，完善产业园基础设施，实现糯稻标准化生产，支持稻田综合种养、再生稻等绿色生产方式，促进良种良法配套、农机农艺融合，推进糯稻产业可持续发展。二是做强糯稻良种繁育。依托区农科所专业技术力量以及专家工作站等科研团队，开展糯稻育种繁育工作，鼓励种子公司与科研院所合作建立良种繁殖基地，不断完善良种繁育制度。

（2）打造糯稻加工产业集群。一是建设糯稻加工产业集群。以糯稻高标准原料基地建设为基础，以麻糖米酒休闲和功能食品加工为重点，打造糯稻加工产业集群，重点培育"爽露爽""米婆婆""生龙"等本地龙头企业，同时，加大资金扶持，创造各种有利营商环境，全力支持糯稻与麻糖米酒食品创新型项目落地园区。二是提升园区智能生产水平。支持加工企业通过引进新技术、新设备进行数字化升级改造，加大智能化蒸饭床、拌曲机、数字化恒温发酵车间、智能化自动灌装旋盖、智能化杀菌冷却床流水线及智能化机器人后端自动化包装等智能化新、改、扩建，实现糯稻加工行业向智能制造新模式的转变，不断扩大糯稻加工产品产能。

（3）强化产业园区科技支撑。一是加快农业机械化步伐。优化调整农机装备结构，以高质高效农业机械为重点，补短板，强弱项，大幅提升糯稻机械化育插秧和机械联合收获水平，推进规模化生产全程机械化，打造农机智能智慧化示范基地。同时，扶持发展农机大户和专业合作社，促进农机服务市场化、专业化和产业化。二是推进产业信息化建设。实施"互联网+现代农业"行动，搭建"1个决策平台+1个中心+4个应用系统"智慧农业物联网系统（建设智慧农业决策平台、农业大数据中心、农业物联网应用系统、气象灾害监测预报预警系统、农产品质量安全追溯系统、企业生产管理系统），将互联网技术运用到产品生产、流通、加工、储运、销售等农业产业链的各个环节，推动产业优化升级。三是提高农业科技创新能力。开展新品种引进选育、种植管理等技术引进集成创新，支持高等院校、科研院所与企业共建科研与农业技术推广生产基地，实施糯稻产业科技成果转化示范工程。支持麻糖米酒企业提升自主研发水平和创新能力，开发出具有竞争优势的糯稻加工产品。

（4）健全园区产品销售体系。一是不断完善流通销售渠道。以重点龙头企业为载体，招商引资项目为实施主体，进一步提升孝南区电商公共服务中心的服务功能，完善糯米产品电商平台的建设，为园区农产品交易提供数据支撑，同时，依托淘宝、京东、抖音等网络平台，组建一支专业的农产品电商推广运营团队，通过设立推介会及建设新媒体销售矩阵等，不断开拓新的销售。二是培育壮大糯稻产品品牌。进一步夯实"孝感麻糖""孝感米酒""朱湖糯米"等区域公共品牌的影响力，支持糯稻企业申报著名商标，促进企业品牌积极参与国际国内热门主流展会、论坛、博览会，举办"孝感麻糖米酒文化节""孝南麻糖米酒美食节"等节庆活动，提高糯稻品牌在全国范围内的知名度和市场占有率。

（5）推进糯稻产业绿色发展。一是推广保护性耕作技术。在产业园推广保护性耕作技术，加强全程机械化生产、高产高效栽培、节水灌溉与水肥一体化及种养循环等绿色生产技术推广，大力推行病虫害绿色防控，建设自动化、智能化田间监测网点，构建病虫害监测预警体系。二是实施化肥农药零增长行动。以资源环境承载力为基准，以节能、降耗、减污为目标，深入实施化肥农药零增长行动，建立一批有机肥替代化肥试点，农业废弃物资源化利用试点，地膜清洁生产试点，同时，建立健全化肥农药行业生产监管及产品追溯系统，全面实施园区糯稻生产全过程污染控制，推动孝南区国家现代农业产业园绿色可持续发展。

（6）促进农旅融合协调发展。一是农文旅融合发展。充分挖掘产业园内历史遗址资源及孝南区文化资源，依托"中华老字号"的孝感麻糖和"中华一绝"的米酒的文化底蕴，建立以麻糖米酒文化为引领的麻糖米酒文化博物馆，形成孝感麻糖米酒文化核心，将产业园打造成麻糖米酒文化之都。二是构建农旅产业体系。深入推动糯稻产业与休闲农业、观光旅游、餐饮、民宿、文化产业深度结合，开展特色消费、特色体验。以"孝感麻糖米酒"为主导，推出一批具有地方特色的旅游商品，设立景区旅游商品专柜，在文化旅游街高起点建设经营孝感米酒馆，鼓励产业园内有条件的农户发展农家乐和民宿，丰富

"旅游+农业"内涵，提升农产品附加值。二是开发主题旅游路线。允分利用沿线稻田景观等田园风光，依托麻糖米酒历史文化，布局府河农旅示范带、麻糖米酒博物馆等项目，打造集产业园观光、文化科普及体验于一体的麻糖米酒文旅线路。

（7）完善社会化服务体系。一是培育多种新型经营主体。加强政策引导与资金扶持，围绕糯稻产业发展需求，培育壮大产业关联度大、科技水平高、带动能力强的农业产业化龙头企业，各类生产形式的专业合作社，园区内各类协会和产业联合体等，形成园区产业发展的"拳头"力量。二是建设"双创"孵化平台。整合落实支持农村创业创新的优惠政策，搭建一批创业见习、创客服务平台，降低创业风险成本，建设一批返乡创业园、实训基地和乡村旅游创客示范基地。三是健全农技培训推广体系。建成以区农技推广中心为龙头、乡镇农业技术推广站为支柱、村级农民技术员为骨干的农业科技推广模式，积极推广测土配方施肥、绿色防控、病虫害诊断等实用技术，同时加快出台招才引智的优惠政策，引进一批现代农业、食品精深加工、农业机械、文化旅游等方面急需紧缺人才。

（8）完善农企利益联结机制。一是培育产业融合主体。强化龙头企业引领带动作用，引导行业协会和产业联盟发展，鼓励社会资本投入，激发产业融合活力。引导新型职业农民、大中专毕业生、务工经商返乡人员等创办农民合作社和家庭农场，引导土地流向农民合作社和家庭农场，发展适度规模化经营。鼓励企业、农民合作社和家庭农场推广应用新品种、新技术、新模式，提高生产的标准化、科技化、规模化水平。开展农民合作社创新试点，引导发展农民合作联合社。二是鼓励发展多种经营模式。构建由相关利益群体参与的股份合作机制，采取存量折股、增量配股等形式，推动农村资产股份化、土地股权化、资源变股权、资金变股金、农民变股东，推广土地承包经营权入股、"订单收购+分红""农民入股+保底收益+按股分红"等模式，结成联股、联利的共同体，实现产业增效与农民增收的"双赢"。

3.重点工程与资金筹措

产业园创建通过实施高标准生产基地建设工程、加工产业集群建设工程、产业融合发展示范工程、科技研发创新发展工程、仓储物流体系建设工程、产品安全质量保障工程、品牌营销推广服务工程和创业发展平台建设工程八大重点工程建设，预计投资18.95亿元，其中，中央投资资金占比3.70%，区级投资资金占比16.46%，企业自筹资金占比79.84%。

**（三）建设成效**

孝南区糯稻现代农业产业园自2021年入选国家现代农业产业园创建名单后，创新政策保障，加快项目建设和资金拨付进度，产业园建设取得了良好成效，其建设典型经验被农业农村部、湖北日报等多家媒体报道。主要做法有：一是探索"1+N"综合整治模式，全域推进朱湖7.53万亩国土整治，新增耕地5 090亩，产生土地增减挂钩指标1 820亩、占补平衡指标3 270亩，有力保障了园区建设用地指标；二是引进5G智能数字化加工生产线，建设米酒加工无人工厂，生产效率提升17%，能耗下降至20%，提升了产品的标准化程度和产品品质；三是建设了孝感麻糖米酒地方特色产品展览馆、糯稻科普馆、民俗年货体验区等一批农旅项目，打造了府澴河生态农旅示范带、产学研合作示范基地和农文旅融合发展示范基地；四是强力推进糯稻种业联合创新攻关，成立了湖北省优质水稻研究开发中心，构建了以企业为主体、市场为导向、政学研用一体的育种创新体系。截至目前，八大工程18个建设项目已基本完成，产业园年总产值达81亿元，其中二产产值超过60亿元，米酒国内市场占有率超80%，农产品加工产值与农业总产值比值为3.1∶1，带动9.2万户农户参与糯稻产业生产经营，园内农民人均可支配收入达到33 308元，高于全区平均水平的31%。下一步，孝南区将围绕国家现代农业产业园建设宏图，把园区打造成集糯稻生产、加工、贸易全产业链发展的现代化样板示范区，成为糯稻产业高质量发展的展示窗口、产学研合作示范基地和农文旅融合发展示范基地，形成可持续推广的"孝南经验"。

## 二、国家农业产业强镇（以长阳县火烧坪乡农业产业强镇为例）

### （一）项目背景

为深入贯彻党中央、国务院关于促进乡村产业振兴，打造产业融合载体的决策部署，农业农村部、财政部2018年启动实施产业兴村强县建设，2019年改名为农业产业强镇建设项目，2021年开始将农业产业强镇建设项目归到农业产业融合发展示范项目中。截至2023年11月，全国累计1 509个乡镇入选国家农业产业强镇项目建设名单，770个乡镇通过了认定。

参照《农业农村部办公厅 财政部办公厅关于做好2023年农业产业融合发展项目申报工作的通知》文件精神，各地想要谋划国家农业产业强镇建设项目要做到以下几点：一是选择县域优势明显的主导产业。主导产业应明确为1个且具体到品类（不能笼统地将粮食、果蔬、畜禽、水产等综合大类作为主导产业），比如沙洋县的油菜产业、红安县的红苕产业、南漳县的香菇产业、恩施市的马铃薯产业等。二是优先推荐全产业链建设成效显著的乡镇。城关镇、开发区、街道办事处不列入推荐范围，优先选择产业链条长、产业价值高、产业融合比较好的乡镇，主导产业全产业链产值应达到相关要求，如中部地区达到1.5亿元以上，农产品加工业产值与农业产值比达到1.8∶1以上。三是要明确项目建设重点。在产业强镇申报条件中明确了要统筹推进乡村产业高质量发展，促进农民增收，强化农业科技和装备支撑等要求，所以项目建设中要将延长产业链条、大力发展农产品加工、仓储冷链物流、市场品牌销售，完善联农带农利益联结机制，统筹产业增效、就近就业和农民增收以及大力发展智慧农业，配套组装和推广应用现有先进技术和装备，探索科技成果熟化应用有效机制等内容作为建设重点。四是要选择合适的参建主体。项目的建设要依托市场主体，农业产业强镇项目参与建设的市场主体不能一家独大，也不能很多个主体撒胡椒面，建议遴选5~10家的市场主体参与建设，满足项目实施周期内至少能投资3 000万元的投资意向，确保项目建设落到实处。五是要合理利用中央项目资金。1 000万中央财政支持资金主要用于支持主导产业关键领域、薄弱环节发展，提升种养基地、加工物流等设施装备水平，培育壮大经营主体，促进主导产业转型升级。在规划时要有项目总体投资估算和涉及300万中央财政资金的具体资金测算表以及700万资金的拟使用方向，明确财政资金、配套资金、自筹资金情况，秉承高质量发展原则，不做低效重复建设。需特别注意：中央财政支持资金不能用于基本农田、追溯系统、农机补贴等普惠性政策支持项目，不能列支项目规划设计、土地招标、审计管理等经费。

**（二）创建方案**

长阳土家族自治县高山蔬菜发展起步于1986年，至今已有30多年历史，属全国、全省率先利用高山立体气候探索发展高山蔬菜的县，有蔬菜基地面积30万亩，蔬菜播种面积50万亩，年蔬菜产量150万吨，年蔬菜产值20亿元，已占全省30%，全国10%的市场份额，其中高山蔬菜占全县蔬菜总面积的90%，全县高山蔬菜产业比较优势明显。县域火烧坪乡是全县高山蔬菜的核心产区，年种植面积5万亩，年产量25万吨，全国著名蔬菜专家、中国工程院院士方智远题词称赞火烧坪为"高山蔬菜之乡"，2018年被认定为"国家A类农业标准化示范区"。经过前期的论证谋划，长阳土家族自治县决定以火烧坪乡创建国家农业产业强镇，主导产业是主导品种白萝卜，并于2022年成功入选国家农业产业强镇创建名单。

1.建设思路和目标

长阳县火烧坪乡以"稳定面积，优化结构，提升效益，保护生态"为发展理念，坚持绿色发展、融合发展的原则，依托高山蔬菜产业发展优势，重点围绕白萝卜主导产业，延伸产业链，提升价值链，畅通供应链。培育壮大经营主体，紧密利益联结机制，带动小农户参与现代农业生产经营，分享二三产业的增值收益。以项目建设为抓手，擦亮火烧坪"云中凉都"的定位，将其打造成华中片区"夏避暑、冬赏雪"旅游目的地，成为全市产业融合示范的新标杆，助推镇域经济跨步发展。到2023年，火烧坪乡白萝卜主导产业产值达到4亿元；建成年处理10万吨的尾菜处理项目，降低尾菜对环境的污染，资源化利用年生产有机肥5.5万吨，农业废弃物资源利用率达到95%。探索多种利益联结模式，带动小农户参与二三产业发展。重点扶持大清江公司等龙头企业，带动蔬菜产业的旅游、餐饮、物流、电子商务、社会化服务等第三产业协同发展。

2.重点项目和资金投向

按照规模化种植、标准化生产、商品化处理、品牌化销售、产业化经营的发展理念，完善主导产业的生产体系、经营体系和产业体系，提升产业的综合效益和竞争力。重点建设高标准种植类项目、精深加工类项目、仓储物流类项目、科技支撑品牌推广类项目、农旅融合类等五类9个项目。计划总投资6 690万元，中央支持资金主要用于火烧坪乡主导产业发展，重点投向全产业链开发经营中的尾菜综合利用、冷藏保鲜、精深加工、品牌建设等环节，推动主导产业转型升级。

**（三）建设成效**

近年来，长阳县火烧坪乡以国家级农业"产业强镇"建设为抓手，不断提档蔬菜产业能级，引进水果黄瓜、水果玉米、水果番茄等新品种，建成精细蔬菜大棚基地、智能育苗工厂等现代化配套设施，高山蔬菜实现精细化、科技化、产业化发展。凭借1 800米高海拔避暑优势，吸引了不少投资主体入驻，建成了房车露营基地，"云上人家""枕云山宿""厚德居"等40余家民宿如雨后春笋，组建起火烧坪"民宿谷·康养带""孝善谷"民宿群，2022年仅夏季一季，户籍人口不足8 000人的火烧坪创造了1 500万元的旅游综合收入。2023年8月举办了高山蔬菜品鉴会暨首届凉趣采摘节，加速推进长阳县火烧坪乡蔬菜产业向农文旅融合发展迈进。下一步，火烧坪乡将围绕蔬菜产业进一步延链、补链、强链，擦亮"火烧坪"金字招牌，加速建成"高山蔬菜名乡、土家康养名镇"。

## 三、国家农业绿色发展先行区（以团风县农业绿色发展先行区为例）

**（一）项目背景**

根据《中华人民共和国国民经济和社会发展第十三个五年规划纲要》《全国农业可持续发展规划（2015—2030年）》和2016年中央一号文件提出的创建农业可持续发展试验示范区的要求，2017年创建了第一批国家农业可持续发展试验示范区。为贯彻落实中共中央办公厅、国务院办公厅《关于创新体制机制推进农业绿色发展的意见》，第一批国家农业可持续发展试验示范区被同时作为农业绿色发展的试点先行区。截至2023年11月，创建了4批共计211个国家农业绿色发展先行区（含2020年宁夏回族自治区单独创建）。

根据《国家农业可持续发展试验示范区（农业绿色发展先行区）管理办法（试行）》及各批国家农业绿色发展先行区的创建通知，除第一批的浙江省、第二批的海南省及2020年宁夏回族自治区为整省创建外，先行区创建主体原则上以县、农场为单位，严格控制地市级申报数量，创建主体需满足六点要求：一是耕地和永久基本农田面积稳定，高标准农田占比高，农业用水效率高，农业资源得到有效保护；二是科学使用化肥农药，推行有机肥替代化肥和绿色统防统治，农业废弃物实现资源化利用，畜禽粪污资源化利用率、秸秆综合利用率高于本省及全国平均水平；三是有序推进耕地休耕轮作，酸化、盐碱化和受污染耕地治理，农业环境得到有效保护；四是有稳定的绿色生产技术和科研支撑，绿色优质农产品供给力强，绿色、有机、地理标志农产品认证比例达到10%以上；五是地方政府重视，制定了相关工作协调机制和支持政策，社会参与积极性高；六是近五年未发生过重大环境污染、生态破坏和农产品质量安全事故，农产品质量例行监测总体抽查合格率不低于97%。

**（二）项目方案**

团风县是湖北省15个优质水稻示范县之一，多年来一直是大武汉农副产品供应基地，荣获全国第三批率先基本实现主要农作物生产全程机械化示范县、中国最佳投资价值（环境）县、全国科技进步先进县等荣誉称号。近年来，团风县坚定不移实施"生态优先、绿色发展"战略，大力推进农业向绿色发展转型升级，截至2022年，全县种植有机、绿色、无公害农产品种植面积达13.26万亩，占总农作物播种面积的50.15%，农田灌溉水有效利用系数达到0.56，农膜回收率达到98.23%，秸秆综合利用率达到95.13%，畜禽粪污资源化利用率达到99.10%，实现了稻渔生态综合种养、陆基（池基）桶"零排放"圈养技术、蛋鸡"124"绿色健康养殖、畜禽粪肥还田利用、生物质能源综合开发利用技术等一系列绿色模式和技术集成的运用，为申报国家农业绿色发展先行区奠定了有利条件。下面以《湖北省团风县国家农业绿色发展先行区创建方案》为例，重点分析该类项目创建方案编制的重点内容。

1. 建设思路和目标

依据国家绿色发展先行区创建要求，立足团风县自然资源禀赋和绿色产业发展优势，先行区创建以促进生产生活生态协调、增产增效增收并重为主攻方向，推进农业资源利用集约化、投入品减量化、废弃物资源化、产业模式生态化，强化科技支撑和政策保障，集聚资源要素，创新绿色发展机制，加快建成美丽宜居的富裕团风、绿色团风，加速打造黄冈武汉同城化发展"桥头堡"，奋力谱写团风高质量发展新篇章。到2025年，团风县国家农业绿色发展先行区建设成全国渔稻综合种养示范基地、生态循环模式示范基地、面源污染治理典型案例，打造成为鄂东长江经济带高质量发展示范区。

2. 功能定位

结合团风县山、水、林、田、湖等资源和产业发展现状，划定团风县农业可持续发展分区，明确北部为保护发展区，中部为适度发展区，南部为优化发展区。规划以南部为重点区域探索长江流域稻渔全产业链绿色发展的典型模式，中部地区重点发展畜禽粪污—有机肥—果蔬种植的循环农业和乡村休闲旅游，北部地区以生态涵养为主，重点发展花卉苗木，因地制宜适度发展林下经济和生态旅游（图13-1）。

3. 重点建设任务

（1）提高农业资源利用效率。一是推进耕地资源保护与提质。深入实施藏粮于地、藏粮于技战略和重要农产品保障战略，坚决遏制耕地"非农化""非粮化"，在重点乡镇粮食生产功能区，大力发展优质稻生产；以提升耕地质量为首要目标，推广秸秆还田、增施有机肥、种植绿肥还田、增加土壤有机质，提升土壤肥力，建立耕地质量提升示范基地。二是推进农业水资源高效利用。严守水资源管理"三条红线"，落实以水定产、以水定城，加快推进重点水利工程建设，实施一批小流域治理项目，加快实施区域规模化高效节水灌溉工程，积极推广高效节水技术。三是实施生物多样性保护行动。加强农业种质资源保护，筛选一批绿色安全、优质高效的种质资源，建设一批规模化农业种质繁育基地，启动重点种源关键核心技术攻关和农业生物育种研究；组织开展团风县生物多样性的调查、观测和评估，建立县、乡镇生物多样性保护协调体系，实施珍稀濒危水生生物保护和长江珍稀特有水生生物拯救行动计划，加强外来物种入侵防控。

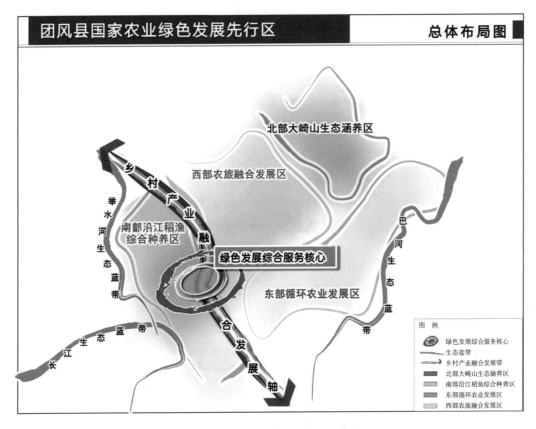

图13-1 团风县农业绿色发展总体布局

（2）全域推进面源污染防治。一是推进农业投入品减量化。持续推进化肥减量增效，建立化肥减量增效示范基地，集成推广高效施肥方式，应用新型肥料，示范带动全县化肥施用量负增长；加强病虫监测预警，在蔬果种植重点区域新建绿色防控示范基地，积极推广绿色防控技术，推广高效植保器械，提高农药利用率。二是推进农业废弃物资源化。按照源头减量、过程控制、末端利用的原则，加强畜禽养殖场、养殖小区粪污收集、贮存处理设施装备建设；建立健全秸秆收集储运体系，支持以乡镇、村、企业或经纪人为主体建设秸秆收储站点，积极推进秸秆"五化"利用；建立农药生产者、经营者包装废弃物回收处置责任，对有再利用价值的肥料包装废弃物进行再利用。三是推进农村生活污水和垃圾治理。加快推进各镇污水处理厂建设工程，推动城镇纳污管网向周边村庄延伸覆盖，持续推进农村环境综合整治，逐步消除农村黑臭水体；健全生活垃圾收运体系，推进团风县垃圾焚烧发电项目及各乡镇垃圾中转站的建设，在有条件的村庄建立垃圾分类回收试点。

（3）培育发展绿色低碳产业。一是建立绿色标准生产基地。重点围绕优质农业产业链，坚持高标准开发和升级改造相结合，建设一批绿色健康种植养殖基地，重点推广应用绿色种植养殖模式。二是做强绿色农业精深加工产业。坚持加工减损、梯次利用、循环发展方向，积极引导团风县农产品加工企业不断提高精深加工水平，形成以初加工为基础、精深加工为核心的完整产业链条。三是加快流通设施低碳化改造。建立"收购集散点+农产品冷链物流中心+农产品交易市场"的收储模式，鼓励市场主体建设冷链仓储保鲜设施，积极探索发展连锁经营、直供配送、电子商务等新型流通业态。四是加快培育农业绿色主体。实施农业绿色主体培育计划，鼓励新型经营主体牵头建设国家级生态农场，积极发展多元化农业生产性服务业，扶持一批代耕代种、代收代储、病虫统防统治、肥料统配统施等服务组织；积极引导龙头企业研发应用减排减损技术和节能装备，开展减排、减损、固碳、可再生能源替代等示范。五是重视绿色农业品牌创建。以资源整合、市场营销、宣传推介为着力点，打造团风县绿色农产品精品名牌，形成"资源—产品—品牌—效益"的良性循环。六是推动产业园区化发展。积极申报国家级项目，积极引导优势产品向重点基地集中、基地生产与龙头企业配套、龙头企业向加工园区聚集，充分发挥园区集群发展的示范辐射效应。七是以生态为底蕴推动农文旅融合发展。积极发展"绿色农业+旅游"的多种功能业态，发掘农业文化遗产价值，提高农业增值效益。

（4）系统提升农业生态功能。一是构建生态保护修复长效机制。严守生态保护红线，坚持山水林田湖草系统治理，加快推进生态环境屏障、湿地修复，加大湖库水域岸线保护力度，实施好长江"十年禁渔"，持续开展野生动植物拯救和保护。二是畅通农业生态循环体系。按照团风县农业可持续发展分区，在南部沿江区域打造稻鱼综合种养区，重点推广虾稻连作、共作模式；东部形成循环农业发展区，结合区域蛋鸡和生猪养殖，重点将养殖粪污综合利用还田，发展名优特水果，构建畜禽粪污—有机肥—果蔬种植的循环农业体系；西部形成农旅融合发展区，整合农事体验、生态景观、农业休闲等元素，开发乡村旅游特色村；北部形成生态涵养区，以大崎山省级自然保护区为中心，突出生态涵养功能，主要发展花卉苗木、茶叶等低碳产业。

（5）构建农业绿色发展支撑体系。一是强化绿色农业制度和政策创新。梳理现有农业农村绿色发展支撑政策，不断加强科技支撑、人才招引、绿色产业、绿色经营、绿色金融、绿色产品价值转换等方面的支持举措。二是完善农业绿色技术体系。推进绿色生产技术创新集成，开展绿色生产技术联合攻关，打造全产业链农业绿色配套技术；加强与高校和科研院所合作，共同参与农业绿色技术标准制定；扎实推进"人才强县"战略，把绿色发展理念纳入农业技术人才培养范畴，培养一批懂绿色发展的高素质农民。三是建立农业绿色发展监管约束机制。建立农产品动态监测长效机制，健全农产品质量安全监测制度和执法监管体系、农业资源环境生态监测预警体系，保障监测农产品种养环节投入品安全。四是推进农产品优质评价体系。健全农产品品质评价体系，推动生产经营主体的可追溯管理，在规模化基地试行食用农产品合格证制度，并推动农产品生产主体信用体系建设。五是探索生态产品价值实现机制。建立健全农业碳汇评价和交易制度，探索多元化碳汇实现路径；积极争取农村沼气CCER项目，探索建立农业碳汇交易平台；探索建立生态资产与生态产品交易机制，开展大崎山和青草湖生态功能区生态产品价值核算，探索生态产品定价、认证与成果运用。

### 4. 重要工程与资金筹措

结合县域实际，因地制宜谋划农业资源保护利用工程、农业产地环境保护工程、农业废弃物资源化利用工程、绿色农产品供给工程、农业绿色发展支撑体系建设工程五大工程，共谋划18类建设项目，计划总投资19.22亿元，其中，中央资金投入占比3.89%，地方整合财政资金投入占比31.03%，社会资本投入占比65.08%。

### （三）项目评价

近年来，团风县始终扛牢生态文明建设政治责任，牢固树立绿色发展理念，大力推动农业绿色发展，在绿色发展道路中探索出了一系列可借鉴的经验和做法。

一是创新生态补偿机制。为实现道观河水库水环境持续改善，团风县与下游新洲区签署了跨县域《道观河流域横向生态补偿协议》，以断面水质监测年度考核结果为依据，本着"权责对等、合理补偿""受益者补偿、损害者赔偿、保护者受偿"原则，明确道观河断面水质年度考核为Ⅲ类，双方互不补偿给对方资金；断面水质年度考核为Ⅱ类及以上的，新洲区每年补偿给团风县资金300万元。该机制促使团风县走生态保护的绿色发展道路。

二是重点流域综合治理。团风县制定了重点流域农业面源污染治理总体方案，围绕长河流域的三湖（即青草湖、詹家湖和杨叉湖）开展环湖农业生产、农村生产综合面源污染治理示范工程，通过建设生态廊道、节水节药大棚、太阳能杀虫灯、黄板及水肥一体化系统，完善农业废弃物回收处理机制，新建、提升改造养殖重点区域有机肥厂，养殖粪污无害化处理，养殖尾水和地表径流污水净化等手段，农业面源污染整治取得实效，也为解决流域水环境保护与农业发展提供了借鉴。

三是畜禽绿色规模化养殖。团风县启动畜禽养殖污染专项整治工作，严格划定禁养区、限养区和适养区，全面推广层叠式标准化"124"绿色健康养殖模式。成立了团风县养鸡协会，建立信息服务平台，实行统一的禽蛋生产模式、饲养管理技术、疫病防疫程序和信息共享，推行标准化生产和推广养殖实用技术。团风县蛋鸡养殖向集约化、规模化、标准化、生态化转型发展，蛋鸡养殖规模化、标准化比重达100%，鸡粪资源化利用率达95%以上。

四是有序推进长江禁捕。团风县建立多部门联动、各部门齐抓的工作机制，统筹推进长江禁捕退捕工作。健全跨界水域执法机制，分别与黄冈市黄州区、武汉市新洲区、鄂州市葛店区签订了四区（县）《长江禁捕跨界水域协同执法合作协议》，确保违法全面打击。实现长江流域重点水域渔民建档立卡完整率和准确率100%，组建退捕渔民护渔队，按照"六个一"标准配齐装备待遇，经验做法在全国推广。长江团风段实现"四清四无"目标，"团风县长江渔文化保护与传承"荣获农业农村部长江水生生物保护修复优秀案例。

按照《农业农村部办公厅关于开展第四批国家农业绿色发展先行区创建工作的通知》（农办规〔2023〕22号）要求，团风县积极筹备创建工作，成立了以县长任组长的农业绿色发展先行区建设领导小组，高位统筹创建工作，并结合区域生态资源和产业发展现状，编制了《团风县国家农业绿色发展先行区建设规划（2023—2025年）》，为方案的编制指明了方向、明晰了路径。团风县于2023年成功申报第四批国家农业绿色发展先行区。

### 四、农业现代化示范区（以钟祥市农业现代化示范区为例）

#### （一）项目背景

党的十九届五中全会上，《中共中央关于制定国民经济和社会发展第十四个五年规划和二〇三五年远景目标的建议》中首次提出：要提高农业质量效益和竞争力，强化绿色导向、标准引领和质量安全监管，建设农业现代化示范区。2021年中央一号文件和《农业农村部 财政部 国家发展改革委关于开展农业现代化示范区创建工作的预通知》（农规发〔2021〕9号）等文件提出："十四五"期间，要把农业现代化示范区作为推进农业现代化的重要抓手，围绕提高农业产业体系、生产体系和经营体系现代化水平，建立指标体系，加强资源整合和政策集成，以县（市、区）为单位开展创建，到2025年创建500个左右示范区，形成梯次推进农业现代化的格局。自2021年起，农业农村部、财政部、国家发展改革委已连续创建三批国家农业现代化示范区，每批100个，截至2023年8月，共计已经完成了300个示范区的创建。

按照《农业农村部 财政部 国家发展改革委关于开展2023年农业现代化示范区创建工作的通知》（农规发〔2023〕15号）要求，农业现代化示范区创建申报要满足以下几点要求：一是生产基础好。农业生产结构优化，主导产业优势明显，基本形成粮经饲统筹、种养加一体、农牧渔结合的生产结构。优先选择基础条件好的县（市）开展创建，重点支持优势特色产业集群、国家现代农业产业园、国家农村产业融合发展示范园等项目所在地创建农业现代化示范区。二是装备水平高。旱涝保收高标准农田比例较高，农田水利、田间道路、农业用电等基础设施较为完善，农业科技创新和推广应用机制初步建立，农业机械化水平较高，数字化技术应用普遍，农业现代化发展潜力足、空间大。三是产业链基本健全。已建成一批规模化标准化农产品生产基地，农产品加工能力较强，物流设施初具规模，产业链条较为完整，产业集中度、融合水平较高。四是经营体系较为完备。社会化服务体系比较健全，家庭农场和农民合作社等新型经营主体发展质量较高，集约化、专业化、组织化水平较高，小农户与现代农业衔接较好。五是农业环境较为友好。绿色发展理念贯穿于农业现代化建设全过程，农业生产清洁，废弃物资源化利用水平较高，资源节约、环境友好型技术广泛应用，基本实现绿色化转型、生态化发展。六是政策支持保障有力。地方政府积极性高，支持力度大，在用地保障、金融服务、科技创新应用、人才支撑、县域城乡融合等方面制定了创新性强、实用管用的政策措施。

**（二）项目方案**

钟祥市是国家粮食生产大县，是全省生猪、水产品生产大县和放心粮油示范区，是全省农产品加工业"四个一批"工程十强县市。农产品总量大，粮食、油料、畜牧、水产品、果蔬等各类大宗农产品产量均居湖北前列。2022年，粮食总产95.57万吨，油菜产量9.31万吨，蔬菜产量69.38万吨，生猪出栏145万头，水产品产量15.71万吨。农林牧渔业总产值171.37亿元，主导产业产值为95.57亿元。自2021年国家部署农业现代化示范区创建工作以来，钟祥市始终聚焦农业设施化、园区化、融合化、绿色化、数字化发展，加快构建现代化产业体系，以农业现代化联动促进农村现代化，创建以大米、油菜、生猪三大传统产业和花卉特色产业的农业现代化示范区建设，钟祥市委、市政府深入贯彻荆门市委办公室市政府办公室印发的《关于全面实施"六个一"工程加快建设农业产业强市的意见》，积极落实市委、市政府在财政、用地、金融、税收等方面出台的强有力的支持政策。

1. 建设思路和目标

全市围绕以大米、油菜、生猪三大传统产业和花卉特色产业的总体部署，以流域综合治理为基础，以强县工程为抓手，实施"压舱石"农业产业化强县计划，充分发挥钟祥市区位交通、长寿文化、健康食品产业和休闲旅游资源优势，以推进水稻、油菜产业基础高质化，产业链现代化为发展目标，以调整优化产业结构，提升设施装备水平，加快园区载体建设，推动农业全面绿色转型和着力发展智慧农业为建设路径，探索建立农业现代化工作体系、政策体系和制度体系，促进农业设施化、园区化、融合化、绿色化和数字化发展，将钟祥市打造成"全国稳粮增效绿色转型发展示范区"和"全国粮食产业高质量发展样板区"，在全国粮食产区建立"稳粮增收、绿色发展、提质增效"的农业现代化的"钟祥示范"，为全面推进乡村振兴，加快农业农村现代化提供有力支撑。

2. 创建任务

钟祥市围绕农业设施化、园区化、融合化、绿色化、数字化发展共创建了五个部分的任务。一是加强设施装备建设，示范引领农业设施化。具体任务包括高标准农田建设，提升农业设施装备水平，提高农业机械化水平，健全农产品市场流通体系。二是推进产业集聚发展。示范引领农业园区化，稳定粮食生产，推动优势特色产业集群建设，建设现代农业产业园，实施产业强镇工程。三是着力打造全产业链，示范引领农业融合化。打造农业全产业链，构建企业农户利益联结机制。四是发展生态循环农业，示范引领农业绿色化。内容包括发展生态循环农业，推动农业绿色发展，强化农产品质量安全监管。五是加快发展智慧农业，示范引领农业数字化。包括强化农业信息化建设，推进数字农业建设。钟祥市针对创建任务采取科学规划、分类指导、合理布局、分步实施的方式，稳步推进示范区各项建设，创建周期为三年（2023—2025年）。

3. 重点工程项目

为了加快钟祥市农业农村现代化，全面推进乡村振兴，重点围绕基础设施提升、产业链延伸、产业融合发展、农业绿色发展、数字农业建设五大类共28个重点项目，开展农业现代化示范区创建。项目总投资727 800万元，其中财政资金172 600万元，企业自筹555 200万元。基础设施提升工程项目4个，总投资160 950万元；产业链延伸工程项目12个，投资512 000万元；产业融合发展工程项目3个，投资18 500万元；农业绿色发展工程项目7个，投资31 450万元；数字农业建设工程项目2个，投资4 900万元。资金主要用于优质稻、双低油菜，农业产业融合发展，生态资源保护，畜禽粪污及农副产品废弃物资源化利用，农业科技研发与推广，数字农业发展，良种繁育推广，农业机械智能化应用等方面。

## 五、全国休闲农业重点县（以南漳县休闲农业重点县为例）

### （一）项目背景

为贯彻落实中央一号文件和《国务院关于促进乡村产业振兴的指导意见》（国发〔2019〕12号）精神，根据《农业农村部关于落实好党中央、国务院2021年农业农村重点工作部署的实施意见》《全国乡村产业发展规划（2020—2025年）》和《农业农村部关于拓展农业多种功能促进乡村产业高质量发展的指导意见》部署，打造休闲农业和乡村旅游升级版。"十四五"时期是休闲农业转型升级的关键期，农业农村部围绕拓展农业多种功能、丰富乡村产业业态、拓宽农民就业空间，于2021年开展了全国休闲农业重点县建设工作，以县域为单元整体推进休闲农业发展，目标是到2025年末将建设300个在区域、全国乃至世界有知名度、有影响力的全国休闲农业重点县。现已在全国认证了两个批次共120个县（市、区）。

参照《农业农村部办公厅关于开展2023年全国休闲农业重点县申报和监测工作的通知》要求，申报全国休闲农业重点县要具备四个条件：一是资源优势明显。资源条件具有稀缺性，具有世界知名自然文化资源或全国独特自然文化资源或区域鲜明自然文化资源。二是设施条件良好。基础设施完备，具备良好的基础设施条件和完善的接待服务能力；融入活态元素，乡村民风淳朴，地方和民族特色文化资源得到传承，民族民间文化与现代元素有机融合；村容村貌整洁，主要园区和景点建立了生活垃圾处理体系，农村污水得到有效治理，农村人居环境基本干净整洁。三是产业发展领先。产业规模成型，休闲农业成为县域经济发展的主导产业之一，主要指标（包括经营收入、接待人次、人均消费水平等）在全国领先，以东部地区为例，要求年接待游客200万人次以上。业态活跃丰富，农家乐、乡村民宿、休闲观光园区、休闲农庄、休闲乡村、康养和教育基地等业态类型丰富，至少具有五项上述类型，分布在县域1/3以上乡镇；在全国具有较高知名度的休闲农业和乡村旅游点5个以上，包括省级以上美丽休闲乡村（其中至少1个中国美丽休闲乡村）、农家乐特色村、休闲农业聚集村、休闲农业园区、农家乐、乡村民宿等，并形成了乡村休闲旅游精品线路。多种功能拓展，至少具有1项特色鲜明、效益良好的生态休闲、乡村文化、教育拓展方面的体验项目。富民兴农明显，从业人员中农民就业比例达60%以上。经营农家乐、乡村民宿等小农户能够实现稳定就业增收，农民分享二三产业增值收益有保障。脱贫地区通过发展休闲农业保持农民收入稳定增长效果显著，持续巩固拓展脱贫攻坚成果。四是组织保障有力。规划布局合理，已制定县域休闲农业发展规划。政策体系完善，党委、政府高度重视，将休闲农业和乡村旅游纳入乡村振兴的重要内容，特别在解决供地和融资难题方面取得突破，政策指向性、精准性和可操作性强。管理制度健全，休闲农业管理机构健全，职责职能清晰，人员配备齐全。

**（二）项目方案**

南漳县位于湖北西北部，区位独特，素有"襄西之屏障，巴蜀之咽喉"之称，是"省域副中心城市、鄂西北及汉水流域现代化区域性中心城市、全国区域性综合交通枢纽和物流基地、区域性旅游集散地和目的地"。南漳县是全国享有盛誉的"中国鸳鸯之乡""中国景观村落""中国红嘴相思鸟之乡""世界古山寨王国""中国最具魅力文化生态旅游县"，境内幅员广阔，自然资源丰富、人文景观多样、生态环境优美，享有"八百里金南漳"之誉。南漳县大力推进乡村休闲旅游业与其他产业的融合发展，形成了乡村旅游与农业种植、工业、康养和文化融合发展模式，形成了以非月桃岭、楚桑丝博园、八泉美丽乡村、春秋寨、水镜庄、印象老家等为代表的乡村休闲旅游融合发展业态。2021年县内休闲农业与乡村旅游接待游客约290万人次，营业收入6亿元。南漳县是全国休闲农业和乡村旅游示范县、全国农村一二三产业融合发展先导区，并于2020年入选第二批"荆楚文旅名县"创建名单。南漳县自2015年以来，共获评中国美丽休闲乡村2个、中国美丽乡村休闲旅游行精品线路1条、中国传统村落5个、中国景观村落6个、湖北省旅游名村2个、省级休闲农业重点园区5个等荣誉。县内农业农村建设、乡村产业发展条件优越，具备全国休闲农业重点县创建的基础，于2022年入选全国休闲农业重点县创建名单。

1. 建设思路

依托县域旅游资源，充分发挥"八百里金南漳"生态旅游资源优势，优化"两横一纵"发展布局，深入推进"1+8+N"农文旅发展模式，以争创省级"全域旅游示范区"为契机，利用"品牌塑造"和"项目带动"两大抓手，开发"楚文化、三国文化、古山寨文化"三大文化，打造"中国有机谷休闲旅游区、襄南康养休闲度假区、水镜楚都文化旅游区、荆山生态旅游区"四大旅游产品，逐步形成山水城互动、农文旅互融、多产业互补、县内外互通的全域旅游发展新格局，把南漳建设成为华中地区重要的休闲农业和乡村旅游目的地。

### 2.建设内容

依托思路和目标指引，南漳县重点拟定了四个方面的建设内容：一是推进休闲农业和乡村旅游精品工程，在科学规划、有序推进的基础上，通过巩固提升以"水、电、路、气、网"等为主要内容的基础设施建设，运营管护长效机制健全，持续提升乡村宜居水平；二是实施旅游商品开发工程，丰富提升特色旅游商品。鼓励经营主体开发富有特色的旅游纪念品，丰富旅游商品类型，增强对游客的吸引力。培育一批旅游商品研发、生产、销售龙头企业，加大对地标商品、文化旅游商品的宣传推广力度；三是推进品牌形象提升工程，全面落实品牌南漳建设行动，打造以"金南漳"为总领的品牌，做大做强"心氧氧·去南漳"区域文化旅游公共品牌，围绕"吃住行游购娱"补齐全域旅游产业链条；四是推进机制创新工程，坚持以农民为主体，农业增效、农民增收为目的，创新休闲农业发展体制机制，完善利益联结机制，带动农民分享三产业带来的增值收益。通过四大重点工程的实施，全面推进南漳休闲农业重点县建设，打造机制活、产业强、生态美、百姓富的"金南漳"。

### （三）项目评价

南漳县高度重视休闲农业和乡村旅游的发展，在申报期间迅速成立工作领导小组，坚持规划引领、合理布局的开发思路，统筹全县休闲农业和乡村旅游工作，组织编制了县域"十四五"乡村休闲旅游专项规划《南漳县乡村休闲旅游发展规划（2020—2024）》，出台了《南漳县乡村休闲旅游项目建设奖补办法》等支持政策，用于指导创建成功后续相关工作的开展。从2009年开始，每年整合涉农资金近3000万元，采取"以奖代补"方式，重点支持社会主义新农村和美丽乡村建设。

在项目建设期间，南漳县聚焦聚力，强链补链，加快推进休闲农业和乡村旅游的发展。一是大力推动农旅融合产业发展。累计投入资金15.3亿元，用于景区建设和乡村旅游发展，打造了"相约樱桃红·悠然见南漳"全国美丽乡村精品线路。二是农业品牌持续擦亮。实行"中国有机谷+区域公用品牌+企业（产品）品牌"营销模式，持续做强"南漳官米""南漳黑木耳""南漳香菇"等公共区域品牌。新培育"白起渠""安乐堰"等10余个品牌，全年新增"两品一标"9张，总数达78张，"中国有机谷"品牌效应不断彰显。三是文化旅游提档升级。高水平编制了全域旅游发展规划，成功举办中国有机谷年货节、樱桃采摘节、茶文化旅游节、农民丰收节等农旅节会活动，不断增强南漳文化旅游传播力和影响力，"荆楚文旅名县"通过验收。四是大力建设美丽镇村。整合资金1.3亿元实施109个美丽乡村建设，南漳县九集镇被纳入全省"擦亮小城镇"建设示范镇，3个镇被纳入市级示范镇，5个村入围第六批中国传统村落名录，陆坪村入选2022年中国美丽休闲乡村。五是全域开展农村人居环境整治。扎实开展"七堆革命"，持续推动村庄清洁行动制度化、常态化、长效化，完成1982户农村户厕改建，乡村颜值持续擦亮，人民群众精神文化的获得感、幸福感持续增强。

## 六、国家乡村振兴示范县〔以黄梅县国家乡村振兴示范县为例〕

### （一）项目背景

为探索不同区域全面推进乡村振兴的组织方式、发展模式和要素集聚路径，立足县、乡、村资源禀赋和发展基础，2022年中央一号文件提出开展"百县千乡万村"乡村振兴示范创建，力争用5年左右时间，实现国家乡村振兴示范县基本覆盖全国各地。2022年7月，农业农村部、国家乡村振兴局《关于开展2022年"百县千乡万村"乡村振兴示范创建的通知》明确将组织创建100个左右国家乡村振兴示范县；2023年8月，农业农村部发布《2023年国家乡村振兴示范县创建名单公式公告》，继续组织创建100个国家乡村振兴示范县；截至2023年11月，全国共有200个主体被纳入了国家乡村振兴示范县创建名单。

参照《农业农村部、国家乡村振兴局关于开展2022年"百县千乡万村"乡村振兴示范创建的通知》《农业农村部 关于开展2023年国家乡村振兴示范县创建工作的通知》中的要求，申报国家乡村振兴示范县要做到以下几点：一是要善于总结创建条件和优势。申报创建的各县（市、区）需满足组织领导有力、发展基础较好、工作机制明晰、创建积极性高和示范带动能力较强的创建条件。申报地在立足县域推进乡村振兴实际工作开展的基础上，要善于进一步精准地分析、总结和提炼出县域内具有突出性、创新性和示范性的创建优势。二是要创新提出创建模式和路径。各县（市、区）要结合所在地区的资源禀赋和发展基础，研究提出符合区域特点的推进乡村振兴的模式和路径，集中力量在重点领域和关键环节寻求突破，形成重点突破带动整体提升的格局。三是要合理制定创建任务和举措。制定创建任务时，一方面要明确国家乡村振兴示范县在粮食安全底线、乡村产业发展、绿色生态、乡村建设和乡村治理五个方面的重点任务；另一方面要体现东、中、西部区域特色，其中东部地区的创建任务重点要放在巩固提升乡村产业发展基础，着力提升乡村治理和农村精神文明建设水平上；中部地区的创建任务重点要放在持续推进乡村产业发展，着力改善农村基础设施和公共服务条件方面；西部地区的创建重点要放在大力发展乡村特色产业，增强地区经济活力和发展后劲上。四是要择优谋划重点建设项目。重点项目首先要依据创建任务进行拟定，涵盖创建任务的各个方面，让创建任务更具有可操作性。可在县域农业农村"十四五"规划及各项农业农村专项规划的项目库中择优选取，项目的拟定需不断与县农业农村局、发改局和财政局进行沟通，来确定项目建设的具体内容，确保项目可建设可落地。

### （二）项目方案

黄梅县隶属于湖北省黄冈市，素有"鄂东门户"之称，是全国闻名的武术之乡、楹联之乡、诗词之乡和民间艺术之乡，拥有"黄梅戏""佛教禅宗祖师传说""黄梅挑花"和"岳家拳"四张国家非遗文化名片。全县粮食、棉花、油料和淡水产品等多种农产品产量位居黄冈市前列。在重要农产品稳产保供的基础上，全县聚焦优质稻、畜禽、特色淡水产品（小龙虾）和林果四大产业，已初步构建形成较为完整的产业链，累计建成高标准农田46.92万亩，并多次在全省高标准农田建设绩效考评中位列第一。2022年全县主要农作物耕种收综合机械化率86%，比全国平均水平高出15.6%，被评为全国农业机械化示范县。县内全面开展农村人居环境综合整治，获评全省农村人居环境整治三年行动优秀等次，并专门设立县委农办秘书股，配备专职干部推进乡村振兴，成立实施乡村振兴战略指挥部，组建乡村振兴局，强化三级书记抓乡村振兴。2022年印发《关于做好全面推进乡村振兴重点工作的意见》和《中共黄梅县委农村工作领导小组关于做好2022年全面推进乡村振兴重点工作的任务清单》等政策文件，统筹推进乡村振兴日常工作。黄梅县申请创建以产城融合发展为路径的国家乡村振兴示范县，具有较好的示范基础和条件，成功入围2023年国家乡村振兴示范县创建名单。

### 1. 建设思路

以全面实施乡村振兴战略为统领，以强县工程为抓手，主动融入"主城崛起、两带协同、多点支撑"发展布局，深化"一城两带多点"发展布局。统筹黄梅"五大振兴"基础，围绕"以产促城，以城兴产，产城融合"总体思路，建设以县城为核心的产城融合发展示范区、以小池为引擎的沿江高质量发展经济带、以五祖为重点的北部山区绿色生态经济带，大力发展"一镇一业""多镇一业"的镇域块状经济，多点开花建成一批农业大镇、商贸强镇和文旅名镇。推进产城融合发展与全面建成"五个之乡"有机衔接，打造"以产促城，以城兴产，产城融合"的乡村振兴"黄梅样板"。通过示范创建国家乡村振兴示范县，可以很好地将黄梅农业产业化发展已取得的成功经验，面向全国同类县市区进行复制、推广，为全国同类型的农产品主产区县城推进乡村全域振兴建设探索经验。

### 2. 建设任务

黄梅县在国家乡村振兴示范县创建的重点任务上，围绕"以产促城、以城兴产，产城融合"的乡村振兴发展模式，从以下五个方面推进乡村振兴工作。

（1）做强"四大产业"，打造富裕之乡。稳定粮油生产，集中力量抓好优质稻米、特色淡水产品（小龙虾）、畜禽和果茶油四大农业主导产业链建设，着力推动品种培优、品质提升、品牌打造和标准化生产。鼓励有条件的镇村大力发展"一镇一业、一村一品"乡村特色产业，着力推动产镇融合、产村融合发展。

（2）聚力"三美四宜"，打造宜居之乡。加强乡村规划建设管理，编制《黄梅县全域村庄布局规划（2020—2035年）》。加强乡村建设风貌引导，推广具有黄梅特色的农村住宅图集。倡导"五类"村庄特色化发展，严格规划村庄撤并；推进乡村基础设施提档升级，从实施乡村道路畅通工作、强化农村供水保障、实施乡村清洁能源建设和实施数字乡村建设等方面着手；持续推进农村人居环境改善，广泛开展美好环境与幸福生活共同缔造，重点围绕农村厕所革命、生活污水治理、生活垃圾治理和村容村貌提升四大主要任务。

（3）建强"五支队伍"，打造隽秀之乡。加快培育高素质农民，实施"黄梅县高素质农民培育计划"；推进乡村"五支人才"队伍建设，培育农业科技、农业生产经营、农业二三产业发展、乡村公共服务、乡村治理五类人才；鼓励社会人才投身乡村建设，建立健全激励机制，拓展人才晋升空间，做好返乡人才创业服务，提高乡村教师和医生待遇。

（4）塑造"戏曲故里"，打造灵润之乡。创新农村精神文明建设，深入开展群众性精神文明创建活动；繁荣"黄梅戏故里"民俗文化，打造一系列具有黄梅文化特色的非遗传承活动和基地；完善城乡公共文化服务体系，实施文化基础设施提档升级工程、公共文化服务效能提升工程和文艺作品质量提升工程。

（5）营造"和谐乡里"，打造温馨之乡。提升农村基层党建引领力，建强基层堡垒；提升乡村社区服务能力，建立完善乡村公共服务设施体系；提升美丽乡村建设共同缔造行动实效，积极探索"五共"的黄梅模式；全面提升基层治理能力，扎实推进强垒工程；创新机制增加农民收入，健全完善联农带农富农机制；巩固脱贫攻坚成果，建立健全防止返贫致贫长效机制和低收入人口帮扶机制。

3. 重点工程项目

围绕示范创建主要任务，实施18个重点建设项目，总投资48.718亿元，其中乡村产业发展类项目8个，投资22.6亿元；乡村生产生活生态环境建设类项目3个，投资5.35亿元；乡村人才建设类项目3个，投资1.268亿元，乡村文化建设类项目3个，投资17.7亿元；乡村综合治理类项目1个，投资1.8亿元。从资金来源看，申请中央财政补助资金1.03亿元、省级财政资金3.75亿元，地方整合资金4.558亿元，项目实施主体自筹资金39.38亿元。

（三）项目评价

黄梅县能够成功入选2023年国家乡村振兴示范县创建名单，主要在于以下五个方面。

一是组织领导有力。强化了县委农村工作领导小组办公室建设，设立县委农办秘书股；成立了实施乡村振兴战略指挥部，部署乡村振兴重点工作；定期召开县委农业工作会议，印发《关于做好全面推进乡村振兴重点工作的意见》和《中共黄梅县委农村工作领导小组关于做好2022年全面推进乡村振兴重点工作的任务清单》等政策文件。

二是发展基础较好。2022年黄梅县农林牧渔业总产值达127.79亿元，规上农产品加工总产值97亿元，规上农产品加工总产值及增速在黄冈市排名第二位，拥有康宏现代农业产业园、优质稻现代农业产业园两个省级现代农业产业园，以及黄梅县小池镇（蔬菜）和濯港镇（优质稻）两个国家农业产业强镇，也是全国商品粮、优质棉生产基地县和湖北水产重点县。近年来，在完善城乡基础设施和公共服务均等化上不断创新体制机制，发展质量不断提高，为推动打造以产城融合发展为路径的示范创建打下了坚实的基础。

三是工作机制健全。坚持规划引领、试点先行，划分北部山区、中部平原、沿江岸线3个乡村振兴示范片和88个行政村试点，以分层分级的模式推动全域乡村振兴工作；制定了黄梅县推进乡村振兴战略实绩考核工作方案、乡村振兴年度工作要点、巩固拓展脱贫攻坚成果同乡村振兴有效衔接实施方案等政策，并明确了相关工作落实、要素保障和考核监督等机制。

四是创建积极性高。积极筹组成立乡村振兴示范县创建工作领导小组，建立农业农村、自然资源与规划、发改、财政等部门协同推进工作专班；深化产权制度改革，大力发展新型农村集体经济组织，全县共成立农村集体经济组织503个，承担农村改革任务意愿强；全县围绕示范创建契机，大力宣传乡村振兴示范县创建的意义，开展了一系列宣传活动，踊跃参与示范创建的积极性高。

五是示范带动能力强。黄梅县通过布局"城区引领、两带驱动、多点发力"的"一城两带多点"发展格局，实现了县镇乡村一体化的发展，被认定为全国农村一二三产业融合发展先导区、全国农村创新创业典型县、全国返乡创业试点县和全国电子商务进农村示范县，在同类地区中具有较好的示范带动作用。